高等学校婚庆专业"十二五"规划教材

编委会名单

高等学校婚庆专业"十二五"规划教材

婚礼化妆造型技术

主　编　王晓玫　王　楠

副主编　赵　莲　李倩一

　　　　崔　杰　万俊杰

参　编

　　　　尹湘萍　吉　喆

中国铁道出版社

CHINA RAILWAY PUBLISHING HOUSE

内 容 简 介

本书基于高等职业教育教学理念和行动导向的教学方式，采用全新的"项目—任务—活动"编写模式设计本书的体例结构，体现了高职教学的"教学做一体化""教中学、学中做"的人才培养模式。

本书分为 11 个教学项目：化妆概述与中国化妆简史；婚礼化妆师的职业道德与职业标准；素描基础与绘画表现；化妆与色彩搭配；化妆工具的选择与使用；化妆基本步骤；不同妆型特点与化妆技法；婚礼妆的化妆技巧；造型基础知识与婚礼新人造型设计；婚礼化妆与服装、配饰搭配；婚礼化妆师的跟妆与补妆。

本书适合作为高等学校婚庆服务与管理专业的教科书，也可作为婚庆行业工作人员的工具书，以及广大读者了解婚姻庆典知识的参考书。

图书在版编目（CIP）数据

婚礼化妆造型技术 / 王晓玫，王楠主编． — 北京：
中国铁道出版社，2014.8
高等学校婚庆专业"十二五"规划教材
ISBN 978-7-113-11154-0

Ⅰ．①婚… Ⅱ．①王… ②王… Ⅲ．①结婚－化妆－
造型设计－高等学校－教材 Ⅳ．①TS974.1

中国版本图书馆 CIP 数据核字（2014）第 021411 号

书　　名：**婚礼化妆造型技术**
作　　者：王晓玫　王　楠 主编

策　　划：巨　凤　　　　　　　　　　　　　读者热线：400-668-0820
责任编辑：王占清　包　宁
封面制作：一克米工作室
责任校对：汤淑梅
责任印制：李　佳

出版发行：中国铁道出版社（100054，北京市西城区右安门西街 8 号）
网　　址：http://www.51eds.com
印　　刷：三河市航远印刷有限公司
版　　次：2014 年 8 月第 1 版　　　　2014 年 8 月第 1 次印刷
开　　本：787 mm×1 092 mm　1/16　印张：19.5　字数：478 千
印　　数：1～3 000 册
书　　号：ISBN 978-7-113-11154-0
定　　价：38.00 元

凝结着四所高校教师和婚庆行业一线专家集体智慧和辛勤付出的"高等学校婚庆专业'十二五'规划教材"终于面世了。我们为之感到由衷的欣慰。这是婚庆专业教育理论建设、专业研究和专业教育情结使然。

2007年，北京社会管理职业学院开始举办高等职业教育后，在民政管理专业项下设立了三个专业方向：婚庆服务与管理、社会救助与管理、殡仪服务与管理，自此在全国高校开创了婚庆专业的先河。而在专业建设之初，教材建设就成为专业建设的重中之重。从2007年下半年开始，北京社会管理职业学院婚庆教研室就着手编写婚庆专业自编讲义，至2010年已经编写完成了《婚姻庆典服务概论》《婚礼策划实务》《婚礼现场督导》《婚礼主持艺术》《普通话与婚礼主持》《婚礼摄影》《婚礼色彩学》《婚俗文化学》《婚礼花艺与现场布置》《婚礼音乐鉴赏与编辑》《婚庆公司经营与管理》《婚庆服务礼仪》等12本校本自编讲义。这些自编讲义为我们出版"高等学校婚庆专业'十二五'规划教材"奠定了坚实的基础。

随着我国高等学校高职高专婚庆专业的迅速发展和社会需求，高职高专婚庆专业教材建设也面临着更高的要求。目前，除北京社会管理职业学院开办婚庆专业外，湖北民政职业学院、长沙民政职业技术学院、重庆城市管理学院也相继开办了婚庆专业。为更好地配合高等职业教育婚庆专业的教学改革，加大工学结合教学资源的开发力度，为高职高专婚庆专业高端技能型人才培养提供优质教材支持，我们依靠民政部牵头组建和管理的、指导民政职业教育与培训工作的专家组织——民政行业教育指导委员会的领导，由民政行业教育指导委员会教材编写委员会、北京社会管理职业学院民政管理系牵头，长沙民政职业技术学院、重庆城市管理职业学院、湖北民政职业学院提名人选参与，同时吸纳了部分婚庆行业专家，成立了"高等学校婚庆专业'十二五'规划教材编写委员会"（以下简称编委会），负责规划教材的组织编写。

"高等学校婚庆专业'十二五'规划教材"总结了婚庆服务领域企业经营、技术经验、行业标准等方面理论和实践经验，展示了婚庆服务的未来发展趋势，突出了专业性、统一性和规范性。在具体编写上，体现了行业特点和前瞻性，并将国际、国内先进婚庆行业发展理念和实践经验提炼出来；力求成为引导我国婚庆行业未来发展的高质量、高水平的"高等学校婚庆专业'十二五'规划教材"。

本系列教材包括：《婚礼策划实务》《婚礼现场督导》《婚礼主持教程》《婚礼花艺与现场布置》《婚礼化妆造型技术》《婚礼音乐鉴赏与编辑》《婚庆公司经营与管理》《中西婚礼文化》《婚礼摄影教程》和《婚庆礼仪教程》。其中每本教材都采取双主编制，即一位是来自行业的专家，一位是来自学院的教师，这样组合的目的是将行业一线的实践与教学理论相结合，从而体现高职教材的"教学做一体化"特色。同时，在每本书体例设计上采取以工作流程为主线设计教材的方式，突出体现了基于工作过程的设计理念。

编委会按照"服务婚姻、服务婚庆、服务行业"的理念，将内容与专业未来发展相衔接，结合参与编写作者所在高校的自身优势，分工合作，并于2013年1月20日召开了各分册编写大纲审议会议，确定了编写计划和各分册编写提纲。在北京社会管理职业学院编写讲义的基础上，历时半年（至2013年5月）陆续脱稿，最后由中国铁道出版社正式出版。

本系列教材体系框架主要由王晓玫教授和刘秉季总编构思而成，在此基础上，又由各分册的主编和作者作了进一步的讨论和修改。展示在广大读者面前的这套"高等学校婚庆专业'十二五'规划教材"，无疑凝聚着所有给予指导和参与撰写、讨论修改的专家、教师的集体智慧。

"高等学校婚庆专业'十二五'规划教材"因受作者水平所限，在其理论和实践的探索中难免会有这样或那样的疏漏或缺陷，敬请婚庆、婚俗理论界、实务界和所有关心婚庆教育的人士给予批评、指教。

王晓玫　刘秉季

2013年8月2日于北京

　　随着人们生活条件的提高，现代结婚的人们对于婚礼的细节要求越来越高，其中包括婚礼化妆。

　　婚礼化妆主要是指新娘跟妆。新娘跟妆源自我国台湾省婚纱公司彩妆造型师的个体化服务升级。早期结婚，婚礼跟妆大部分情况下是新娘必须到婚纱公司或美容院接受化妆造型。但是由于我国社会传统上要择吉日、吉时，新娘须配合时辰一大早或凌晨去化妆做造型；一个妆发还要应付结婚观礼、迎娶、宴客等婚礼全天的活动，使得新娘的造型以及装扮到了下午往往会走样。有鉴于此，随着结婚新人对婚礼的精致化与个人化产生强烈需求，在2000年左右开始有了"一日新秘"或"半日新秘"专属新娘化妆发艺造型的新娘秘书服务出现，后被称为新娘跟妆师。最初中国整个市场"新娘秘书"的从业人数不到百人，而到目前据估计近万人。结婚新人对婚礼化妆师跟妆也逐渐接受，此类风气也开始传到我国香港特别行政区、上海市，以及马来西亚、新加坡等地。

　　专业婚礼化妆师与传统的彩妆造型是完全不同的专业门类。专业婚礼化妆师学习更有针对性，不但要学习化妆、造型基础知识，还要学习色彩搭配、服饰搭配等专业技能。而目前市面上关于婚礼化妆造型方面的综合性专业书籍极为匮乏，为了弥补这方面的缺失，我们组织专业教师编写了这部婚礼化妆造型的专业书籍，以期对婚庆专业建设提供支持。

　　本教材基于高职教学理念和行动导向的教学方式，采取了全新的"项目—任务—活动"编写模式设计本书的体例结构和顺序，体现了高职教学的"教学做一体化""教中学、学中做"的人才培养模式。

　　本书分为11个教学项目，项目1：化妆概述与中国化妆简史；项目2：婚礼化妆师的职业道德与职业标准；项目3：素描基础与绘画表现；项目4：化妆与色彩搭配；项目5：化妆工具的选择与使用；项目6：化妆基本步骤；项目7：不同妆型特点与化妆技法；项目8：婚礼妆的化妆设计；项目9：造型基础知识与婚礼新人造型设计；项目10：婚礼化妆与服饰、配饰搭配；项目11：婚礼化妆师的跟妆与补妆。相信该书的出版为我们更好地培养婚庆专业人才奠定更加坚实的理论和实务基础，对于推动婚庆行业的专业化职业化将起到积极的作用。

　　本书由王晓玫、王楠任主编，赵莲、李倩一任副主编，崔杰、万俊杰、尹湘萍参与编写。本书的编写分工如下：

　　项目1：北京社会管理职业学院　万俊杰。

　　项目2：北京社会管理职业学院　崔杰。

　　项目3：北京社会管理职业学院　王楠。

　　项目4、项目10：北京社会管理职业学院　李倩一。

项目 5：北京社会管理职业学院　赵莲。

项目 6：长沙民政职业技术学院　尹湘萍。

项目 7～项目 9、项目 11：北京社会管理职业学院　王晓玫。

编者在撰写本书过程中，参阅了大量的相关资料，吸收了化妆学、造型学、美学、色彩学等方面专家的研究成果，在此一并表示感谢。

本书稿化妆图片由北京社会管理职业学院 2011、2012 级婚庆专业的学生设计并拍摄完成，为保证本书的质量提供了支持，在此特别感谢：

摄影师张旭；化妆指导教师吉喆；造型模特：（2012 级同学）徐玉、王强、李亚娇、华雨、石嫦娥、唐雪花、杨柳、陈晨、孙颖、邹爽、宋景涛、单法苏、田永欢、柯志坤，（2011 级同学）潘韬宇。

虽然本书对于婚礼化妆方面的理论和实务进行了有益的研究和探索，但其中仍有值得商榷的地方，望广大读者提出意见批评指正。

王晓玫　王　楠

2014 年 6 月

CONTENTS | 目 录

项目 ① 化妆概述与中国化妆简史

【学习目标】

通过本项目的学习，应能够：
1. 掌握化妆的含义、作用；
2. 掌握中国化妆发展史；
3. 了解古代眉、眼、唇、面部妆容的修饰。

【项目概览】

爱美是人类的天性，我们的祖先在没有"化妆"这个术语时就已经在身上涂抹各种颜色进行装扮。中国妇女化妆的习俗在夏商周时期开始兴起，每个历史时期都有其显著的特点。

【核心技能】

各个朝代化妆造型的特点及应用。

【理论知识】

知识点 1 化妆的含义、作用和意义

化妆是一种视觉艺术形式，它运用绘画的手段、利用颜色给人的感觉造成一种视错觉。

1.1 化妆的含义、特点和目的

1.1.1 化妆的含义

化妆是运用化妆品和工具，采取合乎规则的步骤和技巧，对人的面部、五官及其他部位进行渲染、描画、整理，增强立体印象，调整形色，掩饰缺陷，表现神采，从而达到美化视觉感受的目的。

化妆能表现出女性独有的天然丽质，焕发风韵，增添魅力。成功的化妆能唤起女性心理和生理上的潜在活力，增强自信心，使人精神焕发，还有助于消除疲劳，掩盖衰老。

1. 化妆分类

化妆可分为基础化妆和重点化妆。

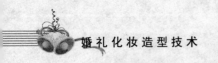
基础化妆是指整个脸面的基础敷色、清洁、滋润、收敛、打底与扑粉等，具有护肤的功用。

重点化妆是指眼、睫、眉、颊、唇等器官的细部化妆，包括：加眼影、画眼线、刷睫毛、涂鼻影、擦胭脂与抹唇膏等，能增加容颜的秀丽并呈立体感，可随不同场合来变化。

化妆的方法主要有日常的一般化妆法、适应各种场合需要的特殊化妆法以及简捷快当的速成化妆法等。

2. 化妆方法

常用的化妆方法分类有三种：

（1）按性质及用途分，化妆分为生活美容化妆、舞台化妆及戏剧化妆。生活美容化妆又称为漂亮妆，是一般生活中或者影楼化妆的常见妆容。舞台化妆是用于舞台表演的妆容，常见于各类化妆比赛、走秀、话剧或者歌舞表演。戏剧妆则是影视剧中根据剧本的要求来化的角色妆。

（2）按色度分，化妆分为淡妆和浓妆。淡妆是对自身面容的轻微修饰，例如日妆（生活淡妆）、职业妆、休闲妆、时尚妆（裸妆、糖果妆、烟熏妆等）等。浓妆主要是对容颜的强烈和夸张修饰，是指化妆色彩比较浓烈、饱和度高、手法夸张的造型，例如宴会妆、摄影妆、舞台妆等。

（3）按冷暖分，化妆分为暖妆和冷妆。按冷暖分是按照色调的冷暖分类。一般色调的冷暖是靠直觉能够直接感觉出来的。采用暖色调的妆一般给人以亲切、喜庆，或者容易接近的感觉，例如新娘妆、糖果妆的主题色调经常偏暖。采用冷色调的妆一般给人以冷艳、个性的感觉，例如一些冷色系烟熏妆或者比较白的粉底配比较粉的唇色。

1.1.2　化妆的特点

化妆有以下几个特点：

1. 化妆体现了一个人的生活态度

化妆首先是一种积极的生活态度，是热爱生活的表现。一个对生活充满绝望的人是不会画出精致的、符合生活环境的妆容的。

2. 化妆体现了对他人的尊重

化妆从公共礼仪的角度讲也是尊重他人的一种表现。

3. 化妆能体现一个人的修养和气质

最完美的妆容是符合自己年龄、身份和场合的和谐的装束，只有体现自身的气质，达到刻意之后的随意，才是化妆的最高境界。

1.1.3　化妆的目的

化妆有以下几个目的：

1. 社会交往的需要

由于妇女地位和生活方式的改变、社会交际的频繁，女性通过正确的化妆，以适当的服饰、发型，以及良好的修养、优雅的谈吐来体现个人魅力。

2. 职业活动的需要

在职业活动中通过化妆以美的容貌、文雅的举止展现在别人面前。

3. 特殊职业的需要

演员、模特等根据工作的原因或角色的不同，以舞台表演、影视广告的需要来塑造人物。

1.2 化妆的作用

仪表是一种无声的语言，是人体形态的外延及内涵的表露，它显示着一个人的个性、身份、素养及其心理状态等多种信息，因此，注重自身仪表、得体的着装、自然的妆容会给人们留下良好的印象，从而提升对公司、企业或单位形象的认知度。化妆在当今社会是一种修养，是对别人的尊重，是提升自己自信的一种方式，也是让自己最美的一面展现在别人面前。现在很多服务行业都要求淡妆才能上岗，体现了个人的气质和素质。

化妆有以下几个方面的作用：

1.2.1 化妆能改善皮肤的色泽质地

通过使用各种功能性的化妆品，可以改善皮肤的色泽和质地。

1.2.2 化妆能够起到遮瑕作用

通过使用具有遮瑕效果的化妆品和通过婚礼化妆师的化妆技巧，可以将化妆对象的皮肤瑕疵遮盖住，显现良好的肤色。

1.2.3 化妆能够调整面部的立体感

通过婚礼化妆师的化妆技巧，可以调整面部的凹凸面，使面部更加呈现立体感。

1.2.4 化妆可以使皮肤看上去更加健康、亮丽和有弹性

通过使用化妆品和运用化妆技巧，可以使化妆对象的皮肤看上去更加健康、亮丽和有弹性。

1.3 化妆的基本原则

1.3.1 突出优点原则

化妆前，要研究化妆对象的五官，体现个人优点。

1.3.2 掩饰缺点原则

利用化妆手法进行衬托，产生视觉差，以淡化、削弱面部缺点，使之不能吸引注意力。

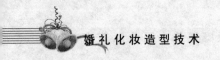

1.3.3 弥补不足原则

如果化妆对象面部有不明显的缺陷，可以运用色彩、线条等手段加以掩盖。

1.3.4 整体协调原则

要强调整体效果，注重和谐一致。无论是面部化妆，还是各部位的化妆，都要力求妆面统一、相互配合、左右对称、衔接自然、色彩谐调、风格情调一致，同时还要考虑发型、服装、服饰与化妆的关系，从而获得整体、完美的效果。

化妆要因人因时因地而异，要客观地分析每个人的五官，根据每个人的面部结构、皮肤颜色、皮肤性质、年龄气质等，还要根据不同的时间、场合、条件、地区气候以及社会潮流、社会时尚而定。

1.4 学好化妆的基本技巧

学好化妆必须了解和掌握以下基本技巧：

1.4.1 培养审美鉴赏能力

培养审美鉴赏能力，不是一时就能做到的事情，它需要在文化艺术修养方面持续地学习。提升审美能力的便捷渠道是在日常生活中多看书报、时尚杂志、影视作品，不断观察和揣摩优雅人士的妆容和整体造型，细心观察、研究、体会这些妆容和整体造型，通过耳濡目染，日积月累，就会激发、挖掘、培养出审美能力，同时通过不断的实践提高审美鉴赏能力。

1.4.2 要掌握化妆的四大要素

体会和掌握化妆的"正确、准确、精确、和谐"四大要素，遵循这四大要素，就可以迈出成功化妆的脚步。

1.4.3 化妆需要有一个好心境

化妆要配合一个好的心境。选择有品质的名贵的化妆品，是获得这份心境的一项投入。有品质且名贵的化妆品，其优雅的包装品质和柔润的质感会催生一个人优美的心境，也正因为它名贵，就会对它珍惜、爱护，悉心呵护，也优雅了一个人的心境。

1.4.4 化妆前一定要洁净肌肤

化妆要以尽可能好的肌肤状况为基础，皮肤要清洁干净，保持良好的光洁度和湿润度，否则妆面就会飘浮在不洁净或粗糙的皮肤表层，就不可能产生良好的妆容美感。皮肤保养和化妆前正确的清洁方法，特别是清洁表面堆积的角质层等，是学习化妆首先应当学习和掌握的。

1.4.5　尽量使用品质好的化妆品

化妆品的品质对化妆的效果有直接的影响。化妆总是化不理想，有时并不是技术有问题，而是使用的化妆品品质有问题。应该根据消费能力，尽可能选择品质好的化妆品，特别是使用频率较高的彩妆品，例如口红、粉底、眉笔等。好的质量是非常重要的，不同品质产品的质地感、色彩感、细润程度通常差异是较大的。化妆的目的是使化妆的人看上去更美，而不是为了有色彩。没有使用好的产品，可能无法体现美，这便违背了化妆的本意。

1.4.6　尽量使用高品质的化妆工具

好的妆容要用好的化妆工具来完成，学习化妆前，要有一套简便和质量讲究的化妆工具，并学会使用和养护它们。

1.4.7　时刻保持化妆品的洁净

使用的化妆品一定要洁净，无论是粉底、口红还是眼影，被污染了或超过了使用期限，它的细腻度、色彩感就会受到较大的影响，化妆效果就不能保证。化妆品过脏、不善保养会影响化妆品的品质和使用，还会影响化妆的效果。

1.4.8　化妆要经常练习

化妆是需要要反复、经常练习才能掌握的。对平日化妆不多并没有经过专门训练的人来说，应急性的化妆练习，不但对付不了"燃眉之急"，往往还因效果不佳而败了化妆的兴致。化妆练习，既可以在脸上，也可以在纸上或身体其他部位进行练习，例如眉毛和唇形，仅仅靠脸上的练习是不够的。化妆就如同在脸上绘画。就是想画一个普通的圆，不经过反复的练习，不画个数百次，也不能达到随心所欲、出神入化的境界。女人面部的线条和色块是非常敏感的，化妆时细微的处置当否，不仅影响观瞻，还会造成性格、气质等的改变，只有多加练习和细微处置才行。

1.4.9　突出优势部位

化好妆，必须要把握一个基本要点，即化妆的重点应该是比较有优势的部位，不要去过多地涂抹不足或有缺陷的部位。例如嘴部条件不好，化妆调整有限度，就不宜强调，这会反而导致突出缺陷、扬短避长。

1.4.10　有一个实用的化妆包

化妆包是开启女人美好愉悦心境的伴侣，要选购一个精美、爱不释手的化妆包，装着心爱的、随身的化妆品。拥有一个美观且实用的化妆包，会有一种欣慰和充实的感觉，它带给人信心和期待感。一个小小的化妆包，无时无刻不浸润和鼓舞着时尚美的心灵。

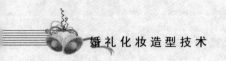

知识点 2　中国化妆发展历程

化妆是一种历史悠久的女性美容技术。古代人们在面部和身上涂上各种颜色和油彩，表示神的化身，以此驱魔逐邪，并显示自己的地位和存在。后来这种装扮渐渐变为具有装饰的意味，一方面在演剧时需要改变面貌和装束，以表现剧中人物；另一方面是由于实用而兴起。例如古代埃及人在眼睛周围涂上墨色，以使眼睛能避免直射日光的伤害；在身体上涂上香油，以保护皮肤免受日光和昆虫的侵扰等。如今，化妆则成为满足女性追求自身美的一种方式，其主要目的是利用化妆品并运用人工技巧来增加天然美。

2.1　化妆的起源

爱美是人类的天性，早在原始时期，人类就开始用一些特别的东西来装饰自己，使自己变得更加美丽。考古学家曾在原始人类的遗址上发现用小石子、贝壳或兽牙等物制作而成的美丽的串珠，用于装饰，如图 1-1 所示。在洞穴壁画上发现了美容化妆的痕迹。《诗经》中记载："自伯之东，首如飞蓬。岂无膏沐？谁适为容。"

远古时期，最初的"化妆"主要是绘面（纹面）、穿耳、穿鼻等方式。

据资料记载，我们的祖先在没有"化妆"这个术语时就已经在身上涂抹各种颜色进行装扮。我国现存最早的一批远古面妆文物，有的面部有不同方向的规则花纹，有的面部仅几笔简单的描画，有的面部则全部涂黑。这些面妆文物应该都是绘面（或纹面）的具体写照，也可以说是我国最初的化妆形式。

图 1-1　出土文物原始人

原始人为什么要用人为手段来涂抹，甚至用纹面、穿耳、穿鼻等手段来改变自己的容颜？又为什么要用各种各样的物件妆饰自己呢？中国古代化妆发展史的起源是怎样的呢？对于这些疑问有以下几种说法：

第一种说法：驱虫说，即在脸上和身上涂抹颜料或泥浆，是为了防止蚊虫的叮咬。

第二种说法：狩猎说，即原始人在脸上、身上画上兽皮花纹，在头上插羽毛或戴鹿角以伪装人体，是为了更有效地猎获动物。

第三种说法：巫术说，即原始人把某种动物或植物作为本族的图腾加以佩戴或装饰，可得到神灵保护。

第四种说法：性吸引说，青年男子通过佩戴兽牙犬齿，以显示自己的英勇果敢或力大无比，从而在气势上战胜部落中的其他男性，吸引心爱异性的青睐，或是为了谋取支配地位（它往往作为神的代言人）准备条件。

原始社会的发式比化妆更显得丰富多彩。从出土文物来看，短发、披发、束发、辫发，可谓样样俱全，并且还有各式各样制作精美的发饰，例如骨笄、束发器、玉冠饰和象牙梳等。

由此可见，中国古代化妆发展史是十分有趣，同时也可以看出，古代的先祖们是很重视化妆的，不得不承认化妆是一种历史悠久的女性美容技术。

2.2　化妆的演变

2.2.1　夏商周时期（约前 2070－前 221 年）

中国妇女化妆的习俗在夏商周时期便已经兴起。夏商时期，化妆大体上是以刚健素朴、自然清丽和不着雕饰的女性为美。

可以说，周代开辟了中国化妆史的新纪元。早在商周时期，甲骨文中就出现了"沐"字。《说文解字》注释说："沐，洗面也。"在距今一千多年前，就有了"香汤沐浴""月粉妆梳"的描述。在殷纣时期，我国人民就开始用燕地红兰花捣汁凝成胭脂（当时称为燕支）；周文王时期，妇女已经广泛使用锌粉擦脸。以白为美，已经成为了主流的审美意识。眉形虽有宽窄之分，但长眉也已经成为了主流审美意识。人们普遍追求红唇。

在周代，眉妆、唇妆、面妆以及一系列化妆品，例如妆粉、面脂、唇脂、香泽、眉黛等都已出现。周代化妆风格属于比较素雅的，以粉白黛黑的素妆为主，并不盛行红妆。因此，这个时代可以称为"素妆时代"。

商周时期，化妆似乎还局限于宫廷妇女，主要为了供君主欣赏享受的需要而妆扮，直到东周春秋战国之际，化妆才在平民妇女中逐渐流行。殷商时，因配合化妆观看容颜的需要而发明了铜镜，更加促使化妆习俗的盛行。

2.2.2　秦汉时期（前 221－公元 220）

秦汉时期，随着社会经济的高度发展和审美意识的提高，化妆的习俗得到新的发展，无论是贵族还是平民阶层的妇女都会注重自身的容颜装饰。

汉桓帝时，大将军梁冀的妻子孙寿便是以擅长打扮闻名。她的仪容妆饰新奇妩媚，使得当时妇女争相模仿。

那时的妆型，已出现了不同样式，化妆品也丰富了很多，主要出现了以下几类化妆品：

1. 妆粉

从妆粉来看，除了米粉之外，还包括铅粉。铅粉通常以铅、锡等材料经化学处理后转化为粉。铅粉的形态有固体和糊状两种。固体常被加工成瓦当形或银锭形，称为瓦粉或锭粉；糊状则称为胡（糊）粉或水粉。

从化妆手法来看，敷粉不仅可用白粉，还可将白粉染红，以时尚红粉打底。

2. 胭脂

古代制作胭脂的主要原料为红兰花。红兰花又称为黄兰或红花，是从匈奴传入我国。胭脂属油脂类，吸附性强，擦之则侵入皮层，不易褪失。

3. 朱砂

朱砂的主要成分是硫化汞，并含有少量的氧化汞、黏土等杂质，是一种红色的矿物质颜料，又称丹。具有鲜艳色彩效果，可以研磨成粉状，做面妆用。

4. 墨丹

古人很早就发现了石墨这种矿物质，称为墨丹。按照古时规矩，凡粉质的颜料都称为丹，故

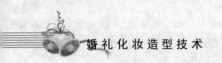

黑色的颜料就称为墨丹，并不专指红色的丹而言。因其质浮理腻，可施于眉，后又有"画眉石"的雅号。在没有发明烟墨之前，男子用墨丹写字，女子用来画眉。石墨要用时放在妆面的黛砚上磨研成粉，后加水调和，涂到眉毛上。后来出现了加工的黛块，可直接兑水使用。

5. 唇脂

点唇最早起源于先秦，到汉代成为习俗。点染朱唇，是面妆的一个重要步骤。古人在丹即朱砂中加适量的动物脂膏，可以起到防水作用，并增加色泽，且能防止口唇破裂，成为流行的化妆品。

2.2.3 魏晋南北朝时期（220—589）

魏晋南北朝时期，各民族经济文化交流融会，加上世俗习风也经历了一个由质朴洒脱到萎靡绮丽的变化，使我国妇女的化妆技巧在此时期逐渐成熟，呈现多样化的倾向。

整体而言，妇女的面部装扮在色彩运用方面比以前更加大胆，妆态的形态变化也很大，而且女性以瘦弱为美。这时期妇女的发型以各种髻为主，例如百花髻、富荣归云髻，富人家的妇女插戴金、玉、玳瑁、珍宝等制成的簪钗，而鲜花都受各阶层欢迎。

这时期妆态没有太多变化，主要有酒晕妆、桃花妆、飞霞妆。这时期还有一种特殊妆式称为"紫妆"。《中华古今注》记载魏文帝所宠爱的宫女中有一名叫段巧笑的宫女，时常"锦衣系履，作紫粉拂面"，当时这种妆法尚属少见，但可以看出古代紫色为华贵象征的审美意识。

这一时期，妇女的化妆技巧日趋成熟，呈多样化清晰，用色大胆，以瘦为美。出现了以下的化妆手法。

1. 白妆

白装以白粉敷面，两颊不施胭脂，多见于宫廷所饰。这种妆型追求一种素雅之美，颇似先秦时期的素妆。

2. 额黄

额黄是一种古老的面饰，还称为鹅黄、鸭黄、约黄、贴黄、宫黄等。因为是以黄色颜料染画于额间，故称为额黄。

3. 斜红

斜红是唐代妇女面颊盛行的妆饰，是面颊上的一种妆饰，有的形如月牙，有的妆似伤痕。色泽鲜红，分列于面颊两侧、鬓眉之间。

【导入阅读】

斜红的由来

相传三国时，魏文帝曹丕宫中新添了一名宫女，叫薛夜来，文帝对她十分宠爱。一天夜里，文帝在灯下读书，四周围以水晶制成的屏风。薛夜来走近文帝，不觉一头撞上屏风，顿时鲜血直流，伤处如朝霞将散，愈后仍留下两道疤痕，但文帝对她宠爱如昔。其他宫女有见及此，也模仿起薛夜来的样子，用胭脂在脸部画上这种血痕，名"晓霞妆"。时间一长，便演变成一种特殊的妆式——斜红，如图1-2所示。

（资料来源：作者根据相关资料整理）

4. 花钿

花钿是古时妇女脸上的一种花饰。起源于南朝宋,花钿有红、绿、黄三种颜色,以红色为最多,以金、银制成花形,蔽于面上,是唐代比较流行的一种首饰,如图 1-3 所示。花钿的形状除梅花状外,还有各式小鸟、小鱼、小鸭等繁复的形状,美妙新颖。

图 1-2 斜红

图 1-3 花钿

花钿,是将剪成的花样,贴于额前。唐李复言《续玄怪录·定婚店》说韦固妻"眉间常贴一钿花,虽沐浴、闲处,未尝暂去。"剪花钿的材料,有金箔、纸、鱼腮骨、鲥鳞、茶油花饼等多种。剪成后用鱼鳔胶或阿胶粘贴。从出土传世文物图像材料所见,花钿有红、绿、黄三种颜色,以红色为最多。

【导入阅读】

花钿的由来

有一个亦真亦假的美丽传说:南朝《宋书》中写,宋武帝刘裕的女儿寿阳公主,在正月初七日仰卧于含章殿下,殿前的梅树被微风一吹,落下一朵梅花,不偏不倚正落在公主额上,额中被染成花瓣状,且久洗不掉。宫中女子见公主额上的梅花印非常美丽,遂争相效仿,当然她们再也没有公主的奇遇,于是就剪梅花贴于额头,一种新的美容术从此就诞生了。这种梅花妆很快就流传到民间,成为当时女性争相效仿的时尚。五代前蜀诗人牛峤《红蔷薇》"若缀寿阳公主额,六宫争肯学梅妆"即是在说这个典故。到了隋唐一代,花钿已成了妇女的常用饰物。至宋朝时,还在流行梅花妆,汪藻在《醉花魄》中吟:"小舟帘隙,佳人半露梅妆额,绿云低映花如刻。"

(资料来源:作者根据相关资料整理)

2.2.4 隋唐五代时期(581—960)

隋唐五代是中国古代史上最重要的一个时期,其中唐朝更是中国历史上最辉煌的一个时代。

隋代妇女的妆扮比较朴素,不像魏晋南北朝有较多变化的式样,更不如唐朝的多姿多彩。崇尚简约之美。

唐朝国势强盛,经济繁荣,社会风气开放,妇女盛行追求时髦。女子着妆较自由,这时期的审美意识是中国历史上最接近西方美的一个朝代,开放式的化妆风格也是这种审美趋向的构

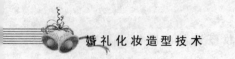

成部分。

通常，唐代妇女上妆的顺序是敷铅粉、抹胭脂，接着画黛眉、贴花钿。有些人还会点面靥、描斜红、涂唇脂，如图1-4所示。

❶ 敷铅粉　❷ 抹胭脂　❸ 画黛眉　❹ 贴花钿　❺ 点面靥　❻ 描斜红　❼ 涂唇脂

图1-4　唐朝的化妆顺序

在唐朝时期，有以下几种化妆手法：

1. 红妆

红妆指女子的盛妆。因妇女妆饰多用红色故称。古乐府《木兰诗》："阿姊闻妹来，当户理红妆。" 唐·元稹《瘴塞》诗："瘴塞巴山哭鸟悲，红妆少妇敛啼眉。"《花月痕》第五二回："这好似醉朱颜，羞晕生；这好似褪红妆，残梦醒。"红妆颜色深浅、范围大小变化多样，有的染在双颊，有的满脸通红，有的兼染眉眼，如图1-5所示。加上发型和服饰的多姿，更显华丽妩媚。

2. 面靥

面靥是指古代妇女面部的妆饰。唐·刘恂 《岭表录异》卷中："鹤子草，蔓生也。其花麴尘，色浅紫，蒂叶如柳而短。当夏开花，又呼为绿花绿叶。南人云是媚草，采之曝乾，以代面靥。"

面靥是施于面颊酒窝处的一种妆饰，也称妆靥。起初并不是为了妆饰，而是宫廷生活中的一种特殊标记。当某妃例假来临，不能接受帝王御幸，即在脸上点上小点，称为点痣，也称为点"的"，女史见了，即不用列名，后来逐渐成为一种妆饰，而专门在嘴角边所点的，即是面靥，如图1-6所示。

图1-5　红妆

图1-6　面靥

面靥，点在双颊酒窝处，形状像豆、桃杏、星、弯月等。多用朱红色，也有黄色和墨色。盛唐以前，面靥是画如黄豆大小的两个圆点，以后式样更丰富，形如钱币称为钱点，形如桃杏称为杏靥，形如花卉如花靥等，晚唐又增加了鸟兽图形，甚至贴满脸。

3. 花钿

花钿妆饰法在唐朝妇女广泛流行，式样多变且花哨，颜色也更艳丽。通常用阿胶粘于额头眉心处，也有直接画于脸面上的。大多以金箔、纸、鱼腮骨、鱼时鳞、茶油花饼等为原料，制成圆形、三叶形、菱形、桃形、铜钱形、双叉形、梅花形、鸟形、雀羽斑形等形状（见图 1-7），十分精美。色彩大致可分金黄、翠绿、艳红三类。

图 1-7　唐朝花钿式样

4. 眉形、妆型和唇形

唐代女子的开放浪漫在眉妆这一细节上的体现，便是一扫过去蛾眉一统天下的局面，各种变幻莫测、造型各异的眉型纷纷涌现。开辟了世界历史上眉式造型最为丰富的辉煌时代，达到了眉史上的极致。唐代妇女的画眉样式，一般多画成柳叶状，时称"柳叶眉"。而初唐女子多喜宽而曲的月眉，月眉宽而曲，已渐露出阔眉的初兆，阔眉逐渐成为唐女的主要眉式。眉妆崇尚长、阔、浓，十分醒目。阔眉的描法也有演变：垂拱年间，眉头紧靠，仅留一道窄缝，眉身平坦，钝头尖尾；如意年间，眉头分得较开，两头尖而中间阔，形如羽毛；万岁登封年间，眉头尖，眉尾分梢；长安年间，眉头下勾，眉身平而尾向上扬且分梢；景云年间，眉短而上翘，头浑圆，身粗浓……盛唐时期，流行长、细、淡的眉式，中唐时期，"八字眉"又重新流行，与乌唇、椎髻形成了"三合一"特色的"元和时世妆"。另外，此时以油膏薄拭眉下，如啼泣之状的啼眉也风行一时。晚唐最有代表性的便是"桂叶眉"。图 1-8 所示为唐朝时尚的眉形。

在唐末五代有一种特殊的妆"三白妆"即在额、鼻、下巴用白粉涂成白色，其他部位不做修饰。

初唐时期发型主要有"半翻髻""回鹘髻"。而开元盛世则有密髻拥面的特征。当时在贵妇中间流行假发。

唐代以前将唇为主，即樱桃小嘴，唇形适当缩小，

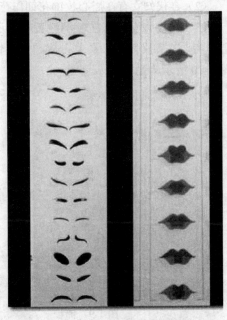

图 1-8　唐朝时尚的眉形和唇形

看起来圆润饱满。"石榴娇""小红春""露珠儿"等唇红依然说明当时流行点红唇。另外还有些人用檀色的口脂。这时期的美容特点是：初步形成了独立的学科，初具规模，概括了现代美容的许多基本知识和内容。

5. 宋辽金元时期

1）宋朝

宋朝建立之后，经济有所发展，美学思想和以前也有了不一样的变化。在绘画、诗文方面力求有韵，用简单平淡的形式表现绮丽丰富的内容，造成一种回荡无穷的韵味，崇尚淡雅的风格。宋代的《圣经总路》里非常强调："驻颜美容当以益血气为先，倘不如此，徒区区乎膏面染髭之术！"明确反对只注重涂脂抹粉、不求根本的做法。

宋朝女子装扮倾向于淡雅幽柔，朴实自然。面部装扮虽也有不少变化，但不像唐朝般浓艳华丽。妇女的妆扮属于清新、雅致、自然的类型，不过擦白抹红还是脸部装扮的基本元素，因此，红妆仍是宋代妇女在化妆方法中不可缺少的一部分。

这时期贵妇常在额前、眉间、两颊都贴上小珍珠做装饰，这就是珍珠花钿妆。发型没有太多的变化，贵妇之间流行高髻，而平民之间流行低髻，饰品中开始流行花冠，这直接导致了假花制造业的产生，而这时头上扎巾也逐渐形成风俗。这时期的眉形虽然没有什么大的发展，但却出现了一种新的画眉的工具，即篦。手和趾的妆饰也开始引进妆界，用凤仙花涂指甲，这是美甲业的开端。

2）辽金元

辽金元时期由于统治者都是游牧民族，在入驻中原之前长期转居在边塞，装扮非常简朴，逐渐汉化后，才较讲究，追求华丽。

（1）辽代妇女以金色的黄粉涂面，称为佛妆，如图1-9所示。

（2）金代妇女有在眉心妆饰花钿作花钿妆装扮的习惯。

（3）元代妇女也喜在额部涂黄粉，还喜好在额间点痣。眉式都画成一字形，细如直线，配上小嘴，整齐又简洁。在蒙古族妇女头饰中，最具特色的是"姑姑冠"，有爵位的贵妇才能戴。图1-10所示为姑姑冠示意图。

图1-9　佛妆

图1-10　姑姑冠

6. 明清时期

明朝初期，国势强盛，经济繁荣，当时的政治中心虽在河北，然而经济中心却在农业繁荣的长江下游江浙一带，于是各方服饰都仿效南方，特别是经济富庶的秦淮区中的妇女的化妆更是全国各地妇女仿效的对象。明代是中国传统美容的一个鼎盛时期。明初朱材等编纂的《普济方》是中国美容方的大汇总，对于美容化妆药之收载，规模空前。明朝妇女普遍喜欢扁圆形的发型，如"桃心髻""桃尖髻""鹅胆羽髻"。这时期的假发制作越来越精良，很多是用银丝、金丝、马尾、纱做成的丫髻、云髻等戴在真发上的装饰品。头饰有头花、钗、冠，又从国外引进了烧制珐琅技术，使得饰品更加精美。纤细而略微弯曲的眉毛、细长的眼睛、薄薄的嘴唇、素白明净的脸是明朝妇女给世人留下的总体印象，秀美，清丽韵味天生。

清初妇女的妆容分为两条发展线索，满族多为"两把头"，到后来发展成一种类似牌头的高大的固定装饰物，用绸缎等材料制成，在上面装饰以花朵、珠、钗等，将头发向后拢起梳成曼长形后将它戴在头上。而汉族的发型主要有牡丹头、荷花头等庞大的片与华丽夸张的发型。后来两种发展线路逐渐融合，到了晚清时期，开始留"前刘海"，面部仍为低调线路，面部清秀，眉眼细长，嘴唇薄小。

清代美容化妆之术非常发达，其标志是大量的美容用品和药剂不断出现，东南沿海的化妆美容的小作坊在唐宋元明时代就已存在，但到了清代规模才不断扩大。

敷粉施朱永远是女人的最爱，明清两代也不例外。从传世的画作与照片来看，明清妇女的红妆大多属薄施朱粉，轻淡雅致，与宋元颇为相似。

除了前代的妆粉外，明清妇女又创造了很多新类型的妆粉：珍珠粉，是明代妇女喜用的一种由紫茉莉的花种提炼的妆粉，多用于春夏之季。玉簪粉，是一种以玉簪花合胡粉制成的妆粉，多用于秋冬之季。清代妇女则喜爱用珍珠为原料加工制作的妆粉，称为珠粉（宫粉）。

明朝妇女仍是涂脂抹粉的红妆，但不同于前朝装扮的华丽及变化。装扮偏向秀美、清丽、端庄的造型。素白洁净的脸，纤细略弯的眉，细长的眼，薄薄的唇。脸上别有一番素净优雅的风韵，如图 1-11 所示。

清朝妇女多崇尚秀美型打扮，弯眉细眼，薄小嘴唇。清后期一些特殊阶层的妇女流行满族盛装打扮，脸部也作浓妆。清朝末年女子改变了做浓妆的风气，使盛行了两千多年的红妆习俗告一段落。

图 1-11　明清时期的清丽妆容

7. 近代与现代妆容

到了近代民国时期化妆品种类繁多，香粉是各阶层妇女化妆品的首选。有些人坚持传统路线，有些人则大胆追求时尚，喜欢香水、旋转式口红，化有层次感和线条柔和的眉毛，强调立体感的深色眼影，贴假睫毛，且对上唇饱满下唇线条明显的唇形特别有感情。

到了 20 世纪 40 年代，国内由于长期战争，物质生活困难，整个社会偏向自然朴实的妆容。第二次世界大战结束后，世界推崇爱与和平，整体装扮以浪漫、活力为主。

到了 20 世纪末，现代女性由于教育水平的提高，经济上的独立及价值意识的变化，对美的追求也呈现出多元化趋势。强调时尚感、自然美。

进入 21 世纪后，艺术生活化、生活艺术化的趋势日趋明显，人们追求感性美与形式美及个性美与知性美的统一。化妆的多样性应用也非常明显，化妆不再局限于艺术表演范畴，已经广泛扩展到了商业摄影、舞台表演、影视制作、广告制作、模特时尚、化妆品形象代言、公众人物形象顾问、明星私人婚礼化妆师等众多领域。图 1-12 所示为现代女子妆容。

图 1-12　现代女子妆容

知识点 3　古代化妆的局部修饰

在我国古代的典籍里，清初的李渔在《闲情偶记》一书中从肌肤、眉眼、手足、态度、熏陶、点染、首饰、衣衫、鞋袜、文艺、丝竹、歌舞 12 个方面评论了美女。下面主要从眉、眼、唇、面部的妆容进行具体介绍。

3.1　眉的修饰

据史料记载，画眉始于战国时期，到了汉代，画眉已相当盛行。当时妇女将原来的眉刮掉，以黛画眉。"黛"是一种西域出产的黑色矿物质，它具有染色的作用。《盐铁论》中有博得黛者众"的记载，意思是用黛描画，代替眉毛的人很多。其中的"黛"字有两种含义，一是指颜色；二是与"代"同义，即剃眉而以画眉代之。汉朝张敞画眉的故事十分著名，张敞当时是长安的官员，常为其妻画眉，长安人称赞他画的眉十分妩媚。

随着画眉的逐渐普及，到了唐代，眉形已千变万化，有时兴阔而浓，有时兴淡而细长。杜甫《北征》中有"狼藉画阔眉"的描述。白居易在《上阳白发人》中有"青黛点眉眉细长，天宝末年时世妆。"当时的眉形真可谓千姿百态。值得一提的是，唐玄宗曾命令画工设计数十种眉形，以示提倡，并赋予每种眉形以美丽的名称，如"鸳鸯眉""小山眉""五岳眉""三峰眉""垂珠眉""月棱眉""倒晕眉""分梢眉""涵烟眉""拂云眉"等。这些都说明了眉毛的美化与修饰是当时化妆的重要内容，对于眉形的创意也达到了相当高的水平，是当今眉形设计理念的萌芽。

图 1-13 所示为唐代女子眉形图。

(a) 陕西昭陵陪葬墓出土俑　　(b) 西安礼县郑仁泰墓出土俑　　(c) 陕西咸阳唐墓出土俑　　(d) 西安礼县郑仁泰墓出土俑

(e) 西安西郊唐墓出土俑　　(f) 西安唐金乡县主墓出土俑　　(g)《宫乐图》局部　　(h) 西安唐金乡县主墓出土俑

(i)《调琴啜茗图》局部　　(j) 陕西长安县南里王村壁画　　(k) 陕西昭陵陪葬墓出土俑　　(l) 陕西乾县章怀太子墓壁画

图 1-13　唐代女子眉形

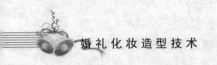

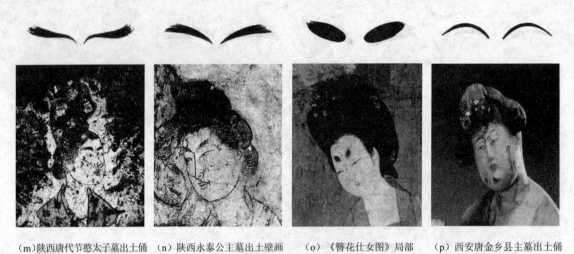

(m)陕西唐代节愍太子墓出土俑　(n)陕西永泰公主墓出土壁画　(o)《簪花仕女图》局部　(p)西安唐金乡县主墓出土俑

图1-13　唐代女子眉形（续）

3.2　眼的修饰

眼睛是人的视觉器官，它由眉弓、上鼻翼、眼睑、重睑、上眼线和下眼线、眼睫毛构成。

中国传统标准推崇灵动有神韵的眼睛为美，美人的眼睛如秋水、秋波、灵灵有神、楚楚动人。历代文学作品中有很多对眼睛的描绘都提到了"水汪汪"。《诗经·郑风·野有蔓草》："野有蔓草，零露瀼瀼。有美一人，婉如清扬。""清扬"是水汪汪的意思，以汪汪的清水比喻灵动明丽的眼睛；晏几道《采桑子》："一寸秋波，千斛明珠觉未多。"以"千斛明珠"比喻明洁灵动而温情脉脉的眼神；唐代李贺《唐儿歌》中有"一双瞳仁秋水"，以秋水比喻明洁的眼池；唐代元稹《崔徽歌》："眼明正似琉璃瓶，心荡秋水横波清。"以"琉璃瓶""秋水横波清"比喻明洁而灵动的眼睛；曹雪芹《红楼梦》中写众女子经常用"眉蹙春山，眼颦秋水"来描写眉眼特点。可见，古人给了水汪汪的眼睛很高的赞誉。

3.2.1　勾画上眼线

欣赏历代仕女图，可以看出，古代女子对眼部的修饰大多是勾画上眼线，使眼睛显得细而长，有的甚至延长至鬓发处，如图1-14所示。

3.2.2　勾画泪妆眼线

除了勾画上眼线外，还有一些面妆与眼部有关。例如，流行于东汉的泪妆，是以白粉抹颊或点染眼角，似滴泪之状。

图1-14　勾上眼线

唐朝元和年以后，由于受吐蕃服饰、化妆的影响，出现了"啼妆""泪妆"，顾名思义，就是把妆化得像哭泣一样，当时号称"时世妆"。诗人白居易曾在《时世妆》一诗中详细形容道："时世妆，时世妆，出自城中传四方，时世流行无远近，腮不施朱面无粉，乌膏注唇唇似泥，双眉画作八字低，妍媸黑白失本态，妆成近似含悲啼。"这种妆不仅无甚美感，而且给人一种怪异的感觉，所以很快就不再流行。

3.3　唇的刻画

在中国古代，除了眉的式样有很多变化外，对于唇的美化润饰也非常注重。远在汉代，中国女子已广泛使用口红。

中国古代美女嘴唇的审美标准是其色要红润、有光泽，其形要小巧。人们常以"樱桃"来比喻口唇，即因其形，更由其色。早在先秦的《楚辞·大招》中就有"朱唇皓齿，嫭以姱只"的话，《孔雀东南飞》中刘兰芝"口如含朱丹"都是讲唇的红润美。

据孟棨《本事诗·事感》记载：白居易有两个年轻貌美的小妾樊素和小蛮。其中樊素善歌，小蛮善舞，白居易曾作诗赞道："樱桃樊素口，杨柳小蛮腰。"樊素的口唇小巧红润，就像熟透的樱桃一般娇艳欲滴。苏轼也有"一颗樱桃樊素口"来加以描绘美人口唇之美。

美女口唇也常常用"檀口"或"绛唇"来形容。檀是一种浅红色或浅绛色的颜料，在古代常被女子用作口红，所以"檀口"便成了描写女性浅红色嘴唇的一个专用语。比如唐代香奁诗人韩偓有一首诗是这样写的："黛眉印在微微绿，檀口消来薄薄红。"至于美人的舌头也有专门的术语。诸多名花中，丁香凭借其香和形脱颖而出，成为美人香舌的代言花。

古代称口红为口脂、唇脂。口脂朱赤色，涂在嘴唇上，可以增加口唇的鲜艳，给人健康、年轻、充满活力的印象。宋玉神女赋"眉联娟以娥扬兮，朱唇其若丹"就是古人赞美妇女唇的红润美丽，艳若丹砂。《唐书·百官志》中记载："腊日献口脂、面脂、头膏及衣香囊，赐北门学士，口脂盛以碧缕牙筒。"这里写到用雕花象牙筒来盛口脂，可见口脂在诸多化妆品中有着珍贵的地位。口脂化妆的方式很多，中国习惯以嘴小为美，即"樱桃小口一点点"。唐朝诗人岑参在《醉戏窦美人诗》中说："朱唇一点桃花殷。"唐朝白居易诗"樱桃樊素口，杨柳小蛮腰"则属当时人形容唇形娇小如新摘樱桃。可见古代一般人对妇女唇的审美尺度，往往以娇小红艳为标准。

唐宋时还流行用檀色点唇，檀色就是浅绛色。北宋词人秦观在《南歌子》中歌道："揉蓝衫子杏黄裙，独倚玉阑，无语点檀唇。"这种口脂的颜色直到现代还在流行着。当然，无论是朱赤色还是檀色，都应根据个人的不同特点、不同条件来适当加以选择使用，千万不能以奇异怪状的时髦为美。

虽然明至清初，仍以樱桃小口为美。但清代的唇式除了樱桃小口之外，还出现了一种非常有代表性的唇式，即上唇涂满口红，而下唇仅在中间点上一点，如图 1-15 所示。这种唇式在清代许多嫔妃的传世相片中可以看到，这在当时的宫廷中是非常流行的。另外，还出现了只点下唇的唇式，颇为新颖。到了晚清，由于受外来文化的影响，妇女中也有与现代女子一样，依照唇形涂满整个嘴唇的。从此，樱桃小口一点点的唇式在中国的点唇妆史上开始逐渐退出历史舞台。

历代妇女唇妆样式图表 (高春明编制，选自周汛、高春明著《中国历代妇女妆饰》)	
汉	
魏	
唐	
唐	
唐	
宋	
明	
清	
清	

图 1-15　历代妇女唇妆式样

3.4　妆型特色

木兰诗提到对镜贴花黄。花黄，它是用彩色光纸、绸罗、云母片、蝉翼、蜻蜓翅乃至鱼骨等

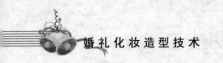

为原料，染成金黄、雾红或翠绿等色，剪作花、鸟、鱼等形，粘贴于额头、酒靥、嘴角、鬓边等处。因所贴部位及饰物质、色状不同，又有"折枝花子""花油花子""花胜""罗胜""花靥""眉翠""翠钿""金钿"等名目，隋唐时成为流行的妇女面饰。

3.4.1　薄妆

宋元妇女的面妆大多摒弃了唐代那种浓艳的红妆与各种另类的时世妆与胡妆，而多为一种素雅、浅淡的妆饰，称为薄妆、淡妆或素妆。宋元的女子虽然也施朱粉，但大多是施以浅朱，只透微红。素雅就是一种美，现代女性也有很多人钟爱薄妆，简单自然，但却不失魅力。

3.4.2　酒晕妆、桃花妆、飞霞妆

曾流行于南北朝的先敷粉后施朱的装扮，色浓的称酒晕妆，色浅的称桃花妆。若先施浅朱，后以白粉盖之，呈浅红色的叫飞霞妆。

南北朝时期，各民族经济文化交流融会，加上世俗习风也经历了一个由质朴洒脱到萎靡绮丽的变化，使我国妇女的化妆技巧在此时期逐渐成熟，呈现多样化的倾向，整体而言，妇女的面部装扮在色彩运用方面比以前更加大胆，妆态的形态变化也很大，而且女性以瘦弱为美。这时期妇女的发型以各种髻为主，如百花髻、富荣归云髻，富人家的妇女插戴金、玉、玳瑁、珍宝等制成的簪钗，而鲜花都受各阶层欢迎。这时期妆态没有太多变化，主要有酒晕妆、桃花妆、飞霞妆。

3.4.3　北苑妆

南朝出现的"北苑妆"，是在淡妆的基础上，将大小形态备异的茶油花子贴在额头上，这是南唐宫廷妇女的一种化妆方式。

提起李煜，他的词估计无人不晓，那首《虞美人》"春花秋月何时了，往事知多少！……问君能有多少愁？恰似一江春水向东流。"至今仍被传唱。那么北苑妆和李煜有何关系？据说是李煜在妃嫔宫人的装束上，想出一种新鲜的饰品，将建阳进贡的茶油花子，制成花饼，或大或小，形状各别，令各宫嫔淡妆素服，缕金于面，用这花饼，施于额上，名为"北苑妆"。妃嫔宫人，自李煜创了"北苑妆"以后，一个个去了浓妆艳饰，都穿了缟衣素裳，鬓列金饰，额施花饼，行走起来，衣袂飘扬，远远望去，好似月殿嫦娥，广寒仙子一般，另具风韵。

3.4.4　慵来妆

古时女子一种娇媚的梳妆。《赵飞燕外传》："合德新沐，膏九曲沉水香，为卷发，号新髻；为薄眉，号远山黛；施小朱，号慵来妆。"亦省称"慵来"。[宋]计有功《唐诗纪事·罗虬》："轻梳小髻号慵来，巧中君心不用媒。"也有慵来妆的记录。

汉代有薄施朱粉，浅画双眉，鬓发蓬松而卷曲，给人以慵困、倦怠之感的慵来妆。慵来妆虽然有慵困、怠倦之感，但却能女子看起来妩媚，娇柔，是古时女子一种娇媚的梳妆，如图 1-16 所示。

3.4.5　啼眉妆

唐朝元和、长庆年间，流行八字眉，配上乌膏涂唇就是啼眉妆，如图 1-17 所示。

3.4.6　白妆、赭面

唐朝妇文脸部涂白粉被称为白妆，如图 1-18 所示，涂红褐色称为赭面

图 1-16　慵来妆　　　　　图 1-17　啼眉妆　　　　　图 1-18　白妆

3.4.7　三白妆

唐末五代时妇女在额、鼻、下巴处涂白粉，形成特殊的妆饰称为三白妆。

3.4.8　檀晕妆

檀晕妆是先以铅粉打底，再敷以檀粉（即把铅粉与胭脂调和在一起），面颊中部微红，逐渐向四周晕开，是一种非常素雅的妆饰，如图 1-19 所示。以浅赭色薄染眉下，四周均呈晕状的一种面妆称为檀晕妆，唐宋两代都很流行。这种面妆到明代便已经失传了。

3.4.9　佛妆

辽代契丹族妇女有一种非常奇特的面妆，称为佛妆。这是一种以栝楼（亦称瓜蒌）等黄色粉末涂染于颊，经久不洗，既具有护肤，又可作为装饰，多施于冬季。因观之如金佛之面，故称为佛妆。

图 1-19　檀晕妆

佛妆是佛教文化对女性面部妆饰影响的具体体现，反映了特定的历史背景和文化环境影响和浸染时代女性的审美风尚，从而形成具有时代特点的妆饰风格。佛妆是一种文化渊源较深远的女性美饰风俗。

3.4.10　黑妆

明清时期的黑妆是一种以木炭研成灰末涂染于颊上为装饰的面妆，据传是由古时黛眉妆演变而来。

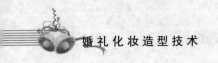
【教学项目】

任务 归纳总结中国古代化妆技术实训

总结归纳中国古代化妆历史和化妆特征，可以为创意化妆提供借鉴，通过对中国古代化妆技术总结实训，能够使大家掌握中国古代化妆历史的发展过程和化妆技术，为化妆技能奠定坚实的理论基础。

活动 1 讲解实训要求

教师讲解实训课教学目的和教学内容。
（1）古代眉的化妆技术总结。
（2）古代唇的化妆技术总结。
（3）古代妆型的化妆技术总结。

活动 2 教师提供古代眉、唇、妆型化妆技术总结一览表表格

出示古代眉、唇、妆型化妆技术总结一览表的表格，并说明填写要求。

活动 3 学生填写制作古代眉、唇、妆型化妆技术总结一览表

学生以小组为单位，填写、制作古代眉、唇、妆型化妆技术总结一览表。

活动 4 小组出示完成的古代眉、唇、妆型化妆技术总结一览表

小组派一名代表汇报讲解自己小组完成的古代眉、唇、妆型化妆技术总结一览表的制作情况。

活动 5 教师总结

教师总结各小组的完成情况，并讲解古代眉、唇、妆型化妆技术总结一览表，如表 1-1 所示。

表 1-1 古代眉、唇、妆型化妆技术总结一览表

课　　程	婚礼化妆与造型设计		班　　级		级婚庆　班
讨论项目	古代眉、唇、妆型化妆技术总结		姓　　名		
考评教师			实操时间		年　月　日
项　目	内　容	总结要点		分　值	讨论结果
古代眉的化妆技术	总结古代的眉式特征和各种眉式	1. 古代眉式特征		10分	
		2. 唐代的各式眉式介绍		10分	
古代唇的化妆技术	总结汉、魏、唐、宋、明、清时期唇妆的特点和唐朝时期的唇式	1. 汉、魏、唐、宋、明、清时期唇妆的特点		10分	
		2. 唐朝时期的各类唇式介绍		10分	

续表

项　目	内　容	总　结　要　点	分　值	讨论结果
古代妆型特点和技术	总结中国化妆的历史演变	1．夏商周时期的妆型特点	10分	
		2．秦汉时期的妆型特点，出现了哪些化妆材料	10分	
		3．魏晋南北朝时期的妆型特点，出现了哪些新的妆型	10分	
		4．隋唐五代时期的妆型特点，出现了哪些妆型	10分	
		5．宋辽金元时期的妆型特点	10分	
		6．明清时期的妆型特点	10分	
总　分				

项 目 小 结

1. 化妆是运用化妆品和工具，采取合乎规则的步骤和技巧，对人的面部、五官及其他部位进行渲染、描画、整理，增强立体印象，调整形色，掩饰缺陷，表现神采，从而达到美化视觉感受的目的。

2. 化妆有以下几个特点：

（1）化妆体现了一个人的生活态度。

（2）化妆体现了对他人的尊重。

（3）化妆能体现一个人的修养和气质。

3. 化妆有以下几个目的：

（1）社会交往的需要。

（2）职业活动的需要。

（3）特殊职业的需要。

4. 化妆有以下几个作用：

（1）化妆能改善皮肤的色泽质地。

（2）化妆能够起到遮瑕作用。

（3）化妆能够调整面部的立体感。

（4）化妆可以使皮肤看上去更加健康、亮丽和有弹性。

5. 化妆的基本原则：

（1）突出优点原则。

（2）掩饰缺点原则。

（3）弥补不足原则。

（4）整体协调原则

6. 我们的祖先在没有"化妆"这个术语时就已经在身上涂抹各种颜色进行装扮。中国妇女化妆的习俗在夏商周时期开始兴起，每个历史时期都有其显著的特点。

7. 据史料记载，画眉始于战国时期，到了汉代，画眉已相当盛行。中国传统标准推崇灵动有神韵的眼

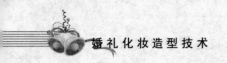

睛为美，美人的眼睛如秋水、秋波，灵灵有神、楚楚动人。中国古代,除了眉的式样有很多变化外,对于唇的美化润饰,也非常注重。远在汉代，中国女子已广泛使用口红。额黄是在额间涂上黄色，它起源于南北朝，在唐朝盛行，是当时流行的妇女面饰。

核 心 概 念

化妆的含义　化妆的基本原则　化妆的目的及作用

能 力 检 测

1. 用图表的形式，简要介绍中国化妆史的发展历程。

2. 根据所给案例，试述古代眉的化妆所用的材料，并说明本案例中"螺子黛"是古代的什么化妆材料。

《甄嬛传》剧中称，螺子黛异常珍贵，每年上贡给皇宫的不过一二十盒，然而那一年只有三盒，华妃还为了一盒螺子黛记恨甄嬛。"螺子黛"为何如此受欢迎？据了解，这是一种古代女子画眉所用颜料，产自波斯国，价格昂贵，相较于普通妃嫔画眉时用的青黛，螺子黛只需蘸水即可，而青黛则需研磨。

项目  婚礼化妆师的职业道德与职业标准

【学习目标】

通过本项目的学习，应能够：

1. 掌握婚礼化妆师职业道德的具体要求；
2. 掌握婚礼化妆师职业标准。

【项目概览】

婚礼化妆师的职业素质及职业道德是做好工作的前提，核心目标是掌握婚礼化妆师职业素质要求和职业标准。为了实现本目标，需要完成两项任务。第一，掌握婚礼化妆师职业道德的具体要求；第二，掌握婚礼化妆师职业标准。

【核心技能】

- 团队精神；
- 服务技能；
- 服务态度。

【理论知识】

知识点 1　婚礼化妆师的职业道德

婚礼化妆师的特殊性及其社会职能，要求从业人员必须具备一定的职业素养，加强职业道德修养，自觉遵守职业道德。婚礼化妆师的服务不仅展现企业形象，体现企业精神，同时，还是社会公德和精神文明的具体体现，其服务水准、精神风貌也是社会文明的缩影，是社会风气、经济环境的具体反映。

1.1　婚礼化妆师职业道德概述

职业道德，是指从事一定职业劳动的人们在特定的工作和劳动中以其内心信念和特殊社会手段维系的，以善恶进行评价的心理意识、行为原则和行为规范的总和，它是人们在从事职业的过程中形成的一种内在的、非强制性的约束机制。它也是从道义上要求人们以一定的思想、态度、作风和行为去待人、接物、处事、完成本职工作。专业婚礼化妆师在从事化妆工作过程中，所应遵循的与婚礼化妆师执业活动相适应的行为规范就是婚礼化妆师的职业道德。

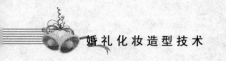

婚礼化妆师的职业道德是社会道德体系的重要组成部分，它一方面具有社会道德的一般作用，另一方面它又具有自身的特殊作用，具体表现在如下几方面：

1.1.1 职业道德的基本职能是调节职能

调节职业交往中从业人员内部以及从业人员与服务对象之间的关系。它一方面可以调节从业人员即婚礼化妆师内部的关系，即运用职业道德规范约束婚礼化妆师的行为，促进婚礼化妆师内部人员的团结与合作。如职业道德规范要求婚礼化妆师都要团结、互助、爱岗、敬业、齐心协力地为发展本行业、本职业服务。另一方面，职业道德又可以调节婚礼化妆师和服务对象之间的关系，其中规定了婚礼化妆师如何对客户负责。

1.1.2 有助于维护和提高本行业的信誉

化妆行业的信誉，也就是它们的形象、信用和声誉，是指企业及其产品与服务在社会公众中的信任程度，提高企业的信誉主要靠产品的质量和服务质量，而婚礼化妆师职业道德水平高是产品质量和服务质量的有效保证。若婚礼化妆师职业道德水平不高，很难生产出优质的产品和提供优质的服务。

1.1.3 促进化妆行业的发展

化妆行业的发展源于高的经济效益，而高的经济效益源于高的从业人员素质。婚礼化妆师的素质主要包含知识、能力、责任心三个方面，其中责任心最为重要。而职业道德水平高的婚礼化妆师其责任心是极强的，因此，职业道德能促进本行业的发展。

1.1.4 有助于提高全社会的道德水平

职业道德是整个社会道德的主要内容。职业道德一方面涉及每个从业者如何对待职业，如何对待工作，同时也是一个从业人员的生活态度、价值观念的表现；还是一个人的道德意识。道德行为发展的成熟阶段，具有较强的稳定性和连续性。另一方面，职业道德也是一个职业集体，甚至一个行业全体人员的行为表现，如果各行各业的集体都具备优良的道德，对整个社会道德水平的提高定会发挥重要作用。

1.2 婚礼化妆师的职业道德的具体要求

婚礼化妆师必须在服务工作中自觉遵守职业道德。作为服务人员必须遵循以下职业道德：

1.2.1 热爱本职工作

热爱本职工作是一切职业道德中最基本的道德原则。婚礼化妆师应明确自己工作的目的和意义，热爱本职工作，乐于为顾客服务，忠实履行自己的职责，并以满足客人的需求为自己最大的快乐；以为新人提供高质量、高水平的优质的妆容为自己的工作目标；自洁自律，廉洁奉公，不索要小费，不暗示、不接受顾客赠送物品；不议论顾客和同事的私事；不带个人情绪上班。

1.2.2　具备团队意识

坚持集体主义。集体主义即团队意识，它是职业道德的基本原则。婚庆服务是由一个婚礼服务团队完成的服务工作，婚礼化妆师是婚礼服务团队的一名成员，所以婚礼化妆师必须以集体主义为根本原则，正确处理个人利益、他人利益、班组利益、部门利益和公司利益的相互关系。要有严格的组织纪律观念。要有团结协作精神。要爱护公共财产。

1.2.3　热情对待顾客

要树立全心全意为顾客服务的理念。要与顾客有所交流，对顾客要热情、礼貌。诚恳待客，知错就改。对待顾客还要一视同仁，不能对付费不同的顾客给予不同的待遇。

1.2.4　严格遵循职业道德标准

热爱本职工作具有奉献精神；坚持顾客至上，服务第一；爱护企业和顾客财物，珍惜职业荣誉；克己奉公、不谋私利；坚持一视同仁，童叟无欺；遵守商业道德，展开公平竞争。

1.2.5　婚礼化妆师应具有的工作态度和服务态度

1. 工作态度

（1）语言：谈吐文雅，常用礼貌用语。学习巧妙高雅的谈吐，谈话时声量适中，当他人说话时要注意倾听。

（2）礼仪：面带笑容，举止、言谈热情有礼；注重仪表，随时保持好个人卫生。温文有礼，对他人帮助要表示谢意，要有同情心，尊重他人的感觉及权利，能良好的配合雇主及领导的工作。

（3）喜悦：微笑服务，表现出热情、亲切友好的情绪，做到精神集中，情绪饱满，给顾客一种轻松愉快的感觉。

（4）效率：提供高效率的服务，关注工作上的技术细节，为顾客排忧。

（5）责任：尽职尽责，严格执行公司制度，遇有疑难问题及时向有关部门反映，求得圆满结局。

（6）协助：各部门之间要互相配合，真诚协助，应同心协力解决疑难问题，维护公司的声誉。

（7）忠实：忠诚老实，有事必办，不能提供虚假情况，不得阳奉阴违、诬陷他人。

（8）时间观念：准时上下班，不迟到、早退，不无故旷工，少请假。

（9）工作作风：头脑机智，眼光灵活，口才流利，动作敏捷，思维清晰，技术过硬。

（10）工作态度：服从安排，热情耐心，和蔼谦恭，小心谨慎，虚心好学。

（11）工作意向：领会技能，不断学习业务知识，遵守规章制度，勤恳踏实工作，明确公司、自己的发展前景。

2. 服务态度

（1）主动：在工作中全心全意为顾客服务，自觉地把服务做在顾客提出要求之前。

（2）耐心：在工作中热情解答顾客提出的问题，做到问多不烦，事多不厌，遇事不急促，严于律己，恭敬谦让。

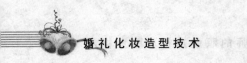

（3）热情：对待顾客要像对自己的亲人一样，工作时面带笑容，态度和蔼，语言亲切，热心诚恳。

（4）周到：顾客进入公司要周到服务，处处关心，为顾客排忧解难，提供使顾客满意的婚礼服务方案。

1.2.6　婚礼化妆师工作时的注意事项

（1）要有良好的职业道德，让人有良好的印象。

（2）准时服务，不可让顾客长时间等待，在规定的时间用餐休息。

（3）即便顾客态度不佳，也应保持良好的风度。

（4）塑造充满信心、外向、乐观进取的个性。

（5）随时注意，关心顾客的需求。

（6）与顾客交谈时态度要诚恳。

（7）粉扑要做到一客一洗，进行消毒。

（8）化妆工具要定时消毒、清洁。

（9）化妆品和化妆箱保持整洁、干净。

（10）化妆时，婚礼化妆师应站在被化者的右面。

1.2.7　职业婚礼化妆师应避免的举止

（1）在他人面前咳嗽、抽烟、嚼口香糖。

（2）说话大声、刺耳。

（3）在顾客面前批评其他同事的技术。

（4）过多与顾客谈论自己的私事。

（5）背后议论人、讥笑他人、说话不实在、过分批评他人，降低他人信誉。

（6）开过分的玩笑，探听顾客隐私。

（7）自我夸张、使用粗话、暗语，不尊重他人。

（8）过多抱怨，牢骚。

（9）偷窃行为。

1.3　婚礼婚礼化妆师的职业礼仪的具体要求

礼仪是现代生活重要的内容之一。在婚礼化妆师在提供化妆服务中，要和人直接接触，所以注重化妆的礼仪尤为重要。婚礼化妆师的职业礼仪主要包括以下内容：

1.3.1　仪容礼仪

仪容美是内在美、自然美、修饰美这三方面的统一。它能体现一个人良好的精神面貌和对生活的乐观、积极的态度。现代文明的发展，使得人们对仪容的重视愈显普遍。可以这样说，个人良好的仪容能够给人以端庄、稳重、大方的印象。既能体现自尊自爱，又能表示对他人的尊重与礼貌。尤其是化妆行业，职业的原因更要求对仪容仪表要有足够的重视。

从婚礼化妆师来讲其仪容的基本要求如下：

（1）头发要勤于梳洗，发型要时尚大方而不能怪异。

（2）女婚礼化妆师头发不应遮住脸部，前面头发的刘海不宜盖住眼。

（3）女婚礼化妆师要注意面部清洁与修饰，每天必须要化妆，浓淡适宜，不可太夸张，并要避免使用气味很浓烈的化妆品。但要每天喷一些清新的香水。

（4）做到勤洗澡、勤换衣袜、勤剪指甲、勤漱口，上班前最好不要吃有异味的食物，必要时可含一点茶叶或嚼口香糖，去除异味。

1.3.2　表情礼仪

在人际交往中表情其实可以反应人们的思想、情感以及心理活动与变化，而且表情传达的感情信息要比语言显得巧妙得多。

大致来说，人的眼神、笑容、面容是表达感情最主要的三个方面，也是表情礼仪的重要内容，是人际交往、相互沟通的重要形式。

首先作为婚礼化妆师来说，笑容是一种不可缺少的表情礼仪，利用笑容，可以消除和客户的陌生感，打破交际障碍，为更好的沟通与交往创造有利的氛围。

笑容有以下四种：

（1）含笑：表示接受对方，待人友善，适用范围较广。

（2）微笑：表示自乐、充实、满意、友好，具有一种磁性的魅力，适用范围最广。

（3）轻笑：表示欣喜、愉快，多用于会见客户、向熟人打招呼等情况。

（4）浅笑：多用于年轻女性表示害羞之时，通常又称为抿嘴而笑。

微笑可以表现出温馨亲切的表情，能有效地缩短双方的沟通距离，给对方留下美好的心理感受，从而形成融洽的交往氛围，作为婚礼化妆师要经常与陌生的客户沟通和接触，所以微笑更是作为一种外化形象。要做到适时场合，画龙点睛，才会使微笑发挥磁性的魅力。微笑是人际交往中十分有效的润滑剂。但是，一定要注意在婚礼化妆这个行业中，最禁忌的是假笑、冷笑、怪笑、媚笑和狞笑。

1.3.3　举止礼仪

1. 站姿的基本礼仪

俗话说"站有站相，坐有坐相"，它是对自然美的一种要求，也是体现高雅的基础。从站姿要点来看，婚礼化妆师在站立时，要抬头正首，双目平视前方，嘴唇微闭，面带微笑，自然平和。双肩放松，稍往下压，使人体有向上的感觉。躯干挺直，身体重心应在两腿中央，做到挺胸、收腹，双臂自然下垂于身体两侧，或放在身体前后。双腿自立，保持身体的端正。

2. 坐姿的基本礼仪

优雅的坐姿传递着自信、友好、热情的信息，一些不雅的坐法，例如两腿叉开，抖腿、翘腿等，在一定场合是有违礼仪的。婚礼化妆师在和客人一起入座时一定要先让对方入座。就座时不要使座椅乱响，动作要轻。以背部接近座椅，不要把腿伸的很长。离座时动作利落，不能弄响座椅或弄掉椅座垫。背后没有依靠时也不能把头向后仰靠。

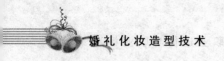

【导入阅读】

专业婚礼化妆师看市场：化妆行业缺乏基本规范

时下正值某地结婚旺季，每个周末都有大批新人在举行婚礼，由此新娘的跟妆市场也显得异常火爆。不过移民加拿大的彩妆师刘士琪，重回某市，进入化妆市场后，才发现，某市的新娘跟妆行业竟走得跌跌撞撞，诸多问题也在逐渐暴露出来。用刘士琪的话说："在我看来，其中一些婚礼化妆师只是在用手化妆，而不是用心。"

现象一：很少人带消毒酒精 刷子粉扑多人共用

2003年，刘士琪移民加拿大温哥华，此后她便一直从事化妆工作，而且也经常为新娘跟妆。2009年，由于母亲身体不好，刘士琪选择暂时回到家乡照顾母亲。在此期间，她为朋友做过几次新娘跟妆，由此也慢慢走入和了解当地的化妆市场，尤其是新娘跟妆市场。不过，这样的介入却让刘士琪感受颇深。

这一年多时间里，刘士琪接触过不少婚礼化妆师。她发现，同行的化妆工具和化妆品都比较齐全，却缺少那最简单的一瓶消毒酒精。"这让我很奇怪，而且当我询问他们怎么没有消毒酒精时，他们也很惊讶地反问，化妆怎么还需要消毒？"刘士琪不解地告诉记者，"我在加拿大化妆学校学习时，第一堂课讲的就是该如何用好消毒酒精，而且这是重中之重的一堂课，因为一切的美都必须建立在健康的基础之上。"

在当地，刘士琪看到一些婚礼化妆师在化妆时，一个粉扑可以为多个人化妆，这个人脸上用完了之后，不经过任何处理，直接再用到下一个人脸上。涂口红的刷子，也是多人共用一个。而这在加拿大，刘士琪是从来也没见过的。"在国外，婚礼化妆师不但在每个步骤之前必须要进行消毒处理，而且严格到自己不能咀嚼口香糖，手必须进行消毒处理，手指甲的颜色也不能过重。另外，在化妆时，睫毛刷子是一定要消毒的，因为通过这个环节感染疾病的概率最高。"

两周前，刘士琪就亲眼所见，本地的一次商业活动中，一个模特正是因为和别人共用了粉扑，而导致脸部严重过敏，为此还差点打起官司。所以，在她看来，本地化妆市场的卫生问题是最让人担忧的。

现象二：跟妆技术都很过关 不用心的应付是常见

刘士琪认为，一个婚礼化妆师，只要经验丰富、有悟性，那么他的技术水平一定不会太低，但是这样并不代表就可以过关，因为还有一个更重要的环节，就是需要用心化妆。

"一些跟妆师通常是一早来到新娘家，一箱子化妆品倒到桌子上，便开始了他的工作。而且他只是很机械地化妆，至于其他，是不是结婚或者怎样，跟他毫无关系。甚至整天的化妆结束，根本记不起来新娘长什么样子。"刘士琪说，"而且，跟妆师也只把自己定位于一个服务人员，所以我见过不少婚礼化妆师来到新娘家后，穿着上非常不得体，完全没有一种喜庆或者职业的感觉。而我在加拿大期间，凡是做新娘跟妆，我就是婚礼中的一员，会提前一周就和新娘建立联系，甚至陪新娘逛街买衣服，尽可能深入去了解新娘。这样，婚礼当天，我和新娘已成为朋友，默契程度非常高。"

刘士琪说，她只要做新娘跟妆，出门前必须保证自己的穿着打扮很得体。另外，除了带化妆箱，她还要带上创可贴、一次性鞋垫、隐形肩带、刮刀等一些新娘可能用得上的小物品。"其实婚礼化妆师都知道，做新娘跟妆是最辛苦的，相对赚钱又不是很多。但是唯独新娘妆是不可更改、不可重复的。只要进入了摄像机的镜头，这个画面就会保存一辈子。有人说，女人一生中最美的瞬间就是做新娘子那一刻，所以，作为跟妆师必须要用心，把新娘子当成自己，定格她最美的一刻。"

刘士琪还发现，有的婚礼化妆师竟然在用假牌子化妆品。有一次她和一个同行一起，当拿出自己的化妆箱子，对方竟然很惊讶地说："你怎么用这么贵的化妆品啊?用几十元钱的就可以了。"这让刘士琪觉得不可理解，她介绍，跟妆化妆品的消耗量其实很小，比如用中档的化妆品，跟完整个新娘妆，化妆品的消耗大概也就在 200 元左右，所以完全没有必要以次充好。

感受：新郎新娘也不够尊重婚礼化妆师

回国这段时间，刘士琪还有另外一大感受：婚礼化妆师并不像在加拿大那样很受尊重。在国内，新郎和新娘只把婚礼化妆师当成一个服务人员，认为既然消费了，就该让婚礼化妆师干足活，最好还能帮助干一些别的小活，这几乎是一个普遍的心理。

这种情况，在一些影楼的婚礼化妆师身上体现得更为明显。"我经常能看到影楼里的婚礼化妆师什么都做，处理图片、做摄影师助理等等，某种意义上更像个打杂的。但是在国外却完全不同，婚礼化妆师的界限非常清晰，因为他的手是用来化妆的，所以不能随便去干一些其他的活。"

（资料来源：作者根据相关资料整理）

知识点 2　婚礼化妆师的职业标准

近年来，婚礼化妆师职业发展迅速，在影视表演、音乐电视、模特广告等各个领域发挥着重要作用。全国化妆从业人员目前已近百万，但行业发展很不规范，从业人员素质和技能水平不一、培训和就业混乱、行业管理落后等问题日渐突出。社会上还习惯把化妆行业纳入美容美发行业，淡化了化妆与艺术、商业、生活之间的联系与区别，忽略了婚礼化妆师职业的独立性。

为规范婚礼化妆师行业，2003 年，劳动和社会保障部组织有关专家成立国家职业资格工作委员会婚礼化妆师职业委员会，制定《婚礼化妆师国家职业标准》（以下简称《标准》）。

2.1　婚礼化妆师职业标准概述

《标准》以《中华人民共和国职业分类大典》为依据，以客观反映本职业的水平和对从业人员的要求为目标，在充分考虑经济发展、社会文化艺术进步和消费观念变化对本职业影响的基础上，对职业活动范围、工作内容、专业能力和知识水平作出了明确规定。《标准》的制定，遵循了《国家职业标准制定技术规程》的要求，既保证了《标准》体例的规范化，又体现以职业活动为导向，以职业能力为核心的特点，同时也使其具有根据社会文化艺术发展水平进行调节的灵活性和实用性，符合培训、鉴定和就业工作的需要。《标准》依据有关规定将本职业分为五个等级，包括职业概况、基本要求、工作要求和比重表四方面的内容。

2.2　婚礼化妆师职业标准的具体内容

2.2.1　职业概况

1.　职业名称和代码

职业名称：婚礼化妆师。

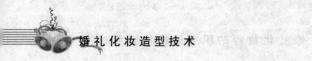

职业代码：65420。

2. 职业定义

能正确选择并利用各种化妆材料，用正确熟练的化妆手段与方法，根据用途以化妆对象自身条件为基础，进行改变或美化其外貌，从而塑造各种人物形象的人员。

3. 职业等级

本职业共设三个等级，分别为：初级（国家职业资格五级），中级（国家职业资格四级），高级（国家职业资格三级）。

4. 职业环境

职业环境：室内外、常温、皮肤过敏指标。

5. 职业能力特征

绘画能力、空间想象力、审美能力、表达能力、塑造能力。

6. 基本文化程度

基本文化程度：高中毕业。

7. 培训要求

（1）培训期限：全日制职业学校教育，根据其培训目标和教学计划确定培训期限。

晋级培训期限：初级不少于 320 标准学时；中级不少于 450 标准学时；高级不少于 550 标准学时。

（2）培训教师应具备化妆的基本知识如下：

① 培训初级人员的教师，应取得本职业高级以上职业资格证书，工作 5 年以上或具有专业中级以上专业技术职称。

② 培训中级人员的教师，应取得本职业高级以上职业资格证书，工作 10 年以上或具有专业中级以上专业技术职称。

③ 培训高级人员的教师，应取得本职业高级技师职业资格证书，工作 5 年以上或具有专业高级以上专业技术职称。

（3）培训场地设备如下：

① 满足教学需要的标准教室一间。

② 具备灯光、台、镜、水、电条件的专业教室。

③ 适用绘画教学要求的绘画教室。

④ 相关教学用具和设备。

8. 鉴定要求

婚礼化妆师鉴定的要求：主要鉴定对象、考评员、鉴定场地等。

（1）适用对象：从事或将要从事婚礼化妆师职业的人员。

（2）申报条件如下：

① 初级。经本职业五级（初级）正规培训达规定标准学时数。

② 中级。取得本职业职业资格证书五级（初级）后，连续从事工作一年以上，经本职业四级（中级）正规培训达规定标准学时数。

③ 高级。取得本职业职业资格证书四级（中级）后，连续从事工作两年以上，经本职业三级（高级）正规培训达规定标准学时数。

（3）鉴定方式。婚礼化妆师职业鉴定分为理论知识和技能操作考核两项内容。理论知识考试采用闭卷笔试，按标准答案评定得分。技能操作考核采用实际操作、口试、笔试、答辩相结合的方式，各级的考核方式根据职业等级和考核项目特点而定，由 3～5 名考评员组成的考评小组按技能操作考核规定或有关标准分别打分，取平均分为考核得分。考试、考核评分采用百分制，两项皆达到 60 分及以上者为合格。

（4）考评人员与考生的配比：理论知识考试为 2∶25；技能操作考核为 2∶25。

（5）鉴定时间：各等级的理论知识考试时间均为 120 分钟；各等级的技能操作考核时间（含口试和实际操作）为 120～180 分钟（等级和项目不同则时间不同）。

2.2.2　基本要求

1．职业道德

（1）职业道德基本知识

（2）职业守则如下：

① 正确树立起化妆艺术为人民服务的思想，诚信务实，礼貌待人。

② 投入到集体的艺术创作中区去，团结协作，顾全大局，爱岗敬业，遵纪守法。

③ 持现实主义的化妆方法，不断钻研业务，精益求精。

2．基础知识

（1）中外化妆发展简史。

（2）艺术理论基本知识（艺术概论，美学常识，服饰知识）。

（3）化妆品及工具的分类与应用及保养。

（4）必要的绘画基本知识。

（5）必要的生理基本知识（相关头部解剖、脸型、皮肤、毛发基本知识）。

（6）相关法律法规基本知识。

（7）卫生基本知识。

2.2.3　工作要求

1．初级

说明：能基本掌握运用于生活的有关化妆基本技术，了解常识，服务于社会生活需要。并能帮助更高级婚礼化妆师完成化妆任务。表 2-1 所示为初级婚礼化妆师的工作要求。

表 2-1　初级婚礼化妆师的工作要求

职 业 功 能	工 作 内 容	技 能 要 求	相 关 知 识
化妆	生活淡妆	1．生活化妆的基本步骤与方法。 2．常用化妆色彩选择与运用。 3．能以自然化妆形态展现不同年龄人群的美及个人气质	1．脸部美的标准比例与修饰原理。 2．各种脸型的五官特征。 3．化妆品及工具相关知识。 4．不同年龄人群的妆面知识

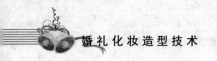

职业功能	工作内容	技能要求	相关知识
化妆	宴会妆	1. 对脸型、五官、面部凹凸的矫正能力。 2. 丰富的色彩搭配能力。 3. 发饰、服饰的协调能力。 4. 假睫毛、美目贴的运用能力。 5. 呈现个人感性、浪漫、风华的妆面效果	1. 宴会妆型特点与技巧。 2. 发饰、服饰搭配知识。 3. 假睫毛、美目贴的选择知识
	婚礼妆	1. 妆面与服饰、发饰的协调能力 2. 有妆面洁净、牢固性强的能力，及时补妆的能力。 3. 传统与流行妆完美融合能力。 4. 妆面清新可人，雅致高贵，五官刻画强调柔美、细致	1. 婚礼风俗特点。 2. 婚礼的基本的化妆原理。 3. 色彩与气氛的关系。 4. 妆色、妆型与服饰、发型的整体观念
	生活时尚妆	1. 将固定的化妆模式表现出流行感。 2. 妆面运用于生活，有其自然真实性。 3. 妆面与服饰、发饰的协调能力	1. 流行动态知识。 2. 流行色彩知识。 3. 流行化妆品知识
绘画	素描	掌握绘画（素描、色彩）基本技能	1. 素描基础知识。 2. 素描的表现方法。 3. 素描与化妆的关系
	色彩		1. 色彩基本原理。 2. 色彩的运用。 3. 色彩与化妆的关系

2. 中级

说明：能掌握较专业的化妆技术，根据更高级婚礼化妆师的要求，完成演出或拍摄的化妆任务。表 2-2 所示为中级婚礼化妆师的工作要求。

表 2-2　中级婚礼化妆师的工作要求

职业功能	工作内容	技能要求	相关知识
表演化妆	模特表演妆	掌握不同风格、用途的模特妆的特点与技巧	1. 模特妆特点。 2. 模特妆与服饰的关系。 3. 流行色彩的运用
	电视、摄影人像妆	1. 掌握不同类型节目的主持人与演出者的妆（新闻类、娱乐类等）的特点与化妆技巧。 2. 掌握黑白、彩色摄影人像妆	1. 电视妆特点。 2. 不同类型节目的特点。 3. 黑白、彩色摄影人像妆的特点。 4. 摄影技巧与化妆的关系。 5. 灯光与妆色的关系。 6. 妆色与服装的搭配

续表

职业功能	工作内容	技能要求	相关知识
表演化妆	角色化妆	能依据设计师构思，高级别婚礼化妆师的要求，运用绘画化妆法从结构、年龄、人种、地域、年代、性格等特征在面部或形体上进行化妆，达到角色的要求	1. 绘画化妆法知识。 2. 头部解剖知识。 3. 胖瘦特征。 4. 年龄特征。 5. 种族特征。 6. 历史时代特征。 7. 个性特征
毛发造型	发式造型基本技法	1. 能根据要求运用发饰品及基本技巧完成一般发式的梳理和修饰。 2. 能运用染、漂、喷等技术完成色彩造型。 3. 常用发式造型工具的选择与使用	1. 发型知识。 2. 剪、吹、烫、盘、梳、染、漂等基本知识。 3. 假发、发饰品造型知识。 4. 发式色彩造型知识
	胡须的制作和使用	1. 毛发直接粘贴。 2. 制作胡套粘贴	1. 工具与材料。 2. 毛发生长方向。 3. 毛发的整理修剪方法。 4. 中外毛发式样
	眉毛的制作和使用	制作方法和粘贴技术	
绘画	色彩与素描	能简单设计绘制人物形象（肩部以上）	1. 绘画基本知识。 2. 头部基本构造。 3. 设计稿的表现

3. 高级

说明：在初、中级婚礼化妆师的专业要求的基础上掌握更丰富的专业技术和理论知识，并将技术上升到艺术层面，进行总体艺术形象设计。表 2-3 所示为高级婚礼化妆师的工作要求。

表 2-3　高级婚礼化妆师的工作要求

职业功能	工作内容	技能要求	相关知识
设计	化妆造型设计	1. 能绘制整体人物形象设计图。 2. 能撰写或描述设计构思。 3. 能根据要求确定妆面，指导完成定妆工作	1. 服装、化妆、发饰简史。 2. 有关人物形象设计知识。 3. 阅读剧本及根据要求分析人物的能力。 4. 设计图绘制知识
	毛发造设计	1. 掌握中外具有代表性毛发造型的特点与梳理技巧，有较强的民族性与时代性。 2. 掌握现代毛发造型的基本梳理技巧，反映时代气息，符合时尚要求。 3. 能根据人物要求设计正确的发型和毛发样式。 4. 能指导毛发造型的梳理	1. 中外毛发造型发展简史。 2. 中外毛发造型梳理指导知识。 3. 毛发造型美学

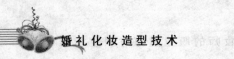

职业功能	工作内容	技能要求	相关知识
造型化妆	特效化妆	1. 能根据需要制作、配置特效化妆用品。 2. 能根据需要完成伤、疤、血、汗、泪、干裂、残疾等特殊效果的修饰	相关材料性能和使用知识
	塑型化妆	能用塑型制品、材料通过雕塑的手段进行立体化妆	1. 雕塑知识。 2. 塑型材料知识。 3. 塑型制品制作、造型、使用知识

2.2.4 比重表

1. 初级

（1）初级婚礼化妆师应掌握的理论知识及掌握比重如表 2-4 所示。

表 2-4 初级婚礼化妆师理论知识及掌握比重

项		目	比　重
基 本 要 求		职 业 道 德	5
		基 础 知 识	15
相关 知识	化妆	生活妆 1. 脸部美的标准比例与修饰原理。 2. 各种脸型的五官特征。 3. 化妆品及工具相关知识。 4. 不同年龄人群的妆面知识	20
		宴会妆 1. 宴会妆型特点与技巧。 2. 发饰、服饰搭配知识。 3. 假睫毛、美目贴的选择知识	15
		婚礼妆 1. 婚礼风俗特点。 2. 婚礼的基本的化妆原理。 3. 色彩与气氛的关系。 4. 妆色、妆型与服饰、发型的整体观念	15
		生活时尚妆 1. 流行动态知识。 2. 流行色彩知识。 3. 流行化妆品知识	15
	绘画	素描 1. 素描基础知识。 2. 素描的表现方法。 3. 素描与化妆的关系	5
		色彩 1. 色彩基本原理。 2. 色彩的运用。 3. 色彩与化妆的关系	10
合　计			100

（2）初级婚礼化妆师应掌握的操作技能及掌握比重如表 2-5 所示。

表 2-5 初级婚礼化妆师操作技能及掌握比重

项	目		比 重
工作要求	绘画	用线条绘出第三项人物形象，并用色彩表现妆面（肩部以上）	10
	生活淡妆		30
	婚礼妆、宴会妆、生活时尚妆（三选一）	在生活淡妆基础上进行改妆完成新造型	55
	发饰与服饰的选择	配合妆面选最佳发饰及服饰（可由合作者帮助完成）	5
合　计			100

2. 中级

（1）中级婚礼化妆师应掌握的理论知识及掌握比重如表 2-6 所示。

表 2-6 中级婚礼化妆师理论知识及掌握比重

项	目		比 重
基本要求		职业道德	5
		基础知识	15
相关知识	化妆	模特妆	
		1. 模特妆特点。 2. 模特妆与服饰的关系。 3. 流行色彩的运用	20
		电视、摄影人像妆	
		1. 电视妆特点。 2. 不同类型节目妆的特点。 3. 黑白、彩色摄影人像妆的特点。 4. 摄影技巧与化妆的关系。 5. 灯光与妆色的关系。 6. 妆色与服装的搭配	20
		角色化妆	
		1. 绘画化妆法知识。 2. 头部解剖知识。 3. 胖瘦特征。 4. 年龄特征。 5. 种族特征。 6. 历史时代特征。 7. 个性特征	20
	毛发造型	发式造型	
		1. 发型知识。 2. 剪、吹、烫、盘、梳、染、漂等基本知识。 3. 假发、发饰品造型知识。 4. 发式色彩造型知识	10
		胡须的制作和使用以及眉毛的制作和使用	
		1. 工具与材料。 2. 毛发生长方向。 3. 毛发的整理修剪方法。 4. 中外毛发式样	10
合　计			100

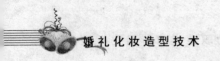

（2）中级婚礼化妆师应掌握的操作技能及掌握比重如表2-7所示。

表2-7　中级婚礼化妆师操作技能及掌握比重

项		目		比　重
工作要求	表演化妆	模特妆、电视妆、摄影人像妆的妆面操作（根据命题二选一）	模特妆	20
			电视妆、摄影人像妆（根据命题二选一）	
		角色妆	根据命题完成角色妆	25
	绘画	素描和彩色绘画的方法及基本知识	用设计稿表现角色妆的设计构思（头部）	15
	服饰	服饰的选择	可由合作者帮助完成	5
	毛发造型	传统发型和现代发型的操作	根据要求正确运用发饰品及基本技巧完成一般发式的梳理和修饰	20
		胡须和眉毛的制作和使用	根据命题进行毛发粘贴	15
合　计				100

3. 高级

（1）高级婚礼化妆师应掌握的理论知识及掌握比重如表2-8所示。

表2-8　高级婚礼化妆师理论知识及掌握比重

项		目		比　重
基本要求			职业道德	5
			基础知识	15
相关知识	设计	化妆造型设计	1. 服装、化妆、发饰简史。 2. 有关人物形象设计知识。 3. 阅读剧本及根据要求分析人物的能力。 4. 设计图绘制知识	25
		毛发造型设计	1. 中外毛发造型发展简史。 2. 中外毛发造型梳理指导知识。 3. 毛发造型美学	20
	造型化妆	特效化妆	相关材料性能和使用知识	15
		塑型化妆	1. 雕塑知识。 2. 塑型材料知识。 3. 塑型制品制作、造型、使用知识	20
合　计				100

（2）高级婚礼化妆师应掌握的操作技能及掌握比重如表2-9所示。

表2-9　高级化妆师操作技能及掌握比重

项		目		比　重
工作要求	设计	化妆造型设计	能根据命题正确进行整体人物造型设计并以设计图形式表现出来	50
		毛发造型设计		
	造型化妆	特效化妆	特效化妆	25
		塑型化妆	塑型化妆	25
合　计				100

【教学项目】

任务　婚礼化妆师的礼仪实训

婚礼化妆师的职业礼仪是婚礼化妆师为新人提供周到的婚礼服务的基本要求，也是职业道德的基本要求，通过礼仪职业练习，掌握其技巧。

活动1　讲解实训要求

1. 教师讲解实训课教学内容、教学目的

（1）教学内容：进行仪容礼仪、表情礼仪和举止礼仪的训练。

（2）教学目的：通过实训使学生掌握仪容礼仪、表情礼仪、举止礼仪的基本要求和动作要领。

2. 婚礼化妆师职业礼仪的基本要求

（1）面带笑容，微笑服务，并与礼貌用语相结合，例如"您好""欢迎光临"等。

（2）举止、言谈热情有礼；接待顾客主动问好，"请"字开头，"谢"不离口。

（3）注重仪表，随时保持最好的个人卫生，女婚礼化妆师应当以浓淡适宜的妆容接待和服务客人。

（4）会用礼貌用语与客人沟通，耐心细致地问顾客的喜好、要求。

（5）服务不周到的地方要随时与客人道歉。

（6）婚礼化妆师的基本礼仪主要体现在：仪容礼仪；表情礼仪；举止礼仪。

活动2　教师示范

（1）教师播放相关视频资料，并示范要点。

（2）抽选一名学生做模特，进行各种礼仪演示。

活动3　学生训练、教师巡查

（1）学生按照两人一组，自己设计场景练习各种婚礼化妆礼仪，并相互点评。

（2）教师随时巡查、指导学生。

活动4　实训检测表评估

教师通过实训检测评估学生的实训练习的成果，具体表格内容如表2-10所示。

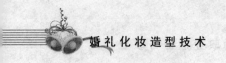

表2-10　实训检测表

考核项目	考核内容	分值	自评分（20%）	小组评分（30%）	教师评分（50%）	实得分
仪表礼仪	两人一组，相互检查仪表是否符合礼仪要求	20				
表情礼仪	展示微笑接待客人	40				
举止礼仪	展示站姿、坐姿、化妆服务的姿态	40				
总　　分						

项 目 小 结

1. 婚礼化妆师的职业道德主要包括：

（1）热爱本职工作。

（2）具备团队意识。

（3）热情对待客人。

（4）严格遵循职业道德标准。

（5）婚礼化妆师应具有的态度：一是工作态度；二是服务态度。

2. 婚礼化妆师的职业标准主要包括：

（1）职业定义。

（2）职业等级。

（3）职业能力特征。

（4）不同职业等级申报条件。

（5）初级、中级、高级婚礼化妆师的工作要求。

（6）婚礼化妆师的鉴定条件。

3. 婚礼化妆师的基本礼仪主要体现在：仪容礼仪；表情礼仪；举止礼仪。

核 心 概 念

职业道德　　职业标准

能 力 检 测

1. 简述婚礼化妆师职业道德的含义及其具体表现。

2. 简述婚礼化妆师职业道德的具体要求。

3. 简述婚礼化妆师应掌握的基本知识。

4. 简述初级、中级、高级婚礼化妆师的工作内容和工作要求。

项目 ③ 素描基础与绘画表现

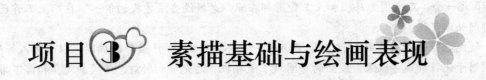

【学习目标】

通过本项目的学习，应能够：

1. 掌握素描的基本原理；
2. 掌握五官的结构特征；
3. 掌握头部形态绘画。

【项目概览】

素描基础与绘画表现是婚礼化妆师必须了解和掌握的内容，核心目标是了解素描的基本原理的相关概念，掌握五官及头像的结构特征。为了实现本目标，需要完成三项任务。第一，石膏几何体绘画表现方式；第二，石膏五官绘画表现方式；第三，头部形态绘画。

【核心技能】

- 石膏几何体绘画表现方式；
- 石膏五官绘画表现方式；
- 头部形态绘画

【理论知识】

知识点 1　素描基础

素描来源于西方，原是为绘画、雕刻等艺术服务的，后因其流畅、充实美观，发展成为独立的艺术。但总而来说是所有造型艺术的基础。

【导入阅读】

"神奇照相"神奇之处：化妆时用素描技法，突出人物轮廓

照相馆分成楼上楼下两部分，楼上化妆、拍照，楼下修片、彩扩、接待顾客。门口醒目位置贴了好几张"本店 11 月 26 日起歇业，请顾客在 11 月 25 日前取走照片"的告示，时不时有人前来取照片，阿姨拿起照片，裁纸刀"咔咔"几下就裁剪完毕，动作干净利落。

在柜台的玻璃台面底下，压着一张简单的价目表和大量的样照。一套照片 80 元，含一寸照 8

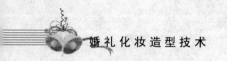

张，二寸照 4 张，包括数码照片的存盘和拍照前的化妆费用。"这个价位维持了有几年了，之前是 70 元一套，后来因为房租和人工费用都在涨，老板没办法才提的价。"在店里工作已有十年的郭阿姨回忆道。

随照相馆老板陈仲群走上二楼，进入了一个不算大的房间：最外的隔间可以让客人等候拍照，里间用于化妆和试穿服装，最里的房间放了照相机、遮光板和射灯，是摄影间。和楼下略带上世纪 80 年代气息的情况相比，这里显得更为现代化。

我们的谈话，就在来往的照相者和咔嚓的快门声中进行。

"其实外面说是'神奇'，主要还是在化妆和修片的技术上。现在照相馆都是后期处理比较重视，其实我们最早拍照都是用胶片的，很难像现在这样大改，只能前期更加注意。"而谈到化妆技巧，陈老先生的眼睛就亮起来了，"我以前是有绘画功底的，化妆的时候用一点素描的技法，能把人物的轮廓突出的很好。包括打粉，现在很多人不懂，皮肤偏黑也拼命擦白粉，实际上拍出来效果并不好，缺少一种质感。"

当然，化妆技术也不是陈老先生的全部绝活。"之前我也帮一些外企人士拍过照，他们都不化妆的，靠后期修片也能达到比较好的效果。但是如果有绘画基础，修片也能有更好的效果，包括肌肉的纹理、肤色的变化都要慢慢处理，不能乱弄。现在很多照相馆都靠后期处理来弄照片，我觉得是不合适的。前期如果化妆上面用点心思，后期可以省很多力气。"

据陈老先生介绍，目前照相馆中的工作人员，基本都是业务上的"多面手"，化妆、修片、彩扩都能干，而且两位摄影师也有专业的绘画功底，拍出来的照片效果更好。

（资料来源：作者根据相关资料整理）

从上述资料可以看出，化妆技术与素描基础的关系十分密切，如果化妆师有素描基础，就会画出更加完美的妆容。

1.1 素描的基本原理和造型手段

狭义上素描是指运用铅笔、炭笔等单色调用笔对物体进行刻画；运用线条、黑白灰明暗的处理来塑造对象的形体、结构、质感、空感（空间感）、光感，把对象立体地表现在纸张的上面。素描的训练主要是训练如何观察和刻画客观物象的造型能力。

素描的基本原理和造型手段是指造型艺术中创造艺术形象的方法和手段。素描绘画中主要借助与线条、明暗、透视等各种方法来实现。在长期的绘画艺术中，形成了一定带有规律性的表现法则。在绘画时，必须熟练掌握这些基本的造型手段，才能在此基础上最终形成自己的艺术语言和风格。

1.1.1 构图

把所要描绘的对象如何布局于画面的空间结构之中如何经营其画面的位置，称之为构图。

构图的基本原则讲究的是：均衡与对称、对比和节奏。具体来说，一幅素描构图的安排，主要根据物象的组合与自己的感受确定绘画对象在这个画面空间中的位置，并运用对比、节奏、平衡等因素表达出自己的感受，表现出对象的特定气氛。

通常进行构图要先定出物体在画面的最上端、最下端、最左端、最右端的位置，使被描绘的物体在画面中的位置感觉饱满，不要过小或过大，也不要偏左或偏右。

其次构图的布局考虑画面的中心位置。被描绘物体要摆放在画面的中心点或中心轴的略偏左移一些或略偏右移一些。如果布局在画纸正中心往往会有呆板、乏味、木讷、沉闷的感觉，因此为了避免这种情况略偏左或略偏右就会恰到好处，才会显得生动自然，让人感觉舒服。

对于两种或两种以上组合物体的素描绘画则还要考虑主要物体与次要物体在画面中的的定位，主体物一般是较大的物体，次要物体一般在面积上应小于主体物，而陪衬和点缀物的单体面积则应更小一些。主要物体要经营在画面的视觉中心上，但同样忌放在画面的正中心位置，向中心线以外略偏移一些，次要物体要陪衬在纸张的左右两边，并运用对比、节奏、平衡的手法进行的组织与安排。有了主次、大小变化就能较容易地制造丰富的对比和变化。画面如果有了聚散疏密，大小高低，主次对比等因素就会因此而产生变化的美感，再有内在的接合及非等量的面积和形状的左右平衡，就会产生既生动多变又和谐统一的画面效果。掌握这一规则，会使构图千变万化，并展现其特有的魅力。

1.1.2　比例

达·芬奇曾说过："美感应完全建立在各部分之间的神圣的比例关系上。"

比例是指事物的整体与局部、局部与局部之间的数量关系。在画素描是要注意其形态的大小空间的比例关系，即指画面形体之间所形成的一种视觉上舒服的关系。

1.1.3　线条

线条是一种明确的富有表现力的造型手段，能直接地、概括地勾画出对象的形体特征和形体结构，它具有丰富的表现力和形式美感。一般线条分为直线和曲线、单线和多层次排线、较深线和较浅线。一般长直线用于初学素描者进行大体概括形体而用；而曲线的表现则更为生动，可用于直接速写性描绘形体。单线一般用于物体的外形态的描绘，多层次线用于内部的明暗层次的组织。颜色较深的线用于对物体的强调和暗面的描绘，颜色较浅的线用于亮处的刻画。

1.1.4　透视

透视分一点透视（又称平行透视）、两点透视（又称成角透视）及三点透视三类。

1. 一点透视

一点透视就是立方体放在一个水平面上，前方的面（正面）的四边分别与画纸四边平行时，上部朝纵深的平行直线与眼睛的高度一致，消失成为一点，而正面则为正方形，如图 3-1 所示。

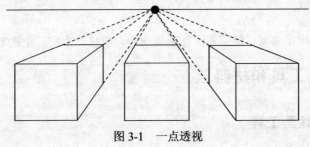

图 3-1　一点透视

2. 二点透视

两点透视就是把立方体画到画面上，立方体的四个面相对于画面倾斜成一定角度时，往纵深

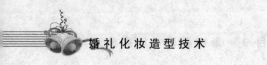

平行的直线产生了两个消失点。在这种情况下，与上下两个水平面相垂直的平行线也产生了长度的缩小，在远处消失成左右两点，如图 3-2 所示。

3. 三点透视

三点透视就是立方体相对于画面，其面及棱线都不平行时，面的边线可以延伸为三个消失点，用俯视或仰视等去看立方体就会形成三点透视。透视图中凡是变动了的线均称为变线，不变的线称为原线，要记住近大远小、近实远虚的规律，如图 3-3 所示。

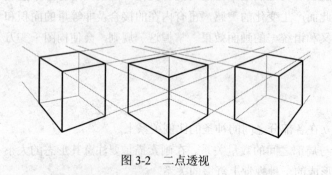

图 3-2　二点透视

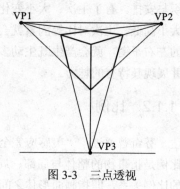

图 3-3　三点透视

1.2　素描的一般表现步骤

1.2.1　确立构图

推敲构图的安排，使画面上物体主次得当，构图均衡而又有变化。

1.2.2　画出大的形体结构

用长的直线在观察物体的形状、比例、结构关系准确的基础上画出被描绘物体的形体结构。

1.2.3　逐步深入塑造

画出各个明暗层次（高光、亮部、中间色、暗部，投影以及明暗交接线）。通过对形体明暗的描绘从整体到局部逐步深入塑造对象的体积感。对主要的、关键性的细节要精心刻画。

1.2.4　调整完成

调整整体及局部间相互关系。特别要注意形体结构、质感、空间、主次等等关系的调整。

1.3　素描的绘画工具和材料

1.3.1　素描的绘画工具

素描的单色表达工具十分随意，是一个极广阔的天地。就绘画用笔而言，例如铅笔、炭笔、粉笔、毛笔、钢笔等。下面简要的介绍以下几类。

1. 铅笔类绘画工具

铅笔类绘图工具是最简单而方便的工具，初学素描者常从铅笔开始，它在用线造型中可以十分精确而肯定，能较随意地修改，又能较为深入细致地刻画细部，有利于严谨的形体要求和深入反复地研究。常用的是 2B 型号的普通铅笔。各种铅笔 B、H 的数值不同，以 HB 为中界线，向软性与深色变化是 B 至 6B，B 越多笔芯越粗、越软、颜色越深；向硬性与浅色变化是 H 至 6H，H越多笔芯越细、越硬、颜色越浅。

2. 炭笔类绘画工具

炭笔类绘画工具有碳铅、炭笔、柳条、炭精条等绘画工具。炭笔类工具在素描中也占据了一个重要角色，对于大幅素描作品适宜用木炭来画。

3. 水笔、钢笔类绘画工具

这里所说的水笔、钢笔是一个统称，主要指针管笔、勾线笔、签字笔、钢笔等黑色碳素类的笔。生活中的签字笔可以运用到绘画过程之中。针管笔的差别在于笔头的粗细，在实际练习和表现中通常选择 0.1、0.3、0.5 绘图水笔。至于钢笔一般都是有一点特殊加工的书画钢笔，将钢笔尖用小钳子往里弯 30° 左右，令其正写纤细流利，反写粗细控制自如。当然使用日常书写的钢笔绘画也是可以的。但使用水笔类工具绘制的素描，弊端一般在于不便于涂下修改。

1.3.2　素描的绘画材料

1. 纸类

（1）素描纸：这种纸的质地洁白、厚净。适合铅笔和炭笔等大多数画具。

（2）绘图纸：是一种质地较厚的绘图专用纸，表面比较光滑平整，也是设计工作中常用的纸张类型。在手绘表现中可以用它来替代素描纸，进行黑白画、彩色铅笔等形式的表现。

（3）复印纸：钢笔画需要这种要较素描纸更为光滑的纸面。

2. 画板

画板以光滑无缝的夹板为最好。如果站着画画，还要备一个画架。

3. 橡皮

橡皮主要有硬橡皮、可塑橡皮之分。硬橡皮就是日常使用的一般性橡皮，它的特点是擦拭能力较强；可塑橡皮它的特点在于便于捏揉塑型，便于擦于绘画细处。

4. 其他材料

削笔刀、图钉、擦布等工具备用。

知识点 2　石膏几何体绘画表现

素描，一般先从石膏几何形体入手进行绘画表现，石膏几何形体一般是白色石膏质地的形态体块，便于观察形体转折关系及明暗层次变化。

2.1　石膏几何体绘画表现的基本原理和造型手段

石膏几何形体的形体特征、结构关系是认识、概括客观物象形体、结构的基石，是培养素描

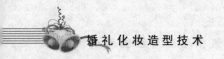

造型能力的基础。

2.1.1 石膏几何形体绘画表现的基本原理

形体是客观物象存在的外在形式，是体现物体存在于空间中的立体性质的造型因素，是素描造型的基本依据。

在造型艺术范畴，形体包含着"形"与"体"两层含义。形，即物象的形状。体，即物体的体积，也就是物体所占用的空间。

几何形体是任何复杂形体的基础。几何形体的基本特征是由单独的"团块"状的体积构成，呈现整块的感觉。同时又是有结构骨架，可产生不同的空间结构关系。

1. 基本几何形体

（1）立方体。立方体是由 6 个正方形面组成的正多面体，故又称正六面体。它有 12 条边和 8 个顶点。正方体是特殊的长方体，如图 3-4 所示。

（2）圆球体。圆球体是一个连续圆球面的立体图形，由圆球面围成的几何体称为圆球体。根据圆球体的形体结构，球心到体面任意一点都距离相等，如图 3-5 所示。

图 3-4　立方体　　　　　　　　　　　　图 3-5　圆球体

（3）圆柱体。圆柱体以一个圆为底面，上或下移动一定的距离，所经过的空间称为圆柱体，如图 3-6 所示。

（4）圆锥体。圆锥体是一个直角三角形以一条直角边为周，顺时针旋转一周，经过的空间称为圆锥体，如图 3-7 所示。

图 3-6　圆柱体　　　　　　　　　　　　图 3-7　圆锥体

2. 几何形体的基本元素

构成几何形体的基本元素是点、线、面。

（1）点是所有图形的基础。

（2）线就是由无数个点连接而成的。

（3）面就是由无数条线组成的。

就几何形体而言，其视觉元素的基础就是点、线、面。形体的千变万化，就是点、线、面的变化。对点、线、面有较好的把握，也就初步掌握了几何形体绘画表现的基本知识。

2.1.2　石膏几何形体绘画表现的造型手段

形体的透视规律和明暗变化规律，是石膏几何形体绘画表现的重要造型手段，也是素描造型的重要因素和方法。

1. 形体的透视规律

（1）立方体透视变化的基本规律。素描中最基本的形体是立方体。一般情况下是对立方体的三个面所进行的观察方法来决定立方体的造型表现。另外，利用面与面的分界线所造成的角度，来暗示出物体的深度，这就涉及立方体的透视变化规律。

立方体的透视变化规律下面主要的介绍两点：

① 平行透视。如果被绘画的立方体有一个面与透明的画面平行，即与画面平行，立方体和画面所构成的透视关系透视就叫"平行透视"。它只有一个消失点。因此也称为"一点透视"。即前面素描基本原理—透视中所讲的"一点透视"。

② 成角透视就是把立方体画到画面上，立方体的四个面相对于画面倾斜成一定角度时，往纵深平行的直线产生了两个消失点。即前面所讲的"二点透视"。 即前面素描基本原理—透视中所讲的"两点透视"。

（2）圆面、圆柱体与圆球体的透视变化规律如下：

① 圆面的透视变化规律。圆面的透视变化规律：透视变形后的圆面形状为椭圆形，圆心在最长直径与最短直径的交点上，最长直径的半径相等，最长直径将椭圆形分成两部分，近部分略大，远部分略小，最短直径的近处半径略长。

下面介绍圆面透视的画法，先画一个立方体的透视形，正面画出两条对角线，再画两条对角线相交的四个点，共八个点，将八个点连接成圆。距离近的半圆大，远的半圆小，弧线要均匀自然，两端不能画得太尖或太圆，如图 3-8 所示。

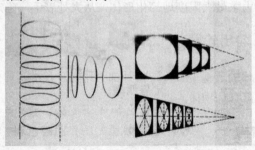

图 3-8　圆面透视变化规律

② 圆柱体的透视变化。圆柱体顶面和底面的变化与圆面的透视变化规律是一致的。圆柱体可以理解成是有许多圆面重叠组合而成。

③ 圆球体的透视变化。圆球体的形体结构，球心到体面任意一点都距离相等。因此圆球体的透视变化主要具体地表现在明暗交界线。随着光源角度的变化，越接近轮廓线其弯曲越大。

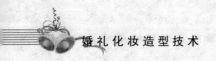

2. 形体的明暗规律

（1）明暗与造型。

① 光与明暗。由不同方向的体面组成。不同方向的体面与光源形成不同的倾角，接受光量与反射的光量也就不同，因而形成不同的明暗层次。

② 明暗与结构。明暗造型不同于结构造型的表现特征。在于借助丰富的明暗色调，来表现物体的体感、量感、色感、质感等，以真实地再现客观物象。明暗造型的步骤，概括起来就是"整体—局部—整体"。

（2）明暗变化的基本规律如下：

① 明暗变化的两大部：受光的亮部和背光的暗部。

② 明暗变化的三大面：受光的亮面、背光的暗面、介于受光和背光之间的灰面

③ 明暗变化的五调子：亮色调、中间色调、明暗交界线、反光与投影。

2.2 石膏几何体绘画表现的一般表现步骤

2.2.1 观察

几何形体写生离不开观察，没有观察，便没有视觉感知。在绘画过程中，正确的观察方法，就是立体、空间地去观察物象，整体地把握视觉形象。整体地观察几何体的结构特征，体面的转折产生透视变化；注意对几何形体的体积、空间的认识；理解几何形体的绘画体积形式决定于它的构造及其在空间的视觉关系。

2.2.2 起稿

在起稿构图时，要认真考虑如何合理地将石膏几何形体安排在画面上，使画面上的形象均衡、饱满、主次分明和大小合理。

根据构图的需要，用短直线定出几何体的最高点与最低点，用目测法确定其长宽比例及高低比例。用整体的观察方法，力求最大限度地简化形体，从大处着手，确定其形体。

2.2.3 绘出透视、勾出轮廓

确定出被描绘的几何形体的透视关系，定出外部大轮廓。找准几何体的转折、顶角位置，通过垂直线、消失线，准确画出具体物体。

2.2.4 深化形体结构

运用透视法则画出所有处于空间深处看不见的轮廓线，分析、判断出正确的轮廓线的位置，直至塑造出更具体的形态特征。

2.2.5 调整完成

根据物体的结构特征，表达出近实远虚的效果，一般主要的轮廓线重、粗、实，次要的轮廓

线轻、细、虚；调整完成的过程就是加强或减弱，补充或删减以及再次整形的过程。力求使画面形象主次分明、结构清晰、结实有力、纯朴自然。

图 3-9 所示为绘画一般步骤示意图。

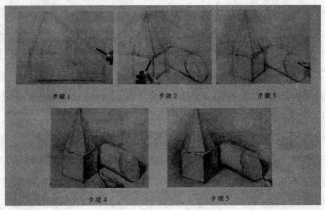

图 3-9   绘画一般步骤

知识点 3   石膏五官绘画表现

石膏五官是静态的白色石膏体。石膏五官通常是翻模欧洲古代艺术大师的经典雕刻作品，这些雕像五官本身已经过艺术的概括、归纳，淡化了的人物肤色、毛发的各种差异和变化，使得五官特征结构关系更好掌握。

3.1   石膏五官绘画表现的目的和造型手段

3.1.1   石膏五官绘画表现的目的

进行石膏五官绘画表现的目的有三点：第一，学习石膏五官像有助于对真人五官的生理结构和其特征特点的理解；第二，通过学习单一白颜色石膏五官像可以掌握五官的明暗层次关系；第三，通过对石膏五官理解后的描写刻画，可以提高处理五官及其处理其他物象的造型能力。

3.1.2   石膏五官绘画表现的造型手段

1. 五官的生理结构造型特征

（1）眼睛的生理结构造型特征。眼睛由眶部、眼睑、眼球三部分构成。眼睛的形状不同是有很多因素构成，它是由眼眶的大小、形态和眼球和眼睑的形态特征及年龄阶段等决定的。

① 眶部：眼眶为四边矩方形，内置眼球，双眼并置于脸部同一平面上。眼眶构成眼外形的造型基础。由眶上缘、眶下缘、眶内缘、眶外缘构成。

② 眶上缘即眶的上部，其上部是突出的额平面，呈由外向内斜上的前突状，称"眉弓前突"。白种人的"眉弓前突"十分明显。 眶下缘即眶的下部，是隆起球面颧骨上缘部。眶外缘，上部为

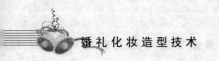

突起、呈锐角三角形的额颧突，下部急转于颞窝侧面。　眶内缘即眶的内侧部，上方有向下倾斜、成三角形平面的额鼻突，同突起的眶上缘内侧缘构成一个深陷的内眼窝。眶的四缘中，只有眶内缘成钝角圆，其他三缘骨线较为明显，骨面转折显得锐利。

③ 眼睑：眼睑俗称"眼皮"，它分为上、下眼睑。眼睑同眶上缘相连接的为上眼睑、同眶下缘连接的为下眼睑。上、下眼睑同上、下眶缘的连接处，皆成沟状。它包裹在眼球外。上眼睑覆盖眼球外部结构的 3/4 面积，下眼睑仅占 1/4 面积。一般来讲，眼睑的闭合是由上眼睑完成的。眼睑开口处称为"眼裂"，　眼裂处形成上、下眼缘，下眼缘较宽。眼缘上长有睫毛。在眼裂内侧有个半圆形的泪囊，称为"内眼角"；在眼裂外侧，为上眼睑包含下眼睑的组织结构，称为外眼角。眼裂两端分别为内眦与外眦。

④ 眼球：一个空心体，主要由内膜、中膜、外膜三层组织构成。内膜，称为视网膜，是视神经生长的地方，不显于眼部外形。中膜，由虹膜和瞳孔构成。虹膜由环状的括约肌和放射状的开大肌构成。虹膜因含色素不同，有黄、绿、蓝不同人种的变化。瞳孔在虹膜中央，由双凸透镜状的晶体构成。虹膜和瞳孔在外形上，俗称眼球。外膜，由白色不透明的坚韧带巩膜和透明的角膜构成。巩膜俗称"眼白"，在外形上占眼球表面的 5/6。在虹膜前，有一曲度较大的透明体，并附有神经末梢，占眼球表面积的 1/6，像一个钟罩扣在虹膜上，称为角膜。在虹膜和角膜的连接处，有一个环状的巩膜静脉窦组织，能影响眼球的外形造型。

（2）眉的生理结构造型特征。眉毛结构分上、下两列。下列呈放射状，内稠外稀，上列覆于下列之上，起势向下。上、下两列眉毛的相交处成嵴状，称为眉嵴。

眉的内端称为眉头，眉的外端称为眉梢。眉头起自眶上缘内角，向外延展，越眶而过成为眉梢。

眉毛内侧大部分生长在眶下部，内侧直而刚，并且常因背光而显得深暗；眉外侧 1/3 在眶外侧生长，外侧呈弧形，因受光显得轻柔弯曲。

人的眉毛形状、走向、浓淡、长短、宽窄都不尽相同，是显示年龄、性别、性格、表情的有力标志。

（3）鼻子的生理结构造型特征。鼻隆起于面部，呈三角状。

鼻子主要由鼻软骨和鼻骨构成。鼻上部的隆起是鼻骨，鼻骨的形状决定了鼻子的长、宽等，它是鼻部的重要部位。鼻骨下边连接鼻软骨，包括鼻中隔软骨、鼻侧软骨和鼻翼软骨，鼻翼可随呼吸或表情张缩。

鼻外形可分为鼻根、鼻梁、鼻背、鼻尖、鼻翼、鼻孔、鼻底等部分。鼻子的形状很多，因人而异，有高的、肥厚的，也有尖细的或扁平的等，都是形象特征的概括。鼻孔的形状随鼻形而变化，特别与鼻翼有很大的关系。

（4）嘴的生理结构造型特征。嘴分为上唇和下唇，闭合处称"口裂"，两端称"口角"。口内有上下两列牙齿长于上下颌骨的齿槽内，嘴的形体特征与上颌骨是一致的，构成半圆柱形。嘴的中线上方为人中，唇侧有鼻唇沟与脸颊相接，下唇的颏唇沟与颏部为界。嘴的透视变化除随头部的透视而变化，还通过嘴裂的弧度，嘴角的距离及唇的厚薄表现出来。

（5）耳部的生理结构造型特征。耳部分为内耳、外耳两部分。

外耳显于外形的部分称为"耳廓"。耳廓位于头侧中部，耳廓外形主要表现在耳孔周围。耳廓的主要外形结构为耳轮、耳窝、耳垂三部分。耳廓突起的部分又可以分为耳轮、对耳轮、耳屏、对耳屏等结构组织，并且形成了耳廓前侧的突起结构。耳廓凹下的部分称为耳窝，包括耳舟、三角窝、耳甲艇、耳甲腔，形成了耳廓前侧凹进的结构。

除了弄清五官的结构外，还应注意它的体积。

2.　石膏五官的造型方法

在掌握了五官的生理结构特征后掌握石膏五官就比较容易。石膏五官是经过概括、归纳的五官，淡化了的人物肤色、毛发的各种差异和变化，是翻模欧洲古代艺术大师的雕刻作品《大卫》的五官的局部。可以分两个阶段学习其造型方法：第一个阶段是进行五官切面像的素描；第二个阶段是进行五官面相的素描。第一个阶段是对五官体积感的理解，是对其结构转折的分析；第二个阶段则是对五官形体特征的理解，表现他的微妙的细节变化。

3.2　石膏五官绘画表现的一般表现步骤

3.2.1　观察石膏五官

从整体出发进行观察是绘画石膏五官观察方法的核心方法。石膏头像不等于自然形象，它需要我们对石膏头像加以概括提炼，赋予它艺术的美感。进行这种概括提炼和赋予它艺术处理时，必须是在认识形象本质的基础上进行。

3.2.2　确立石膏五官构图

确立石膏五官构图的安排，使石膏五官在画面上位置得当。

3.2.3　画出石膏五官大的形体结构

用长直线画出石膏五官的形体结构，对石膏五官比例、透视、结构关系要勾勒准确。

3.2.4　画出石膏五官大的明暗层次

画出石膏五官"三大面五大调"的明暗层次。不同的石膏五官呈现出的三大面、五大调的关系也不同，所以在处理时要因物而异，注意把握住整体关系。

3.2.5　深入刻画石膏五官

从整体到局部，从大到小逐步深入塑造石膏五官的体积感、质感。对主要的、关键性的细节要精心刻画。认识到画面整体控制的重要性，时刻保持从整体—局部—整体的绘画过程。

3.2.6　调整石膏五官完成作品

调整石膏五官整体及局部间相互关系。在最后石膏五官调整阶段特别要注意石膏质感、空间的处理。并做到有所取舍、突出主体，直至作品完成。

图 3-10 和图 3-11 所示为几幅五官石膏作品。

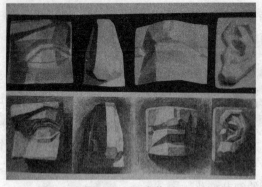

图 3-10　五官作品

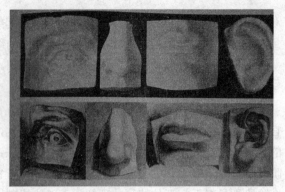

图 3-11　五官作品

知识点 4　头部形态绘画表现

通过掌握人物头部基本比例和骨骼形状的特征以及相互特点特征的联系，逐个认识并深入了解，就会具备提高头部形态素描绘画的能力。

4.1　头部的基本比例

4.1.1　三庭五眼

人的体貌特征千差万别。年龄不同、性别不同、五官的特征不同、骨骼肌肉不同都会有不同的体貌的呈现。根据人的一般规律，前人概括头部的基本比例，有长三庭、横五眼等。

长三庭具体来说正面看人物头部，从发际到眉毛，从眉毛到鼻头，从鼻头到下颌等距离的分为三段，三段的长度相等而统称为"三庭"。

从正面看脸部最宽的地方为五个眼睛的宽度，两眼间距离为一眼宽，两眼外眦至两耳分别为一眼宽，即通称为"五眼"。

图 3-12 所示为三庭五眼示意图。

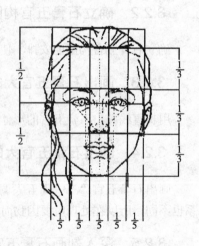

图 3-12　三庭五眼

4.1.2　头与五官的比例关系

成人眼睛约在头面部 1/2 处，儿童和老人略在 1/3 以下；两眼处眦至鼻尖构成等腰三角形，这一三角形的高，决定着颜面中部的形体特征。

鼻在面部正中突出部分。鼻尖处于额发际线至下颌底 1/3 的位置，左至右鼻翼的宽度为一眼宽，从眼内眦引垂线可决定鼻翼的宽度。

嘴的裂位于鼻尖至下颌底 1/3 处。

耳朵处在左右两个侧面上，耳的长度在眉与鼻尖之间的平行线内，即等于眉到鼻尖的距离。

从侧面观看耳与鼻的倾斜度基本一致，从正侧面观看时，耳屏、嘴角到眼处眦的距离相等。

4.2 头部的基本结构

在人体头部，头部骨骼对其特征的影响是第一位的。头部骨骼的形态与细节都会在头部外表上显露出来，头部骨骼决定着头部的比例，不同人种所呈现的相关主要特征也基本由头部骨骼决定的，因而它成为素描造型的依据。

其中"骨点"在头部造型中有着十分重要的作用。所谓"骨点"，是指头部骨骼中比较突出显露的部分，"骨点"具有对称性，它包括额结节、眉弓，颧结节、颏结节、下颌角等。用线将"骨点"连起来，即形成头部造型的基础。

影响外形的骨骼突出骨点是顶盖隆起、顶骨隆起、额结节、颞线、鼻骨、颧结节、颏结节、下颌角等。

4.2.1 顶盖隆起

顶盖隆起的位置在头顶中线上的高点。它标志着头顶中线的位置和头颅的基本型。

4.2.2 顶骨隆起

顶骨隆起的位置在顶骨上，沿颞线向后延伸。此隆起是头部侧面和顶面的转折线。

4.2.3 额结节

额结节位于额骨正面、眉弓上方，靠近头顶的两个高点。

额结节是额头的正面高点，从这两点向上逐渐向头顶过度。男性这两点突出，女性额骨的中心可能高过这两点。

4.2.4 眉弓

眉弓又称为"眉骨"，位于眶上缘上方的弓状隆起位。男性的眉弓高于女性。

4.2.5 颞线

颞线位于眉弓外侧、颧骨上端，贯穿额骨两侧。

颞线是眉弓在额骨下方隆起，下面是深陷的眼眶，是额头和眼窝的交界结构，往往和眉毛重叠。

4.2.6 鼻骨高点

鼻骨高点在鼻子中间偏上，下边是软骨组织。鼻骨高点标志着鼻梁的高度、宽度，也能标志出鼻梁正面、侧面的转折点。

4.2.7 颧结节

颧结节是颧骨的最高点。它是面部正面、侧面、侧面下部和上部的重要转折点，标志着面部正面的宽窄、颧骨的高低。

4.2.8 颏结节

颏结节位置在正面下巴上的左右高点。它是面部下巴上，正面、侧面、底面的重要转折，标志着下巴的宽度。

4.2.9 下颌角

下颌角位置在下颌骨后方下端角。它标志着下颌骨的长短、宽窄和下巴的角度。

图 3-13 所示为头部基本结构示意图。

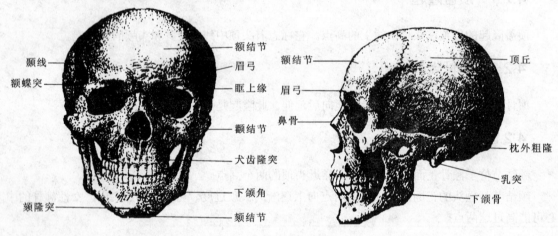

图 3-13　头部基本结构

【教学项目】

任务1　石膏几何体绘画表现方式实训

石膏几何形体是由白色石膏制作的几何体。在早期学习阶段都是以写生石膏几何形体作为获取造型能力的一种手段。

活动Ⅰ　讲解实训要求

1. 教师讲解"绘画石膏几何形体"实训课教学内容、教学目的

名称：绘画石膏几何形体。

目标：掌握绘画石膏几何形体的原则与方法，能良好顺利的绘画石膏几何形体素描。

主要参与人员：婚礼化妆的学习人员。

准备以下工具：画板、笔类（主要指铅笔、签字笔、钢笔等绘制用笔）、素描纸类、修改工具类等。

2. 任务

能良好顺利绘画石膏几何形体。

3. 准备阶段

在进行绘画石膏几何形体前必须先准备以下内容：

（1）摆设好几何形石膏体物象。

（2）把素描纸固定在画板上。

（3）物质准备：准备工具有画板、笔类（主要指铅笔、签字笔、钢笔等绘制用笔）、素描纸类、修改工具类等。

（4）距离石膏几何形体两米坐好。

活动 2　教师示范

教师示范石膏几何形体绘画。

活动 3　学生训练、教师巡查

（1）学生十人一组，依次围坐在石膏几何形体景物前，按照所讲的步骤描绘石膏几何形体。

（2）教师随时巡查，指导学生。

活动 4　实训检测评估

教师通过实训检测评估表评估学生的实训练习的成果，具体表格如表 3-1 所示。

表 3-1　石膏几何形体绘画实训检测表

课　程	婚礼化妆与造型设计	班　级	级婚庆　班			
实操项目	石膏几何形体绘画	姓　名				
考评教师		实操时间	年　月　日			
考核项目	考核内容	分　值	自评分 （20%）	互评分 （30%）	教师评分 （50%）	实得分
构　图	构图饱满，讲究对比、均衡	10				
比　例	比例准确	10				
形体结构	形体结构正确	20				
明暗层次	注重三大面五大调子	20				
深入刻画	细节刻画深入	20				
整体感视觉	整体视觉感强	20				
总　分						

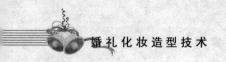

任务 2　石膏五官绘画表现方式实训

石膏五官是传统经典造像的面部五官的复制品。石膏五官与真人模特相比，它永远处在静止的状态，而且总是以单色的状态出现。相对于真人写生，它既稳定又单纯，将五官造型的形体、结构、轮廓、体积等鲜明地呈现出来，有利于观察和比较。

活动 I　讲解实训要求

1. 教师讲解"绘画石膏五官"实训课教学内容、教学目的

名称：绘画石膏五官像。

目标：掌握绘画石膏五官像的原则与方法，能良好顺利的绘画石膏五官像素描。

主要参与人员：婚礼化妆的学习人员。

准备工具：画板、笔类（主要指铅笔、签字笔、钢笔等绘制用笔）、素描纸类、修改工具类等。

2. 任务

顺利绘画石膏五官像。

3. 准备阶段

在进行绘画石膏五官像前必须先准备以下内容：

（1）把石膏五官像摆设在景物台上。

（2）把素描纸固定在画板上。

（3）物质准备：准备工具有画板、笔类（主要指铅笔、签字笔、钢笔等绘制用笔）、素描纸类、修改工具类及其他。

（4）距离石膏五官像两米坐好。

活动 2　教师示范

教师示范石膏五官像绘画。

活动 3　学生训练、教师巡查

（1）学生十人一组，依次围坐在石膏五官景物前，按照所讲的步骤描绘石膏五官。

（2）教师随时巡查、指导学生。

活动 4　实训检测评估

教师通过实训检测评估表评估学生的实训练习的成果，具体表格内容如表 3-2 所示。

表 3-2　石膏五官绘画实训检测表

课　程	婚礼化妆与造型设计	班　级	级婚庆　班			
实操项目	石膏五官绘画	姓　名				
考评教师		实操时间	年　月　日			
考核项目	考核内容	分　值	自评分 （20%）	互评分 （30%）	教师评分 （50%）	实得分

续表

考核项目	考核内容	分　值	自评分（20%）	互评分（30%）	教师评分（50%）	实得分
构　图	构图饱满，讲究对比、均衡	10				
比　例	比例准确	10				
形体结构	形体结构正确	20				
明暗层次	注重三大面五大调子	20				
深入刻画	细节刻画深入	20				
整体感视觉	整体视觉感强	20				
总　分						

任务 3　头部形态绘画实训

人物素描，尤其是头像素描，要做到形神兼备，首先要求形准，然后才是神态表现。画得像与不像，关键是能否抓住对象的造型特征，例如脸型、五官特点等。

活动 1　讲解实训要求

1. 教师讲解"人像头部绘画"实训课教学内容、教学目的

（1）名称：绘画真人头部形态。

（2）目标：掌握绘画真人头部的原则与方法，顺利的绘画真人头部素描。

（3）主要参与人员：婚礼化妆的学习人员。

（4）准备工具：画板、笔类（主要指铅笔、签字笔、钢笔等绘制用笔）、素描纸类、修改工具类等。

2. 任务

绘画真人头部素描。

3. 准备阶段

（1）摆好真人模特，使其头部处于静止状态（真人模特 30～40 分钟可休息一次）。

（2）把素描纸固定在画板上。

（3）物质准备：准备工具有画板、笔类（主要指铅笔、签字笔、钢笔等绘制用笔）、素描纸类、修改工具类等。

活动 2　教师示范

教师示范绘画真人头像素描

1. 观察头像

观察头像同样要求从整体出发。整体包含着局部，局部受整体制约。画不准整体特征、局部特征也会失去意义了；局部特征失调，也会影响整体形象。

其次要对比观察。在观察物象时，不仅仅要从整体出发进行观察，还要运用对比的方法进行观察。

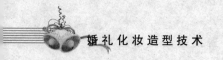

2. 确定头像的构图

确定头像的构图，将描绘的头像摆放在画面的中心点或中心轴的略偏左移一些或略偏右移一些，并定出头像在画面的最上端、最下端、最左端、最右端的位置。

3. 把握头像的比例关系

把握头像的比例关系，画素描头像时要注意头像中各部位的比例关系，还要注意人像各部位之间的比例关系，更要注意各个部位和整个头像之间的比例关系。

4. 确定出头像的透视关系

由于头像的视点位置不同，所呈现出的透视关系也不同，准确确定其被描绘头像的透视关系，例如正面仰视、1/4 侧面仰视观、3/4 侧面仰视、正面平视 1/4 侧面平视、3/4 侧面、俯视等，利用所学的透视原理进行准确定位。

5. 画出头像的形体结构

画出头像的形体结构。

6. 画出头像大的层次关系

可以运用"比较的方法"找线与线之间、形与形之间、明与暗之间、宽与窄面积之间的大小关系，画出头像大的层次关系。

7. 深入刻画头像细节

深入刻画头像，从部位最强烈的地方着手，一般先从眉、眼、鼻、颧骨处开始，抓住特征，深入刻画细节。但值得强调的是一定要避免抓住一点反反复复盯着画，使局部画得过分而关系失调。要始终保持从整体到局部再到整体的作画方法。

8. 调整头像直至作品完成

调整既是深入也是概括。使画面的总体效果更趋于完整，要学做减法，将琐碎的细节综合起来，加强头像大的关系，并做到形与神的统一。

活动 3 学生训练、教师巡查

（1）学生十人一组，依次围坐在人像模特前，按照所讲的步骤描绘人像模特。

（2）教师随时巡查、指导学生。

活动 4 实训检测评估

教师通过实训检测评估表评估学生的实训练习的成果，具体表格如表 3-3 所示。

表 3-3　人像绘画实训检测表

课　　程	婚礼化妆与造型设计		班　　级	级婚庆　班			
实操项目	人像绘画		姓　　名				
考评教师			实操时间	年　月　日			
考核项目	考核内容		分　　值	自评分（20%）	互评分（30%）	教师评分（50%）	实得分
构　　图	构图饱满，讲究对比、均衡		10				
比　　例	比例准确		10				

续表

考核项目	考核内容	分　值	自评分 （20%）	互评分 （30%）	教师评分 （50%）	实得分
形体结构	形体结构正确	20				
明暗层次	注重三大面五大调子	20				
深入刻画	细节刻画深入	20				
整体感视觉	整体视觉感强	20				
总　　分						

项 目 小 结

1. 狭义上素描是指运用铅笔、炭笔等单色调用笔对物体进行刻画.素描的基本原理和造型手段是指造型艺术中创造艺术形象的方法和手段。主要包括以下手法：

（1）构图。

（2）比例。

（3）线条。

（4）透视。

2. 素描的一般表现步骤：

（1）确立构图。

（2）画出大的形体结构。

（3）逐步深入塑造。

（4）调整完成。

3. 素描，一般先从石膏几何形体入手进行绘画表现，石膏几何形体一般是白色石膏质地的形态体块，便于观察形体转折关系及明暗层次变化。石膏几何形体的形体特征、结构关系是认识、概括客观物象形体、结构的基石，是培养素描造型能力的基础。

石膏几何体绘画表现的一般表现步骤：

（1）观察。

（2）起稿。

（3）绘出透视，勾出轮廓。

（4）深化形体结构。

（5）调整完成。

石膏五官绘画表现的一般表现步骤：

（1）观察石膏五官。

（2）确立石膏五官构图。

（3）画出石膏五官大的形体结构。

（4）画出石膏五官大的明暗层次。

（5）深入刻画石膏五官。

（6）调整石膏五官完成作品。

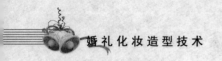
核 心 概 念

透视　　比例　　三大面五大调　　五官特征　　头像表现步骤

能 力 检 测

1. 什么是素描?
2. 素描的基本原理有哪些?
3. 石膏几何形体素描的表现步骤有哪些?
4. 石膏五官素描的表现步骤有哪些?
5. 头像素描的表现步骤有哪些?

项目 4　化妆与色彩搭配

【学习目标】

通过本项目的学习，应能够：

1. 掌握色彩的基础知识；
2. 掌握化妆中色彩的搭配方法；
3. 掌握眼影、腮红、唇彩等的色彩搭配；
4. 掌握妆面与服装的搭配方法与技巧。

【项目概览】

色彩的基础知识和搭配方法是婚礼化妆师必须了解和掌握的内容，核心目标是掌握色彩的基础知识，掌握化妆中色彩搭配方法，掌握眼影、腮红、唇彩等的色彩搭配，掌握妆面与服装的搭配方法与技巧。为了实现本目标，需要完成五项任务。第一，化妆常用色彩及搭配；第二，眼影与妆面的搭配；第三，腮红与妆面的搭配；第四，唇色与妆面的搭配；第五，妆面与服装的搭配。

【核心技能】

- 色彩的基础知识；
- 化妆中色彩的搭配方法；
- 眼影、腮红、唇彩等的色彩搭配；
- 妆面与服装的搭配方法与技巧。

【理论知识】

知识点 1　色彩的基础知识

化妆中缤纷的色彩常常让人欢喜让人忧，和谐的搭配令人风姿绰约，冲突的搭配令人黯然失色，因此，色彩的搭配是初学化妆者的难点。其实，掌握了色彩的基本知识和搭配规律以及各种颜色在不同光线下的变化后，色彩就会轻松地成为手中点化美丽的魔棒。

1.1　色彩的三要素

在色彩理论里，任何色彩都是由三种要素组成的，即色相、明度、纯度，也被称为色彩的三个属性。色彩三要素是用以区别色彩性质的标准，可以从这三个方向去把握和分析色彩，从而培

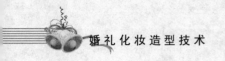

养系统化、科学化的思维方法。

1.1.1 色相（H）

1. 色相的定义

色相（hue）指色彩的"相貌"，是不同波长的光给人的不同的色彩感受。确切地说是依波长来划分色光的相貌。可见色光的波长不同，给眼睛的色彩感觉也不同，每种波长色光的被感知为一种色相。

色相是色彩彼此区别的最主要、最基本的特征，它表示色彩质的区别。从光的物理刺激角度认识色相：指某些不同波长的光混合后，所呈现的不同色彩表象。从人的颜色视觉生理角度认识色相：指人眼的三种感色视锥细胞受不同刺激后引起的不同色彩感觉。因此，色相是表明不同波长的光刺激所引起的不同颜色心理反应。例如红、绿、黄、蓝都是不同的色相。但是，由于观察者的经验不同会有不同的色觉。然而每个观察者几乎总是按波长的次序，将光谱按顺序分为红、橙、黄、绿、青、蓝、紫以及许多中间的过渡色。红色一般指 610 nm 以上，黄色为 570~600 nm，绿色为 500~570 nm，500 nm 以下是青色以及蓝色，紫色在 420 nm 附近，其余是介于它们之间的颜色。因此，色相决定于刺激人眼的光谱成分。对单色光来说，色相决定于该色光的波长；对复色光来说，色相决定于复色光中各波长色光的比例。如图 4-1 所示，不同波长的光，给人以不同的色觉。因此，可以用不同颜色光的波长来表示颜色的相貌，称为主波长，例如红（700 nm），黄（580 nm）。

图 4-1　色相

如果说明度是色彩隐秘的骨骼，那么色相就是色彩外表华丽的肌肤。色相是色彩的首要特征，是区别不同色彩的最佳标准。事实上任何黑白灰以外的颜色都有色相的属性，而色相也是由原色、间色和复色来构成的。

2. 色相的特征

色相的特征决定于光源的光谱组成以及有色物体表面反射的各波长辐射的比值对人眼所产生的感觉。在测量颜色时，可用色相角（H）及主波长 λ_d（nm）表示。在聚合物中为根据色的 XZY 系列表示的主波长和补色主波长相对应的色感觉。一般高聚物本身在熔融状态下与标准色系溶液比较，与其一致的颜色标准号称为色相数，由于高聚物种类很多，标准色系也很多。常用标准色系都是按国家标准规定方法配制。

3. 色相的分类

从光学意义上讲，色相差别是由光波波长的长短产生的。即使是同一类颜色，也能分为几种色相，如黄颜色可以分为中黄、土黄、柠檬黄等；灰颜色可以分为红灰、蓝灰、紫灰等。光谱中有红、橙、黄、绿、蓝、紫六种基本色光，人的眼睛可以分辨出约 180 种不同色相的颜色。

最初的基本色相为红、橙、黄、绿、蓝、紫。在各色中间加插一两个中间色，其头尾色相，按光谱顺序为红、红橙、橙、黄橙、黄、黄绿、绿、蓝绿、蓝、蓝紫、紫、红紫。

1.1.2 明度（B）

1. 明度的定义

明度（Bright）是指色彩的明亮程度，如图4-2所示。对光源色来说可以称为光度；对物体色来说，除了可以称为明度之外，还可称为亮度、深浅程度等。无论投照光还是反射光，光波的振幅越大，色光的明度越高。物体受白光照射的量大越，反射率就越高，其明度也越高。

图4-2 明度

明度可以简单理解为颜色的亮度，不同的颜色具有不同的明度，例如黄色就比蓝色的明度高，在一个画面中如何安排不同明度的色块也可以帮助表达画作的感情。如果天空比地面明度低，就会产生压抑的感觉。任何色彩都存在明暗变化。其中黄色明度最高，紫色明度最低，绿、红、蓝、橙的明度相近，为中间明度。另外在同一色相的明度中还存在深浅的变化。例如绿色中由浅到深有粉绿、淡绿、翠绿等明度变化。

2. 明度产生的几种情况

（1）同一色彩因光源的强弱和投影角度的不同造成明度差，或因物体的起伏造成的明度差，例如石膏像。

（2）同一色相因混入不同比例的黑白灰形成不同的明度变化，例如明度推移。

（3）在同等光源下，不同色相间的明度变化和差异通常是有彩色系的明度值参照无彩色系的黑白灰等级标准，有了计算机软件后，这种参照值也数字化了。任意彩色都可通过加白加黑得到一系列有明度变化的色彩。

3. 明度的特性

明度不仅决定物体照明程度，而且决定物体表面的反射系数。如果看到的光线来源于光源，那么明度决定于光源的强度；如果看到的是来源于物体表面反射的光线，那么明度决定于照明的光源强度和物体表面的反射系数。

（1）消色类：由于对入射光线进行等比例的非选择吸收和反（透）射，因此，消色物体无色相之分，只有反（透）射率大小的区别，即明度的区别。明度最高的是白色，最低的是黑色。

（2）彩色类：红、橙、黄、绿、蓝、紫六种标准色比较，它们的明度是有差异的。黄色明度最高，仅次是白色，紫色的明度最低，和黑色相近。

在其他颜料中混入白色颜料，可以提高该色的明度，混入白色越多，其明度越高；在其他颜料中混入黑色颜料，可以降低该色的明度，混入黑色越多，其明度越弱。

明度在三要素中具有较强的独立性，它可以不带任何色相的特征而通过黑白灰的关系单独呈现出来。

4. 明度的级别

日本色彩研究配色体系（P. C. C. S.）用九级，孟塞尔色彩研究体系则用十一级来表示明暗，两者都用一连串数字表示明度的递增。物体表面明度，和它表面的反射率有关。反射的多，吸收的少，便是亮的，相反便是暗。只有百分之百反射的光线，才是理想的白，百分之百吸收光线，便是理想的黑。事实上周围没有这种理想的现象，因此人们常常把最近乎理想的白的硫化镁结晶表面，作为白的标准。在 P. C. C. S. 制中，黑为2，灰调顺次是2.4、3.5、4.5、5.5、6.5、7.5、8.5，白就是9.5。越靠向白，亮度越高，越靠向黑，亮度越低。通俗的划分，有最高、高、略高、中、略低、低、最低七级。

在九级中间，如果加上它们的分界级，即2、3、4、5、6、7、8、9，便得十七个亮度级。

有彩色的明暗，其纯度的明度，以无彩色灰调的相应明度来表示其相应的明度值。 明度一般采用上下垂直来标示。最上方的是白，最下方是黑，然后按感觉的灰调差级，排入灰调，如图 4-3 所示。这一表明明暗的垂直轴，称无彩色轴，是色立体的中轴。

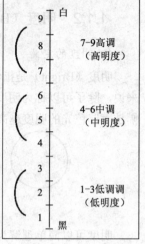

图 4-3　明度的级调

1.1.3　纯度（C）

1. 纯度的定义

纯度（Chroma）是指颜色的鲜浊程度、纯粹程度，又称饱和度（Saturate）、鲜艳度、彩度。它表示颜色中所含某一色彩的成分比例，如图 4-4 所示。纯度常用高低来指述，纯度越高，色越纯、越艳；纯度越低，色越涩、越浊。纯色是纯度最高的一级。

图 4-4　纯度

通俗意义上来讲，纯度就是颜色的鲜艳程度。在同一表色系统中，如用纯度，就不用彩度；在印刷图像学科及油墨色彩评价的研究中多用饱和度；孟塞尔表色系统中应用彩度。

2. 纯度的特性

纯度取决于一种颜色的波长单一程度。纯度体现了色彩的内在品格。色彩不掺杂黑、白、灰的颜色，正达饱和状态，其纯度就高，纯度越高其颜色就越鲜艳。

明度的意义是指明暗、强弱，而纯度的意义则指鲜灰、纯杂，黑白效果，纯度相等的各色，其明度却并不相同。在人的视觉中所能感受的色彩范围内，绝大部分是非高纯度的色，也就是说，大量都是含灰的色，有了纯度的变化，才使色彩显得极其丰富。

3. 影响纯度的因素

（1）以阳光的光谱色为标准，越接近光谱色，纯度就越高。光谱中的颜色是极限纯度的颜色，称为标准色或正色。

（2）纯度与明度不能混为一谈，明度高的色彩，纯度不一定高。含有色彩分的比例越大，则色彩纯度越高，含有色彩分的比例越小，则色彩纯度越低。可见光谱的各种单色光是最纯的颜色。

当一种颜色中掺入黑、白或其他颜色时，纯度会发生变化。当混入白色时，它的明度提高，彩度降低；当混入黑色时，明度降低，彩度也降低。

1.2 色彩构成元素

色彩一般可以分为两大类：无彩色系与有彩色系。

无彩色系是指白色、黑色和由白色与黑色调成的各种深浅不同的灰色。按照一定的变化规律，可以排成一个系列。由黑色渐变到深灰、中灰、浅灰到白色，色彩学上称此为黑白系列。

有彩色系是指包括在可见光谱中的全部色彩，它以红、橙、黄、绿、青、蓝、紫等为基本色。基本色之间不同量的混合、基本色与无彩色之间不同量的混合所产生的千千万万种色彩都属于有彩色系。

1.2.1 原色

原色（一次色）指这三种色中的任意一色都不能由另外两种原色混合产生，而其他色可由这三色按照一定的比例混合出来，色彩学上将这三个独立的色称为三原色。

原色以不同比例将原色混合，可以产生出其他的新颜色。肉眼所见的色彩通常都是由三种基本色所组成。一般来说，叠加型的三原色是红色、绿色、蓝色；而消减型的三原色是品红色、黄色、青色。在传统的颜料着色技术上，通常红、黄、蓝会被视为原色颜料（现代的美术书已不采用这种说法，而采用消减型的三原色）。

1. 色光三原色（红、绿、蓝）

人类的眼睛是根据所看见的光的波长来识别颜色的。可见光谱中的大部分颜色可以由三种基本色光按不同的比例混合而成，这三种基本色光的颜色就是红（Red）、绿（Green）、蓝（Blue）三原色光，如图 4-5 所示。这三种光以相同的比例混合、且达到一定的强度，就呈现白色（白光）；若三种光的强度均为零，就是黑色（黑暗）。这就是加色法原理。加色法原理被广泛应用于电视机、监视器等主动发光的产品中。

图 4-5 色光三原色

2. 颜料三原色（红、黄、蓝）

在打印、印刷、油漆、绘画等靠介质表面的反射被动发光的场合，物体所呈现的颜色是光源中被颜料吸收后所剩余的部分，所以其成色的原理称为减色法原理。减色法原理被广泛应用于各种被动发光的场合。在减色法原理中的三原色颜料分别是青（Cyan）、品红（Magenta）和黄（Yellow），如图 4-6 所示。

图 4-6   颜料三原色

1.2.2   间色

间色（二次色）：三原色中每两组相配而产生的色彩称为间色。

（品）红、（柠檬）黄、（湖）蓝三原色中的某两种原色相互混合的颜色。把三原色中的红色与黄色等量调配可以得出橙色，把红色与蓝色等量调配可以得出紫色，把黄色与蓝色等量调配则可以得出绿色。在色彩理论里，由三原色中两种颜色调配而成的颜色称为间色。在调配时，由于原色在分量多少上有所不同，形成不等量调配的过程，从而产生丰富的间色变化。

1. 色光的间色（黄、品红、青）

红光+绿光=黄光，红光+蓝光=品光，绿光+蓝光=青光。

2. 颜料的间色（橙、绿、紫）

黄+红=橙，黄+蓝=绿，红+蓝=紫。

1.2.3   复色

由三个原色混合出的新色称为复色，原色和不包含该原色的间色混合或两间色相加，也可以生成复色。复色种类很多，它的纯度较低，色相也不鲜明，复色又称第三次色，复色包括色光复色和色料复色，如图 4-7 和图 4-8 所示。

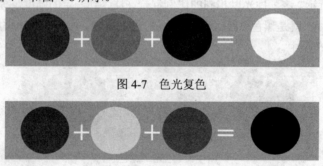

图 4-7   色光复色

图 4-8   色料复色

1.2.4   补色

凡两种色光相加呈现白色光，两种颜料相混合呈现出灰黑色，则这两种色光或颜色即为互补色。互为补色的颜色在色相环上一般处于通过圆心的直径两端的位置上，即相隔 180° 的位置。

常见的三组补色为：红色与绿色、橙色与蓝色、黄色与紫色。

1. 补色的原理

当两个色光混合成白色色光时，则将这两个色光的主波长定义为互补波长，但在不同光源下补色的主波长会有所不同；在色度图上，任何通过光源的直线对光谱轨迹所截的任两点波长即为相对应的互补波长，而这一对互补波长的光称为补色，如图4-9所示。在自然界中每一种颜色都有其主波长，都可以找到与之相应的互补波长和补色。但是其中在色度图上属于绿色光谱波长（493～567 nm）的色光，却无法找到与之相对应的互补波长，这是因为此一范围波长的色光补色是洋红色系的颜色，而洋红色系的颜色在光谱色度图中并不存在这些颜色的单色光，它们是红光和蓝光的混合色光，所以在色度图上并无法找到绿色光谱波长（493～567 nm）色光的补色波长，对于这些洋红色的颜色称之为谱外色。

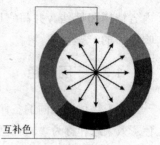

图 4-9   色相环中的补色

2. 补色的作用

在观察颜色的时候，补色随时跟着主色的出现而产生，这与视网膜上的感光细胞受到光刺激后的疲劳程度或跟错觉有关。当人们注视色彩的时候，视觉范围内的各种颜色的色光便刺激视网膜上的锥状感光细胞，而产生所看到的色彩。当视网膜上的锥状感光细胞一直受到同一色光刺激后，便会有刺激疲劳现象产生，形成补色。另外，环境色是影响物体色的因素之一，而环境色对物体颜色最主要的影响是环境色和物体色的对比现象引起物体色的变化。例如：将洋红色与绿色并列，会显示出洋红色的更红、绿色的更绿，这是因为在洋红色与绿沟彼此交接的边缘分别引发其补色绿色和洋红色，所以加强了个别色彩的颜色，产生洋红色更红、绿色更绿的现象。由于颜色对比使得每一个颜色在自己的周围产生与自身颜色色相相反的对立色，此对立色实际上并不存在，这种现象的产生是视觉上的错觉造成的补色。就像黑色和白色单独存在时，并不会显得白的很白、黑的很黑，但是如果将两者放在一起，就会有白的很白、黑的很黑的现象，这就是对比作用引起的错觉。

任何一对互补色，它们既互相对立，又互相满足。它是由三对基本补色引申开来的，这就是色相环上的三对色，黄与紫、橙与蓝、红与绿。它们把充实圆满表现为对立面的平衡。当它们同时对比时相互能使对方达到最大的鲜明性，但它们互相混合时，就互相消除，变成一种灰黑色。互补色中那种互相满足的因素构成了一个结构简明的整体，因此，它在色彩中具有一种独特的表现价值。

补色在医疗方面也有所应用，如做手术的大夫穿绿色手术服，是因为手术中有大量红色的血，人看久了就会怠慢，从而延误手术。绿色是红色的补色，大夫穿上了绿色手术服，手术中看到红色，也看到绿色，从而避免怠慢。

1.3   影响色彩的因素

色彩存在于空间，包围着我们的生活环境，一般人在周围的世界中凭视觉器官就能看出物象的各种颜色。但作为专业婚礼化妆师对色彩不仅要有敏锐的感觉，而且要有极其精细的观察，并根据色彩的规律进行思考，苦心推敲与经营，寻找贴切的、体现创作内容的色彩语言，有意识地组织加工，运用艺术法则进行整体的创作，表达出内心的体验，形成对色彩的

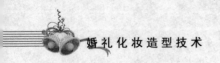

内省情感和情绪，并将它明确而集中地表现出来。这种色彩的艺术语言，需要分析和了解影响色彩的一些因素。

1.3.1　固有色

由于物体在相同的条件下具有相对不变的色彩差别，通常习惯把白色阳光下物体呈现出来的色彩效果总和称为"固有色"。

影响"固有色"的因素：

（1）物体本身的差异。

（2）光线照射的角度。固有色一般在间接光照射下比较明显，在直接光照射下就会减弱，在背光情况下会明显变暗。

（3）物体本身的结构特点。反光差的物体的固有色比较明显，反光强的物体固有色比较弱。

（4）表面状况。平面物体的固有色比较明显，曲面物体的固有色比较弱。

（5）距离视点的位置。离视点近的物体固有色比较明显，离视点远的物体固有色较弱。

1.3.2　光源色

自身能够发光的物体称为光源。光源可以分为两种：一种是自然光，主要是阳光；一种是人造光，如灯光、蜡烛光等。由各种光源发出的光，由于光波的长短、强弱、比例性质不同，形成了不同的色光，称为光源色。同一物体在不同的光源下，呈现出不同的色彩。光源色在色彩关系中是起支配地位的，是影响物体色彩的重要因素。光源色的变化势必影响物体的色彩。

颜色根据照射光源的性质而发生变化，它随着光的强弱、距离的远近、媒质的变化等会有所不同。当光源色彩改变时，受光物体所呈现的颜色也随之发生变化。

光源色对物体色的影响主要表现在物体的光亮部位。特别是表面光滑的物体，如陶瓷、金属、玻璃等器皿上的高光，往往是光源色的直接反射。

1.3.3　环境色

环境色是指描绘对象所处的环境的色彩。任何物体若放在其他有色物体中间，必然会受到周围邻近物体的颜色（即环境色）的影响。环境色对物体色的影响在物体的暗部表现得比较明显。

物体基本色彩由光源色、固有色与环境色三者共同构成，且由于三者作用的此强彼弱，产生了物体各部分色彩的差异。

1.4　色调

色调是色彩运用上的主旋律、大面积的色彩倾向，它是根据色彩的基本属性、冷暖关系、构图形式而形成的综合性主体，例如红调、蓝调、冷调、暖调、灰调、高调、低调等。多数情况下人们对色调的判断是明确的。

色调是由色彩的明度、纯度和色相三要素综合造成的，其中某种因素起主导作用，就可以称为某种色调。

色调可以按色彩的明度、纯度、色相及冷暖和对比分类。

1.4.1　按明度划分

1. 深色调

在确定色相对比的角度、距离时，首先考虑多选用些低明度色相，如蓝、紫、蓝绿、蓝紫、红紫等，然后在各色相之中调入不等数量的黑色或深白色，同时为了加强这种深色倾向，最好与无彩色中的黑色组配使用，给人以老练、充实、古雅、朴实、强硬、稳重、男性化等的感觉。

2. 浅色调

在确定色相对比的角度、距离时，首先考虑多选用些高明度色相，如黄、橘、橘黄、黄绿等，然后在各色相之中调入不等数量的白色或浅灰色，同时为了加强这种粉色调倾向，最好与无彩色中的白色组配使用。

3. 中色调

中色调是一种使用最普遍、数量最众多的配色倾向，在确定色相对比的角度、距离后，于各色相中都加入一定数量黑、白、灰色，使大面积的总体色彩呈现适中，不太鲜也不太灰的中间状态，使人感觉随和、朴实、大方、稳定等。

1.4.2　按纯度划分

1. 鲜色调

在确定色相对比的角度、距离后，尤其是中差（90°）以上的对比时，必须与无彩色的黑、白、灰及金、银等光泽色相配，在高纯度、强对比的各色相之间起到间隔、缓冲、调节的作用，以达到既鲜艳又直观、既变化又统一的积极效果，使人感觉生动、华丽、兴奋、自由、积极、健康等。

2. 灰色调

在确定色相对比的角度、距离后，于各色相之中调入不同程度、不等数量的灰色，使大面积的总体色彩向低纯度方向发展，为了加强这种灰色调倾向，最好与无彩色特别是灰色组配作用，使人感觉高雅、大方、沉着、古朴、柔弱等。

1.4.3　按色性划分

按色性分为暖色调与冷色调。

红色、橙色、黄色为暖色调，象征着太阳、火焰。蓝色为冷色调，象征着森林、大海、蓝天。黑色、紫色、绿色、白色为中间色调；暖色调的亮度越高，其整体感觉越偏暖，冷色调的亮度越高，其整体感觉越偏冷。冷暖色调也只是相对而言，例如，红色系当中，大红与玫红在一起的时候，大红就是暖色，而玫红就被看做是冷色，又如，玫红与紫罗兰同时出现时，玫红就是暖色。色调倾向大致可归纳成鲜色调、灰色调、浅色调、深色调、中色调等。

1.4.4　色调的心理联想

不同的色调使人产生的心理联想不同。

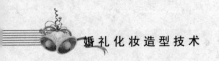

（1）鲜明色调：华丽、鲜艳。

（2）明色调：清澄、明丽。

（3）强烈色调：较鲜明色调，略带浊味。

（4）黑色调：坚硬、沉深，具有沉稳感。

（5）暗色调：较深色调暗重、稳定、深沉。

（6）深色调：较强烈色调深暗、浓重、厚实。

（7）暗灰色调：接近黑色，但具有严肃、细密感。

（8）中灰色调：中性、稳定、枯萎、含混，具有端庄感。

（9）灰色调：含蓄、细腻。

（10）浅灰色调：较粉色调稍暗、朴素、单纯。

（11）浅色调：间于粉、明色调之间，朦胧微妙。

（12）粉色调：含有较多的粉色，柔和、纤细。

（13）白色调：清朗、透明，具有现代感。

色彩来自于生活，只有在生活中观察、研究、表现色彩，才能孕育出新颖感人的色调并逐步形成个人的色彩风格。艺术需要个性，化妆需要色彩，从本质上看，无论是个性的展观，还是风格的形成，都来源于生活的积累，色彩搭配可以表现出婚礼化妆师主观的创造力和鲜明的个性。

知识点 2　化妆常用色彩搭配

化妆的根本目的是美化人物，需要借用线条来勾勒人物面容轮廓，使用色彩来修正面容肤色，其创作原理与绘画有异曲同工之妙，同样属于视觉艺术，而色彩是所有视觉艺术中最基本的元素。因此，色彩搭配是否合适、巧妙对于妆面而言起着决定性的作用。

2.1　化妆常用色彩及搭配方法

对于美术绘画来说，如果色彩选择得当，绘出的图画就会令人赏心悦目，如果色彩运用不当，绘出的图画可能就显得极不协调，有失美感。同样，化妆时色彩的运用也像绘画一样，十分重要。那么，怎样掌握化妆时的色彩运用呢，这里介绍几个应该注意的方面。

2.1.1　化妆的色彩搭配原则

1. 化妆的色彩与个人的内在气质要相吻合

人的气质特点各不相同，有的是清纯可爱型，有的是高雅秀丽型，也有的是浓艳妖媚型等。色彩也有它所具备的特点和代表的意义，如清纯可爱型适合粉色系列的化妆色彩，忌浓妆和强烈的色彩；高雅秀丽型适合玫瑰或紫红色系的色彩，眼影尽量不用对比强烈的颜色，以咖啡色、深灰色最合适；而浓艳妖媚型适合热情的大红色，眼影可采用强烈的对比色，如用深绿或深蓝色作为眼部化妆时的强调色。

2. 化妆的色彩与个人的年龄相吻合

年龄较小的女孩尽量用淡色，如粉红色系口红（粉红、粉橘）；年龄稍大的女人可用较深或较鲜艳的色彩，因为深色及鲜艳的色彩会给人醒目的感觉，看起来也较成熟。

3. 化妆的色彩与个人的肤色相吻合

（1）粉底的选择。要以下颌与颈部连接的部位肤色来试粉底的颜色，最好与肤色完全一致或比肤色浅一度的颜色，不要选太白或太暗或与自己肤色差异较大的颜色的粉底色彩。

（2）腮红的选择。对于肤色较白的人，可以选粉红色系列；而肤色较深的人，应选用咖啡色系列，使肤色看起来更健康。有银光的腮红用在额头用来显示额头。

（3）口红的选择。浅色有银光的口红有使嘴巴显大的效果。口红与肤色的搭配也要协调，皮肤较黑的人，不可涂浅色或含银光的口红，因为浅色口红会与肤色形成对比，使之显得更为黯淡。皮肤较黑的人必须特别注意色彩的选择，避免用黄、粉红、银色、淡绿或浅灰色口红。可涂暖色系较偏暗红或咖啡系的口红，将皮肤衬托得较白且协调。而肤色较白的人，任何颜色皆可用。

2.1.2 化妆中色彩的搭配方法

1. 色彩明度的对比搭配

明度对比是指运用色彩在明暗程度上产生对比的效果，也称深浅对比。明度对比有强弱之分。强对比颜色间的反差大，对比强烈，产生明显的凹凸效果，如黑色与白色对比。弱对比则淡雅含蓄，比较自然柔和，如浅灰色与白色对比，淡粉色与淡黄色对比，紫色与深蓝色对比。化妆中色彩运用明度对比进行搭配，能使平淡的五官显得醒目，具有立体感。

2. 色彩纯度对比的搭配

纯度对比是指由于色彩纯度的区别而形成的色彩对比效果。纯度越高，色彩越鲜明，对比强烈，妆面效果明艳、跳跃。纯度低，色彩则浅淡，色彩对比弱，妆面效果则含蓄、柔和。化妆中色彩运用纯度对比进行搭配，要分清色彩的主次关系，避免产生凌乱的妆面效果。

3. 同类色对比、邻近色对比的搭配

同类色对比是指在同一色相中，色彩的不同纯度与明度的对比，如化妆中使用深棕色与浅棕色的晕染属于同类色对比。邻近色对比则是指色相环中距离接近的色彩对比，如绿与黄、黄与橙的对比等。运用这两种色彩进行搭配，妆面柔和、淡雅，但容易产生平淡、模糊的妆面效果。因此，在化妆时，要适当地调整色彩的明度，使妆面效果和谐。

4. 互补色对比、对比色对比的搭配

互补色对比是指在色相环中呈 180°且相对的两个颜色，如绿与红、黄与紫、蓝与橙色。对比色对比是指三个原色中的两个原色之间的对比。这两种对比都属于强对比，对比效果强烈，引人注目，适用于浓妆及气氛热烈的场合。在搭配时，要注意强烈效果下的和谐关系。

5. 冷色、暖色对比的搭配

色彩的冷暖感觉是由各种颜色给予人的心理感受而产生的。暖色艳丽、醒目，具有扩张的感觉，容易使人兴奋，使人感觉温暖，冷色神秘、冷静，具有收缩的感觉，使人安静平和，感觉清爽。冷色在暖色的衬映下，会显得更加冷艳。例如，冷色系的妆面运用暖色点缀，则更能衬托出妆容的冷艳；同样暖色在冷色的衬映下会显得更加温暖。在化妆用色时应充分考虑到这一点。

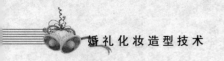

2.2　眼影与妆面的色彩搭配

眼影的运用要达到点睛与和谐的目的，需要充分考虑色彩的搭配，另外还需要考虑肤色、唇色等妆面的色彩。

2.2.1　眼影与妆面色彩搭配的原则

眼影可分为影色、亮色、强调色三种。

影色是收敛色，涂在希望凹的地方或者显得狭窄、且应有阴影的部位，这种颜色一般包括暗灰色、暗褐色；亮色是突出色，涂在希望显得高、且宽阔的地方，亮色一般是发白的，包括米色、灰白色、白色和带珠光的淡粉色；强调色可以是任何颜色，其真正使命是明确表达自己的意思，吸引人们的注意力。不同的妆型，搭配出的眼影色效果也不同。

1. 暖色

（1）红色：兴奋、热烈、激动。

（2）黄色：明快、欢乐、鼓舞。

（3）橙色：开朗、欣喜、活跃。

2. 中色

（1）红紫色：热情、明艳、夺目。

（2）黄绿色：活泼、幼嫩、明快。

（3）紫色：神秘、优雅、高贵。

3. 过渡色

（1）桃红色：活泼、年轻、美丽。

（2）浅粉黄：活力、热情、畅快。

（3）淡绿色：愉快、青春、鲜嫩。

（4）白色：清雅、明亮、明快。

4. 冷色

（1）蓝色：沉静、安详、深远。

（2）紫蓝色：神秘、高傲、魅惑。

眼妆的色调还要注意与服装颜色相配，除了眼影本身色调的变化外，眉、眼线、胭脂、唇膏也应与之相呼应，色彩不可杂乱无章，以免失去和谐。

2.2.2　常见的眼影搭配

1. 生活日妆眼影

日妆运用的眼影色应以柔和为主，搭配应简洁。

常用的色彩有浅咖啡色、深咖啡色、蓝灰色、紫罗兰色、珊瑚色、米白色、白色、粉白色、明黄色等。

常用的色彩搭配：深咖啡色配明黄色，此搭配色彩偏暖，妆色明暗效果明显；浅咖啡色配米白色，此搭配中性化且偏暖，妆色显得朴素；蓝灰色配白色，此搭配整体色彩偏冷，妆色显得俗；紫罗兰色配银白色，此搭配色彩同样偏冷，但妆色显得俗而妩媚；珊瑚色配粉白色，此搭配色彩偏暖，妆色显得喜庆活泼。

2. 晚宴妆眼影

晚宴妆运用的眼影色色彩丰富、对比较强。

常用的色彩：深咖啡色、浅咖啡色、灰色、蓝灰色、蓝色、紫色、橙黄色、橙红色、夕阳红色、玫瑰红色、珊瑚红色、明黄色、鹅黄色、银白色、银色、粉白色、蓝白色、米白色、珠光色等。

常用的色彩搭配：深咖啡色配浅咖啡色、橙红色、明黄色，此搭配色彩偏暖，妆色显得朴素、热情、富有活力；灰色配蓝灰色、紫色、银色，此搭配色彩偏冷，妆色显得典雅俗；蓝色配紫色、玫瑰红、银白色，此搭配色彩偏冷，妆色显得冷艳；深咖啡色配橙红色、鹅黄色、米白色，此搭配色彩偏暖，妆色显得喜庆而华丽；蓝灰色配珊瑚色、紫色、粉白色，此搭配中性偏冷，妆色显得典雅。

3. 新潮妆眼影

新潮妆运用的眼影色艳丽，色彩搭配对比较强烈。

常用的眼影色：蓝色、绿色、鹅黄色、橙黄色、紫褐色、银色、蓝白色、玫瑰红色、樱桃红色等。

常用的色彩搭配：蓝色配橙黄色、银白色，此搭配热烈而生动；绿色配鹅黄色、樱桃红，此搭配显得热烈而妩媚；紫褐色配玫瑰红、橙黄色、蓝白色，此搭配显得热烈而高雅；蓝色配玫瑰红色、鹅黄色、银色，此搭配的妆色艳丽而高贵。

2.3　腮红与妆面的色彩搭配

腮红，又称胭脂，用于涂擦面颊或腮部，颜色多为含有红色成分的暖色调，使脸部红润，增加美观与健康感。使用腮红，可达到改变以及调整脸型的效果。腮红的质地包括液状、膏状以及粉状。

2.3.1　腮红与妆面色彩搭配的原则

根据不同的情况选择不同的腮红也是婚礼化妆师需要掌握的一项技巧，腮红色的使用往往影响了妆面整体的效果。人们总是选择自己喜欢的色彩作为腮红，但如果了解不同色彩的表现力，就会影响腮红艺术性的表达。

腮红的颜色有六种色系。

1. 自然色系

这类色系基本作用是恢复脸颊自然的红润感，表现出自然的勃勃生机，增加青春韵味。尤其是血色不足者应适当用些腮红，使用时以颧骨为中心位置，向周围均匀染开，和肌肤自然融合，仿佛天然一般。

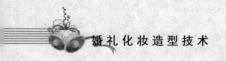

2. 粉红色系

此色系比较适合年轻少女，但对于 40 岁以上的女性亦有装饰效果。粉红色明亮，有扩张感，在使用时以颧骨稍上方或者"苹果肌"为中心，轻柔地向上匀染开，会产生柔美的感观，但应注意适量和适度，过多会造成庸俗之感。

3. 玫瑰红色系

玫瑰红可看作是成熟女性的典型用色，由于其红色偏蓝调，故印象较为俊秀。它还可以提高肌肤亮度，适合优雅型的化妆。涂抹的位置应以颧骨为中心向上纵长或横展匀染开。

4. 橙色系

橙色系有消去肌肤晦暗的效果，适合年龄稍大的女性使用，因为它可以造成肌肤的娇嫩、亮丽之感觉。

5. 红色系

红色系适宜于面部轮廓清晰的成年女士使用，而圆脸型、娃娃脸型最好不要使用。涂抹的位置应在颧骨的下方与脸影的上界交接处并匀染开。

6. 棕色系

棕色系是阴影性的腮红，使用时最好是在颧骨的下方施用，在其上再用玫瑰红或红色系颊红与之配合，适合于出席宴会等场合时使用。

2.3.2 常见的腮红搭配

1. 日妆腮红

日妆腮红宜选粉红色、浅棕红、浅橙红等比较浅淡的颜色。选色时要与眼影及妆面其他色彩相协调。

2. 浓妆腮红

棕红色、玫瑰红等较重的颜色适于浓妆。但腮红与眼影、唇色相比，其纯度与明度都应适当减弱，从而使妆面有层次感。

2.4 唇色与妆面的色彩搭配

能让唇妆更显时尚、更充满朝气的唇彩，已经成为当下女性必备的化妆品。唇彩不单单能令唇部焕发光泽，根据不同的色彩，还能营造出或可爱、或优雅的万千风格，为妆容加分。

2.4.1 唇色与妆面色彩搭配的原则

1. 偏黄肤色

偏黄肤色的女性比较适合带有黄色调（暖色调）的橙色或茶色唇彩，可以涂上多层柔和色彩的唇彩，但不适合使用会让脸色显得难看的带有蓝色调（冷色调）的粉色唇彩。

2. 红润肤色

红润肤色的女性比较适合色彩鲜明的唇彩。涂抹时无需模糊轮廓线，让唇廓显得清晰分明。中性色则会使唇部轮廓不明显，应尽量避免使用。

3. 白皙肤色

白皙肤色的女性适合鲜艳的橙色或嫩粉色等色彩明亮的唇彩。唇部中央可以涂抹的浓一些，周围部分则淡淡地晕开，造就楚楚动人的轻柔娇唇，但颜色太淡的唇彩会让人看起来无精打采。

4. 黝黑肤色

黝黑肤色的女性不易使用中性色，应选择或浓烈、或浅淡的颜色，才能打造出精神焕发的印象。另外，使用含有金色或珠光闪粉的唇彩，能展现出十足的个性。

2.4.2　常见的唇色搭配

常见的唇色搭配如下：

（1）棕红色唇色。色彩朴实，使妆面显得稳重、含蓄、成熟，适用于年龄较大的女性。

（2）豆沙红唇色。色彩含蓄、典雅、轻松自然，使妆面显得柔和，适用于较成熟的女性。

（3）橙色唇色。色彩热情，富有青春活力，妆面效果给人以热情奔放的印象，适用于青春气息浓郁的女性。

（4）粉红唇色。色彩娇美、柔和，使妆面显得清新可爱，适用于肤色较白的青春少女。

（5）玫瑰红唇色。色彩高雅、艳丽，妆面效果醒目、艳丽，适用于晚宴及新娘妆。

唇膏色在选色时除考虑以上因素，还要考虑环境与场合的因素，如时装发布会、一些化妆比赛、发型展示会、化装舞会等。唇膏用色除上述常用色彩外，还有黑色、蓝紫色、绿色、金色等。

2.5　妆面与服装的色彩搭配

服装的色彩应与妆面的用色协调一致，通常化妆的色彩选用要服从整体的要求，根据服装色彩求得色彩上的协调呼应是一种较为常用的方法。

2.5.1　妆面与服装的色彩搭配技巧

1. 基调统一

服装的用色基调与妆面的用色基调应相一致，如服装用色为暖调，妆面相应也应为暖调。例如，口红的色彩选择主要根据服色主色调的冷暖而定，暖色系服装配暖色口红，冷色系服装配冷色口红。

2. 呼应关联

色彩可选择与服装色彩相近是妆面与服装色彩寻求一致的常用手法，如果服装色彩比较丰富，则可选用服装色彩的主色来做妆面的主色调，也可以选用服装上的任意色彩来点缀妆面，形成一定的色彩呼应。

3. 选择百搭色

黑、白、灰等无色系可以与任意色调的妆面协调，而且本色自然的裸色系、浅棕色系也比较容易和各种色彩的服装协调。

2.5.2　妆面与服装色彩协调的注意事项

妆面与服装色彩协调的注意事项如下：

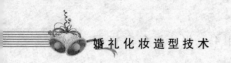

（1）穿着浅色系服装，如粉色，在化妆时色彩应该素雅，与服装的色调一致。

（2）穿着深色、且单一色彩的服装，可选择临近色或类似色的彩妆搭配。例如着绿色服装，可选择邻近色的蓝绿色或蓝色来搭配。

（3）穿着黑、灰、白颜色的服装，可选择较鲜艳、较深、无银光的彩妆来搭配。

（4）穿着红色系有花纹图案的衣服时，可选择图案中的主要色彩或同色系，但深浅不同的色彩来搭配。

（5）穿着有花纹图案的服装，其中主要色彩是蓝、绿色系，则化妆色彩可采用同色系的色彩来搭配。

（6）眼部化妆的色调，可选用与服装相同或对比色来搭配。

一般来说，相临和相近的色彩总是比较容易协调，如橘红与朱红、红与黄等。色彩反差较大或接近补色关系时，色彩之间的倾向由于对比强烈而更加鲜明突出，如黄和紫、红和绿、橙和蓝。因此，作为面积感较大的服装色彩应形成一定的统调感，而化妆色彩的选择和运用更要服从整体的要求。

总之，色彩在整体形象的运用中，所遵循的就是"在统一中求变化，在变化中求统一"。

知识点 3　化妆与灯光

在进行化妆造型时，要注意灯光环境与化妆的关系。相同的化妆造型在不同的灯光环境中，即在不同的光线、光色中会呈现不同的妆容效果。也可以说，光色与妆色的正确搭配，决定着化妆造型的完美程度。

3.1　化妆与灯光的关系

我们生活在一个多彩的世界里。白天阳光明媚，色彩争奇斗艳，夜晚漆黑一片，不但看不见物体的颜色，甚至连物体的外形也分辨不清。同样，在暗室里，感觉不到物体色彩。因此可以说，没有光，就没有色，光是人们感知色彩的必要条件，色来源于光。光是色的源泉，色是光的表现。

3.1.1　光的基本常识

从物理学的角度来看，一切物体的色彩都是光线照射的结果。在正常日光下呈现的色彩被称为固有色；在有色光线照射下的物体呈现的颜色被称为光源色。相同的物体在不同的光线照射下会呈现不同的颜色变化。例如：阳光在早晨、中午、傍晚的光色是不同的，早晨的阳光偏暗或玫瑰色；中午的光色偏白；傍晚时的光色偏红橙或黄橙色。同样，光线的色彩也可以直接影响到化妆的色彩。

光源色对于化妆造型极为重要。光源可以是自然光，即阳光、日光，自然光的特点一般是比较柔和的、不强烈的；光源也可以是人造光，即灯光、烛光，人造光的特点是可以根据不同的要求变化光色投照的位置，在化妆时，如果光色发生了变化，那么在光投照下的妆色也会发生不同程度的变化。

3.1.2　光色与妆色的关系

光色依色相可以分为冷色光与暖色光，冷暖色光可以使相同的妆色变化出不同的效果。

暖色光照在暖色的妆面上，妆面的颜色会变浅，效果比较柔和。例如，黄色的光照射在红色调的妆面上，妆面效果会显得华丽、温暖。

冷色光照在冷色的妆面上，妆面则显得艳丽。例如，蓝色的光照射在紫色调的妆面上，妆面效果会显得更加冷艳。

然而，当暖色光照射在冷色调的妆面上，或者冷色光照射在暖色妆调的妆面都会产生模糊、不明显的妆面效果。例如：蓝色光照在橙色调的妆面上或橙色光照在蓝色调妆面上，都会使妆型显得混浊，不雅静的感觉。

因此，化妆造型时要根据展现妆型的光色条件来选择所使用的妆色。

3.1.3　常见光色对妆面产生的影响

1. 红色光

在红色光的照射下，红色、橙色与光色等偏暖的妆色会变浅、变明亮，但妆效依然亮丽、醒目。如果红色光照射在蓝色、绿色、紫色等冷色妆面上，妆色就会显得暗沉、无生气。

2. 蓝色光

在蓝色光的照射下，紫色、棕色等妆色都会变暗淡，而照射在接近黑色、绿色的妆面上则变得鲜亮、明快，照射在黄色妆面则呈现暗绿色感，显得人面气色不好。

3. 黄色光

在黄色光的照射下，暖色妆面会显得欢快、明亮。其中，红色色感会越显饱和感，橙色则越趋于红色色感，黄色则被消融，趋于白色色感，浅淡的粉红色则越显艳丽。而冷色的妆面中，而绿色则成为黄绿色，蓝色与紫色则变成暗黑色。

3.2　化妆与灯光搭配的技巧

化妆后的光色发生变化，妆色也会随之发生不同程度的变化，因此需要了解并掌握化妆与灯光的搭配技巧和方法。

3.2.1　化妆与灯光搭配的原则

1. 化妆需要分场合、看灯光

越来越多的女性每天必须奔波在不同场合中，不仅需考虑室内妆容的效果，也要照顾各种户外环境中的效果，这就需分清场合，了解现场光效。

在画好基础妆面后，提前十分钟到达活动场地，观察现场的光线环境，再回到化妆室调整修饰妆容。为了应付不同的环境、搭配不同的服装，至少需要随身携带两支不同色系的口红。在自然日光下，选彩度低、明度高的唇膏，例如浅粉红色；在黄色的人造灯光下，则是彩度高、明度低的粉桃红或紫色的唇膏。腮红需要在自然日光下轻刷几下即可，而在黄色的人造灯光下在需要

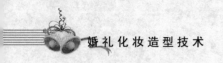

时再补妆，加强效果。眼影的做法也类似，但在黄色的人造灯光下，只要在眼尾或双眼皮的皱褶处轻刷以作加强即可，不应显得妆效太浓，反而会弄巧成拙。

2. 化妆时灯光要够亮

在化妆时，灯光十分重要，它影响了色彩的成像。因此，天花板的大灯一定要开，但绝对不要拿来当作唯一的光源，化妆桌上应再开一到两盏灯光，从脸的两侧投射过来，作为补光之用。

而天花板的大灯和桌子也要协调，最好有冷色日光灯与暖色灯泡的区别，这样冷调的蓝光与暖调的黄光中和之后，可以呈现最理想的化妆环节，以大幅降低妆色偏差。另外还有最保险的方式，就是化完妆后，到户外照一下镜子，再次修整妆效，如此可确保户外妆面的协调。

3.2.2　常见光色环境中化妆应注意的问题

1. 红色光

红色光可以使妆面颜色变淡，立体的结构不突出。所以在化妆时，要强调五官的立体结构，需要利用阴影色使轮廓突出，这样在红色光照射，面部不会显得过于平淡。

2. 蓝色光

蓝色光照射下红色的妆面会变成暗紫色，因此，化妆时需尽可能地使用浅淡色，口红色要偏冷。

3. 黄色光

黄色光使妆色变淡，化妆时的用色可以适当的浓艳些。

4. 强光

强光的照射会使一切妆色变浅且显得苍白，因此在化妆时可以通过鲜艳且较深的色彩强调五官的清晰度。

5. 弱光

弱光的照射会使妆面显得模糊，所以需要通过色彩来强调面部线条与轮廓的清晰。

通过学习，了解了光影响了色彩，色彩影响了妆面，因此化妆时不仅要考虑色彩自身的选择和搭配，也要考虑妆面所处的光色环境。总之，完美妆容的呈现背后需要丰富的色彩与灯光知识和丰富的搭配技巧。

【教学项目】

任务1　化妆常用色彩及搭配实训

生活中对人的化妆修饰是以美为追求，而人的形象又是千变万化的，在性别、民族、年龄、职业、性格等方面存在差异。每个人都会有喜爱的色彩和适合的色彩。在化妆时，色彩起着至关重要的作用。下面通过实训练习来了解化妆常用的色彩，并掌握色彩搭配的技巧。

活动Ⅰ　讲解实训要求

1. 教师讲解实训课教学内容、教学目的

（1）理解常见色调的分类。

（2）理解常见色调的特征。

（3）掌握常见色调适合的妆型。

（4）理解并掌握同类色、邻近色、对比色主色调和组合法。

2. 常见色调与妆型之间的关系

常见色调与妆型之间的关系如表 4-1 所示。

表 4-1 常见色调与妆型

项目分类	色调特征	适合妆型
淡色调	明度很高的淡雅色组成柔和优雅的淡暖色调，含有大量的白色和荧光色	多用于生活时尚妆，有清新和明净感
浅色调	明度比淡色调略低，色相和纯度比淡色调略清晰	多用于新娘妆和职业妆，显得亲切、温柔
亮色调	明度比浅色调略低，含白色少，色相和纯度高，如天蓝、粉红、嫩绿、明黄	多适合时尚妆和新娘妆，显得活泼、鲜亮
鲜色调	中等明度，明度和亮色调接近，不含白色与黑色，纯度最高	多适合舞台妆、晚会妆、模特妆、创意妆，效果浓艳、华丽、强烈
深色调	明度较低，略含黑色，但有一定浓艳感	适合舞台妆、晚会妆、模特妆、创意妆、秀场妆。化妆效果浓艳、强烈、个性
中间色调	有中等明度、中等纯度的色彩组成	显得沉着稳重，适合职业妆和晚妆
浅浊调	含灰色，呈浅浊色调，妆色文雅	适合职业妆和新娘妆，有雅致感
浊色调	明度低于浅浊调，含灰色调，有成熟、朴实气质	如用大面积浊色调，点缀以小面积艳色，稳重中又有变化，适合晚妆、模特妆、创意妆
暗色调	明度、纯度都低，色暗近黑，有沉稳、神秘感，加上深浓艳色的搭配，有华贵效果	适合晚会妆、模特妆、创意妆、秀场妆

3. 常见色彩搭配方法

常见色彩搭配方法如表 4-2 所示。

表 4-2 常见色彩搭配方法

搭配方法	效果特征	优点	缺点	常见组合
同类色	利用没有冷暖变化的单一色调，最简单易行的方法	统一性强，有和谐感	缺少活跃感，但可利用明度和纯度的变化，以及黑白灰的搭配进行调节	深红+浅红 深绿+浅绿
邻近色	使用色相环上互相为邻的色彩进行组合，是较完美的方法，有殊途同归之感	特性相似，整体、柔和、协调	单调、略显乏味，可用色相的变化进行调和	深蓝+浅绿 中橙+淡黄
对比色	差异很大的组合，既对抗又依存，易引人注意、效果强烈	色彩效果显著、明快、活泼、引人注目	运用不当会出现不和谐之感，可以灵活添加黑白灰作为调和	深红+深绿 浅红+浅绿 灰红+灰绿
主色调	以一种主色调为基础加配一两种或几种次要色	主次分明、相得益彰	不易太过繁杂、凌乱	多用于眼影、腮红、唇色的搭配

活动 2 教师示范

（1）教师模拟婚礼化妆师，通过色盘调试出常见的色调。

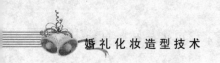

（2）以九名学生为模特，教师根据学生模特的肤质特点说明并演示常见色调的名称、特征，并分析适合的妆型类型。

活动3　学生训练、教师巡查

（1）学生按照两人一组，分为婚礼化妆师和模特，按照九大化妆色调绘制相应的妆型，然后互换角色，相互点评。

（2）教师随时巡查、指导学生。

活动4　实训检测评估

教师通过实训检测评估表评估学生的实训练习的成果，具体内容如表4-3所示。

表4-3　常见色调与妆型实训检测表

课　程	婚礼化妆与造型设计	班　级	级婚庆班		
实操项目	常见色调与妆型	姓　名			
考评教师		实操时间	年　月　日		
考核项目	考核内容	分　值	自评分（20%）	小组评分（30%）	教师评分（50%）	实得分
色调分析	整体效果统一	10			
特征分析	肤质判断正确	10			
适合妆型	吻合妆型要求	20			
组合方法	方法使用得当	30			
绘制效果	符合主题，绘制细腻干净	30			
总　　分					

在进行化妆造型时，尤其要运用色彩的基本知识和组合方法进行色彩的搭配，这是开展任何专项练习的基础。

任务2　眼影与妆面的搭配实训

自然清新的眼部妆容的确能令人容光焕发。选择眼影应根据化妆者的肤色、服饰风格以及所处的场合来决定，不同的妆型搭配出的眼影效果也不同，下面我们练习眼影与妆面的色彩搭配技巧。

活动1　讲解实训要求

1. 教师讲解实训课教学内容、教学目的

（1）理解并掌握各种妆面的眼影效果。

（2）理解并掌握各种妆面眼影常用的色彩。

（3）理解并掌握各种妆面的眼影的色彩搭配。

2. 常见眼影与妆面的色彩搭配

常见眼影与妆面的色彩搭配如表4-4所示。

表 4-4　常见眼影与妆面的色彩搭配方法

项目类别	生活淡妆	晚宴妆	新娘妆	时尚妆
眼影效果	柔和、搭配简洁、自然	色彩丰富、艳丽、对比较强	以中性偏暖的喜庆色为主，但也应考虑化妆的季节和着装的特点	随流行趋势而产生的流行色，有很多为金属质地
常用色彩	浅棕、深棕、浅黄、浅蓝、蓝灰、粉红、米白、白、粉白等	深浅咖啡、灰、蓝灰、蓝、绿、紫、蓝黄、橙红、玫瑰红、珊瑚红、明黄、鹅黄、银白、银、粉白、蓝白、米白、珠光色等	咖啡、天蓝、紫褐、蓝紫、玫瑰红、珊瑚红、橙红、夕阳红、粉白、米白、米黄、蓝白等	蓝、绿、黄、紫褐色、蓝白、玫瑰红等珠光色
色彩搭配	深咖啡+浅黄，偏暖，明暗效果明显；浅咖啡+米白，中性偏暖，朴素；蓝灰+白，偏冷，脱俗；粉红+白，偏冷，青春有活力；珊瑚色+粉白，偏暖，喜庆活泼	深咖啡+浅咖啡+橙红+明黄，暖，朴素、热情、富有活力；灰+蓝灰+紫+银，冷，典雅脱俗；蓝紫+玫瑰红+银白，偏冷、冷眼；深咖啡+橙红+鹅黄+米白，暖，喜庆而华丽；灰蓝+珊瑚红+紫、粉白，中性偏冷，典雅；绿+橙，中性偏暖、明快	咖啡+橙红+米白，喜庆大方；紫褐+珊瑚红+粉白，喜庆妩媚；天蓝+夕阳红+蓝白，喜庆而娇柔；蓝紫+玫瑰红+米白，喜庆高雅	蓝+黄+银，活泼生动；绿+鹅黄，热烈大气；紫褐+玫瑰红+蓝白，热烈而沉静；蓝+玫瑰红+银，艳丽多彩

活动 2　教师示范

（1）教师模拟婚礼化妆师，通过眼影色盘调试出常见的四种眼影色彩搭配。

（2）抽选四名学生担任模特，演示并说明每种搭配组合所适用的妆面、特征。

活动 3　学生训练、教师巡查

（1）学生按照两人一组，分为婚礼化妆师和模特，按照常见的四种眼影色彩搭配绘制相应的妆型，然后互换角色，相互点评。

（2）教师随时巡查、指导学生。

活动 4　实训检测评估

教师通过实训检测评估表评估学生的实训练习的成果，具体内容如表 4-5 所示。

表 4-5　常见眼影与妆面实训检测表

课　程	婚礼化妆与造型设计		班　级	级婚庆　班		
实操项目	常见眼影与妆面		姓　名			
考评教师			实操时间	年　月　日		
考核项目	考核内容	分　值	自评分（20%）	小组评分（30%）	教师评分（50%）	实得分
色调分析	整体效果统一	10				
特征分析	肤质判断正确	10				

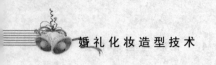

续表

考核项目	考核内容	分 值	自评分 （20%）	小组评分 （30%）	教师评分 （50%）	实得分
适合妆型	吻合妆型要求	20				
组合方法	方法使用得当	30				
绘制效果	符合主题，绘制细腻干净	30				
总 分						

眼睛是心灵的窗户，也是化妆的重点，如何画好眼影是眼妆必不可少的一部分，其中色彩的选择影响着眼睛的明亮以及情感的表达，因此，应当按照妆型的分类和人物特征为眼部点缀最适合的色彩。

任务 3　腮红与妆面的搭配实训

眼妆是脸部彩妆的焦点，口红是化妆包里不可或缺的要件，腮红是修饰脸型、美化肤色的最佳工具。只需在脸上打一个淡淡的腮红，就会为女性增添几分生机与活力。如何绘制腮红是婚礼化妆师必须掌握的技巧，但如何为化妆者选择合适的腮红色彩更为重要。

活动 l　讲解实训要求

1. 教师讲解实训课教学内容、教学目的
（1）理解并掌握各种色系腮红常用的色彩。
（2）理解并掌握各种色系腮红适合的人群和妆型。
（3）理解并掌握不同肤质所适合的腮红。
2. 常见腮红与妆面的色彩搭配
常见腮红与妆面的色彩搭配如表4-6所示。常见腮红选择的方法如表4-7所示。

表4-6　常见腮红与妆面的色彩搭配方法

项目类别	自然色系	粉红色系	玫瑰色系	橙色系	棕色系
色彩	浅灰色、浅棕红、浅朱红、浅大红等	粉红、浅桃红	浅玫瑰红、深玫瑰红、深色桃红、浅紫红等	橘红、橙黄等色	浅棕、土红、深棕等色
适合妆型	类似于面部自然红润色，化淡妆或显示肤色健康，可用自然色系的胭脂	与肤色、服饰搭配使用，是肤色娇嫩可爱，给人一种青春、靓丽的感觉，适合年轻人化妆	适合于装饰性强的化妆，对于表现成熟的女性美及优雅的风度，有良好的效果	有消除肌肤暗沉的作用，可提高皮肤的透明感	作为阴影色腮红修饰脸型。多用在中年女性妆、男性化妆

表4-7　常见腮红选择的方法

分 类	适宜人群	特 点	妆 效 效 果
粉质腮红	油性肤质、混合性肤质等	健康自然美感	打造出粉嫩的效果。相比膏状和霜状腮红，粉状质地能够帮你抑制一部分油光。

续表

分　类	适宜人群	特　点	妆 效 效 果
膏状腮红	干性肤质、混合性肤质等	滋润服帖美感	贴合感，可以打造出更加自然的清爽效果。服帖持久
液体腮红	所有肤质	持久自然美感	由内到外自然透出的红润，而且还很持久，不会脱落
慕斯腮红	所有肤质	光滑丝缎美感	使用时如丝缎般的光滑质感，就如同人的第二层肌肤般细致、柔嫩。腮红的上妆重点是不夸张，若隐若现的红扉感，营造出一种纯肌如果冻般的娇嫩可爱

活动 2　教师示范

（1）教师模拟婚礼化妆师，为学生演示常见的五种腮红色彩搭配。

（2）抽选五名学生担任模特，演示并说明每种搭配组合所适用的妆面、特征。

活动 3　学生训练、教师巡查

（1）学生按照两人一组，分为婚礼化妆师和模特，按照常见的五种腮红色彩搭配绘制相应的妆型，然后互换角色，相互点评。

（2）教师随时巡查、指导学生。

活动 4　实训检测评估

教师通过实训检测评估表评估学生的实训练习的成果，具体内容如表 4-8 所示。

表 4-8　常见腮红与妆面实训检测表

课　　程	婚礼化妆与造型设计	班　级	级婚庆　班		
实操项目	常见腮红与妆面	姓　名			
考评教师		实操时间	年　月　日		
考核项目	考核内容	分　值	自评分（20%）	小组评分（30%）	教师评分（50%）	实得分
色调分析	整体效果统一	10			
特征分析	肤质判断正确	10			
适合妆型	吻合妆型要求	20			
组合方法	方法使用得当	30			
绘制效果	符合主题，绘制细腻干净	30			
总　　分					

选择适合的色彩，绘制良好的腮红可以使脸部具有立体感，也可使妆容看起来健康、时尚，还可以适度的掩饰两颊上的瑕疵。但在实际操作中，一定要分析化妆者肤质、年龄等特征，了解环境与场合，不易画蛇添足。

任务 4　唇色与妆面的搭配实训

完美的唇妆应像熟透的水果，就像伊甸园的禁果，具有一种诱惑感。从古典到新潮，从深色

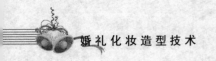

到浅色，从艳色到裸色，所有唇色都是为了展现女性美，但不同的妆型搭配出的唇妆效果也不同，下面练习唇色与妆面的色彩搭配技巧。

活动 1　讲解实训要求

1. 教师讲解实训课教学内容、教学目的

（1）理解并掌握各种肤色适合的唇色。

（2）理解并掌握各种唇色的常见配色。

（3）理解并掌握不同唇色的色彩效果。

（4）理解并掌握不同唇色适合的妆型和热点。

2. 常见唇色与妆面的色彩搭配

常见唇色与妆面的色彩搭配如表4-9所示，唇色与妆型的色彩如表4-10所示。

表4-9　常见唇色与妆面的色彩搭配方法

项目类别	浅冷肤色	黄肤色	深肤色	灰暗肤色
唇色选择	白皙的皮肤色调都有偏冷的色彩倾向，比较适合涂玫瑰红、桃红、粉红等略带冷色性的唇膏	面部肤色偏黄的人，可涂棕红、酒红、橘红等略带暖色性的唇膏	肤色深暗的人，如果要想显得白一些，可涂深色唇膏。如果想突出皮肤的黑，可涂浅色唇膏	面色灰暗，常带一种病态，如果没有涂底色，就不宜涂鲜艳的唇膏，因为在对比之下，会使肤色更没有光泽。可涂浅红或略带自然红的本色唇膏

表4-10　唇色和妆型的色彩搭配

项目类别	棕红	橙红	粉红	玫瑰红	豆沙红
色彩效果	色彩显得朴实	色彩热情而富有活力	娇美、柔和、轻松、自然	高雅、艳丽、妩媚而成熟	含蓄、典雅、轻松、自然
适合妆型	适合年龄较大的女性和男士化妆，使妆色显得朴实稳重	适合与青春气息浓郁的女性，使妆色显得热情奔放	适合皮肤较白的青春少女、使妆色显得清新柔美	使妆色显得光彩夺目，应用范围较广	使妆色显得柔和，适合较成熟的女性

活动 2　教师示范

（1）教师模拟婚礼化妆师，为学生演示常见的唇色色彩搭配。

（2）抽选学生担任模特，演示并说明每种搭配组合所适用的妆面、特征。

活动 3　学生训练、教师巡查

（1）学生按照两人一组，分为婚礼化妆师和模特，按照常见的唇色色彩搭配绘制相应的妆型，然后互换角色，相互点评。

（2）教师随时巡查、指导学生。

活动 4　实训检测评估

教师通过实训检测评估表评估学生的实训练习的成果，具体内容如表4-11所示。

表4-11　常见唇色与妆面实训检测表

课　程	婚礼化妆与造型设计	班　级	级婚庆班			
实操项目	常见唇色与妆面	姓　名				
考评教师		实操时间	年　月　日			
考核项目	考核内容	分　值	自评分（20%）	小组评分（30%）	教师评分（50%）	实得分
色调分析	整体效果统一	10				
特征分析	肤质判断正确	10				
适合妆型	吻合妆型要求	20				
组合方法	方法使用得当	30				
绘制效果	符合主题，绘制细腻干净	30				
总　　分						

美丽魅惑的双唇总是不经意的流露出点点的美丽。唇妆作为彩妆中的一部分，它的作用是不可小觑的。而唇色也必须要有相应的肤色、发色、眼睛、服装颜色相配合，才能达到理想的效果。

任务5　妆面与服装的搭配实训

妆容可以说是脸庞上的服装，所以眼影、腮红、口红等颜色的选择等同于面部服装的选择。在进行化妆时，应考虑自己的肤色，顾及到脸庞服装和身上服装的搭配。化妆与服饰是经久不衰的话题，也是个人品味的体现。尤其是在色彩方面，服装的选择应充分考虑到色彩和化妆的因素。

活动 I　讲解实训要求

1. 教师讲解实训课教学内容、教学目的

（1）理解并掌握常见色彩的特点、色彩搭配。

（2）理解并掌握常见色彩、服装与妆面的搭配。

2. 常见服装与妆面的色彩搭配

常见服装与妆面的色彩搭配如表 4-12 所示。

表4-12　妆面与服装色彩搭配

服饰色彩	特　点	色彩搭配	适合妆面
黑色	黑色与各种颜色都是最佳的搭配	黑色具有收缩效果，红黑、蓝黑、墨绿等深色同样如此。着黑色服装时，可配金黄、红色等亮色打破单调感。不易与粉红、灰色、淡蓝、淡草绿等柔和的颜色放在一起时，黑色将失去强烈的收缩效果，而变得缺乏个性	着黑色服装最需要强调化妆。粉底宜用较深的红色，胭脂用暗红色，眼影可以选任何颜色（如蓝、绿、咖啡、银色等），注意眼睛需有充分的立体明亮感化妆，而口红宜用枣红色或豆沙红，指甲油则用大红色。粉红色的口红与黑衣服互相冲突，看起来不谐调，应该避免

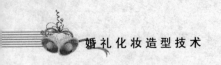
服饰色彩	特　点	色彩搭配	适合妆面
白色	象征纯洁、神圣，明快、清洁与和平	白色配淡黄色、淡紫色、淡粉红等柔和色的最佳组合，给人以温柔飘逸的感觉。红白搭配是热情潇洒	应采用深色的粉底来打底，强调眼部妆容的立体感，并画上眼线和眼线膏来强调眼部的神韵
红色	象征着温暖、热情与兴奋，淡红色可作为春季的颜色。	要尽量避免过多使用红色，黑白红是经典搭配；红色与蓝色时尚简约	可以使用粉红色的粉底打底，眼盖膏用灰色，眉笔用黑色，胭脂可用玫瑰色，唇膏和指甲油则用深玫瑰色。
黄色	高彩度黄色为富贵的象，低彩度的黄色则为春季最理想的色彩，中明度的黄色适合夏季使用，而彩度深强的黄色，则符合秋季的气氛	浅黄色配咖啡色裙子使衣服的轮廓更为明显；浅黄色不宜与粉红色搭配、橘黄色与蓝色也是很犯忌的	粉底宜用粉红色系，面粉用粉底或比粉底稍淡的同色系，眼盖膏宜用蓝色，眉笔宜用咖啡色，胭脂宜用玫瑰红色，唇膏可用稍暗的珊瑚色，指甲油则用比唇膏稍浅的同色系
蓝色	寒色	切勿将深蓝与深绿互相搭配，蓝色与紫蓝色倒可以互相配合	粉底宜用粉红色系，面粉用粉底或比粉底稍淡的同色系。眼盖膏宜用蓝色，眉笔宜用咖啡色，胭脂宜用玫瑰红色，唇膏可用稍暗的珊瑚色，指甲油则用比唇膏稍浅的同系色
绿色	象征自然、成长、清新、宁静、安全和希望，是一种娇艳的色彩	淡绿色配白色是理想搭配；浅绿色配红色，太土；配黑色，太沉；配蓝色，犯冲；配黄色只能说勉强可以	粉底宜用黄色系，面粉用粉底或比粉底稍浅的同色系。眼膏宜用深绿色或淡绿色（随服饰色彩的深浅而定），眉笔宜用深咖啡色，胭脂宜用橙色（带黄的红色），唇膏及指甲油也以橙色为主

活动2　教师示范

（1）教师模拟婚礼化妆师，为学生演示不同肤色适合的服装色彩，并根据服装绘制合适的妆面。

（2）抽选学生担任模特，演示并说明每种搭配组合所适用的妆面、特征。

活动3　学生训练、教师巡查

（1）两名学生为一组，一名学生担任婚礼化妆师，一名学生为模特，分别按照个人肤色为模特进行服装与妆面的选择和绘制，然后互换角色，相互点评。

（2）教师随时巡查、指导学生。

活动4　实训检测评估

教师通过实训检测评估表评估学生的实训练习的成果，具体内容如表4-13所示。

表4-13　常见服装与妆面实训检测表

课　程	婚礼化妆与造型设计		班　级				
实操项目	常见服装与妆面		姓　名				
考评教师			实操时间	年　月　日			
考核项目	考核内容		分　值	自评分 （20%）	小组评分 （30%）	教师评分 （50%）	实得分
特征分析	内外风格诊断		10				
色彩搭配	协调统一，富有变化		10				
适合妆型	符合人物特征		20				
服饰选择	修饰身形，符合环境		30				
整体效果	符合主题，与妆型吻合		30				
总　分							

在化妆中，"形"的构思依赖于色彩的描画完成。通常在一个妆型中会出现几种不同的用色，在化妆用色的选择上既要考虑色彩搭配是否符合规律，又要考虑到化妆用色是否符合妆面特点，是否与妆面效果达成一致。因此，色彩的巧妙运用是完成化妆的重要因素。

项 目 小 结

1. 色相（Hue）是指色彩的"相貌"，确切地说是指不同波长的光给人的不同的色彩感受。明度（Bright）是指色彩的明亮程度。对光源色来说可以称光度；对物体色来说，除了称明度之外，还可称亮度、深浅程度等。纯度（Chroma）是指颜色的鲜浊程度、纯粹程度，又称饱和度（Saturate）、鲜艳度、彩度。它是表示颜色中所含某一色彩的成分比例。

2. 原色（一次色）是指这三种色中的任意一色都不能由另外两种原色混合产生，而其他色可由这三色按照一定的比例混合出来，色彩学上将这三个独立的色称为三原色。色光三原色为红、绿、蓝；颜料三原色为红、黄、蓝。间色（二次色）：三原色中每两组相配而产生的色彩称之为间色。色光的间色为黄、品红、青；颜料的间色为橙、绿、紫。由三个原色混合出的新色称为复色，原色和不包含该原色的间色混合或两间色相加，也可以生成复色。复色种类很多，它的纯度较低，色相也不鲜明，复色又称第三次色。

3. 凡两种色光相加呈现白色光，两种颜料相混合呈现出灰黑色，则这两种色光或颜色即为互补色。常见的三组补色为：红与绿、橙与蓝、黄与紫。色调是色彩运用上的主旋律、大面积的色彩倾向，它是根据色彩的基本属性、冷暖关系、构图形式而形成的综合性主体，色调可以按色彩的明度、纯度、色相及冷暖和对比分类。

4. 由于物体在相同的条件下具有相对不变的色彩差别，人们习惯把白色阳光下物体呈现出来的色彩效果总和称为"固有色"。由各种光源发出的光，由于光波的长短、强弱、比例性质不同，形成了不同的色光，称为光源色。环境色是指描绘对象所处的环境的色彩。

5. 化妆的色彩搭配原则：化妆的色彩与个人的内在气质要相吻合；化妆的色彩与个人的年龄相吻合；化妆的色彩与个人的肤色相吻合。化妆中色彩的搭配方法：色彩明度的对比搭配；色彩纯度对比的搭配；同类色对比、邻近色对比的搭配；互补色对比、对比色对比的搭配；冷色、暖色对比的搭配。

6. 常见光色对妆面产生的影响：在红色光投照下，红色、橙色与光色等偏暖的妆色会变浅、变亮，妆型依然亮丽、醒目。如果红色光照射在蓝、绿、紫等冷色妆面上，妆色就会显得暗；在蓝色光的投照下，

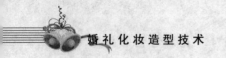

紫色、棕色等妆色都会变暗，接近黑色与绿色的妆面则变得鲜亮，黄色妆面则变成暗绿色；在黄色光的投照下，暖色妆面会显得封建明亮，红色越加饱和，橙色接近红色，黄色仅仅白色，绿色成为黄绿色。另外，冷色系的蓝色与紫色成为暗黑色，浅淡的分红则显得艳丽。

核 心 概 念

色相　明度　纯度　原色　间色　复色　色调　补色　固有色　光源色　环境色

能 力 检 测

1. 色彩的三要素是什么？
2. 色彩的原色、间色和复色是什么？
3. 简述色调与补色的含义及分类。
4. 简述固有色、光源色与环境色的含义及关联。
5. 简述化妆的色彩搭配原则及方法。
6. 简述光与化妆的关系。

项目 ⑤ 化妆工具的选择与使用

【学习目标】

通过本项目的学习，应能够：

1. 掌握皮肤的基本常识；
2. 了解化妆品的保存方法；
3. 了解化妆品的鉴别之道；
4. 掌握粉底、眼影、眼线、睫毛膏、眉笔与眉粉的选择与使用方法；
5. 了解蜜粉、腮红、唇线笔、唇膏的选择与使用方法；
6. 掌握常见化妆刷的分类、保养和使用方法；
7. 掌握假睫毛和美目贴的使用方法。

【项目概览】

皮肤的基本常识和化妆工具的选择与使用是婚礼化妆师必须了解和掌握的内容，核心目标是了解皮肤的基本常识和化妆工具的相关概念，掌握常用化妆工具的选择与使用方法。为了实现本目标，需要完成两项任务。第一，认识肌肤；第二，化妆工具的鉴别与使用。

【核心技能】

- 肌肤的结构；
- 肌肤的种类与保养；
- 化妆前的准备工作；
- 化妆品的鉴别与使用；
- 化妆工具的鉴别与使用。

【理论知识】

知识点 1 常用化妆品的选择与使用

化妆品和化妆工具是化妆的两项重要物质条件，选择是否得当直接影响化妆的效果。因此，作为一名专业的婚礼化妆师，必须要了解常用化妆品的种类、性质特征、鉴别技巧和保存方法，掌握各种化妆工具的选择和使用方法，并且能够熟练使用各种常用的化妆工具。现在市场上的化

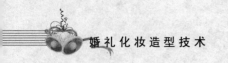

妆品和化妆工具不断推陈出新，作为一名职业的婚礼化妆师，还应该及时关注市场动态，了解化妆领域的时尚流行用品。

1.1 常用化妆品的分类、保存和鉴别

1.1.1 化妆品的分类

常用化妆品类型繁多，按照生产工艺和其外部形态，可分为膏霜类、蜜类、粉类、液体类。膏霜类主要有隔离霜、粉底霜、遮瑕膏、睫毛膏、唇膏、眉笔等；蜜类化妆品主要是乳化液体，包括防晒蜜、唇蜜等；粉类化妆品包括蜜粉、眼影、腮红、眉粉等；液体类包括化妆水、眼线液、香水等。

化妆品按照用途可分为护肤类、清洁类、修饰类、护发类、美发类、芳香类、特殊类。护肤类主要起到滋润作用，保护皮肤健康；清洁类主要用于清洁皮肤；修饰类主要用于修饰容貌，掩盖长相不足，增加个人风采；护发类主要用于清洁头发保护发质；美发类主要用于发型和发色的塑造；芳香类具有芬芳的香气；特殊类具有永久性装饰或治疗的特点，能改变人体局部状态，或消除容貌不足。

1.1.2 化妆品的保存

化妆品的携带和保管要注意十防，即防碎、防晒、防热、防潮、防冻、防污、防过期、防漏气、防倾斜和防混合。

1. 防碎

防碎主要指的是固体类，尤其是膏状类化妆品不能摔，一旦摔碎会严重影响到它的使用效果，例如粉饼、粉条、眉笔、口红等。

2. 防晒

阳光或灯光直射处不宜存放化妆品，会造成水分蒸发，化妆品中某些成分会失去活力，以致老化变质。化妆品中含有大量药品和化学物质，容易因阳光中的紫外线照射而发生化学变化，使其效果降低，所以不要把化妆品放在室外、阳台或化妆台灯旁。

3. 防热

温度过高的地方不宜存放化妆品，因为高温不仅容易使化妆品中的水分挥发，膏体干缩损耗，而且容易使膏霜中的油和水分分离而变质。因此，最适宜的存放温度应在35℃以下，尤其在炎热的夏季，手袋中的化妆品存放量应以短时间内能使用完为好。

4. 防潮

有些化妆品含有大量的蛋白质和蜂蜜，受潮后容易发生霉变；有些化妆品采用的是铁盖玻璃瓶包装，受潮后铁盖容易生锈，从而腐蚀化妆品。所以最好不要将化妆品放置在潮湿的环境中，如洗手间。

5. 防冻

化妆品在冰冷处存放容易发生冻裂现象，而且解冻之后会出现油水分离，使其中的一部分变粗变硬，对皮肤有刺激作用。因此，使用中的化妆品最好不要放置在冰箱中。

6. 防污

当把手指伸入乳霜、乳液和液体化妆品时，要确保手部干净，这有助于保持化妆品的清洁。另外，化妆品一旦取用过多，如面霜、乳液等，就不能再放回瓶中，以免污染。再者，还必须注意常用湿布擦拭化妆品表面的灰尘，以免灰尘污染瓶内之物。

7. 防过期

化妆品的保质期由化妆品的实际成分决定，化妆品中是否含有抗氧化剂、是否防晒指数、是否含有防腐剂以及含有哪种防腐剂，这些都决定着化妆品的保质期。此外，化妆品的保质期还决定于化妆品的包装。相比那些装在瓶子里需要从中取用化妆品的包装，挤压管或按压瓶的化妆品包装保质期可能要长一些。值得一提的是，所有含有防晒指数的化妆品都要认真核对有效期，通常防晒指数有两年左右的有效期或保质期。

8. 防漏气

要确保化妆品在用完之后密封完好，否则氧气就会进入，细菌就会很快滋生，不利于化妆品的保存。

9. 防倾斜

防倾斜主要针对的是蜜类化妆品和液体类化妆品，这两类化妆品一旦倾斜，就容易发生渗漏，既污染了其他物品，又造成了不必要的浪费。

10. 防混合

防混合主要是为了避免化妆品串色或串味而影响了使用效果，例如将两种不同颜色的粉底、腮红或眼影混合在一起必将引起串色而影响到化妆品的正常使用。

1.1.3　化妆品的鉴别

化妆品的鉴别首先要注意出厂日期，是否有商品检验字号，并且确定产品完整、未被拆封。其中学会识别化妆品的产品标签是鉴别化妆品最有效的方法。

化妆品的产品标签是生产企业向消费者提供质量信息的一种手段，也是对其产品质量信息的一种表达。按照国家标准 GB 5296.3—2008《化妆品通用标签》的规定，一般化妆品标签上应标注的内容为：产品名称、制造者的名称和地址、产品净含量、日期标注、卫生许可证号、生产许可证号和产品执行标准。对体积小又无小包装（净含量小于 15g 或 15mL）的特殊产品，如唇膏、化妆笔等，至少应标注产品名称和制造者名称。

化妆品上卫生许可证号和生产许可证号中的"XK""QG""JK"分别代表一般化妆用品、特殊用途化妆品和进口化妆品。其中，一般化妆用品只起到常规的保洁和保养作用，特殊化妆品通常具有除臭、增白、生发、脱毛、防晒、消斑、染色等特殊作用。但凡在我国上市销售的进口化妆品，必须经过我国商检部门的检验，加贴 CCIB 的标志，并标明原产国名、地区名（特指我国台湾省及香港、澳门特别行政区）、制造者名称、地址和经销商、进口商，在华代理商和在国内依法登记注册的名称和地址，并且应附有中文说明书。同时，进口化妆品的经销商还要到卫生部发证办公室办理卫生许可证，并在化妆品标签上标明进口化妆品卫生许可证批准文号。

除了鉴别化妆品产品标签之外，一般还可以从气味、颜色和形状三方面来辨别。

（1）乳霜类（隔离霜、粉底液、遮瑕乳、修颜液），观察是否密封包装，质地是否细腻润滑。使用时应该无结块、无变味、无变干和不易推匀现象。

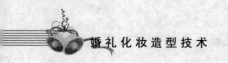

（2）膏状类（粉底膏、粉条和口红等），一般发出油污味就已变质，通常要质感顺滑，色彩鲜亮准确。使用时注意是否有水分流失，膏体干缩或稀释现象。注意色彩是否变灰暗浑浊，是否出现深浅不均状。

（3）粉质类（蜜粉、眼影、腮红等）。观察粉饼是否受潮变霉，结块变硬，粉饼状是否不易沾起使用，是否有白灰色斑点。通常要粉细且紧密、易上妆、附着力好。

（4）眼线液、睫毛膏、染眉膏。眼部用化妆品使用期一般不超过三个月，若产生发干结块、变味现象就表明已变质。

（5）笔状类（眉笔、眼线笔、口红笔等）。铅笔类的笔芯一旦变质，使用时不易上色，容易发生断裂，甚至削的时候也容易断裂。

1.2 修饰类化妆品的选择与使用

婚礼化妆师常用的修饰类化妆品，也称粉饰化妆品。修饰类化妆品的特点是具有较强的修饰性和遮盖性，这类化妆品都含有色素成分，对于改善肤色、调整五官轮廓和面部凹凸结构都有明显效果。

常见的修饰类化妆品主要有粉底、蜜粉、腮红、眼影、眼线笔、眉笔、唇膏、睫毛膏等。

1.2.1 粉底

粉底适用于化妆打底、修饰肌肤，具有很强修饰性，常用于调整肤色、改善肤质、遮盖皮肤瑕疵，以表现出悦目的皮肤色泽和质地。粉底在皮肤上会形成一层粉性膜，可以遮盖皮肤上的瑕疵，统一不均匀的肤色，使皮肤表面平坦光滑，也使其他彩妆品更易附着于脸部，让整个妆色更为亮丽服帖。同时又可用不同深浅的粉底调整面部轮廓和立体感，使脸显得更精致。也可用不同效果的粉底配合不同的妆型，塑造各种风格的妆效美。

专业婚礼化妆师选用粉底时一般要注意以下几点：质地细腻、附着力好、透气性强、持久性佳、延展性好、色号全、含铅量低，符合专业性要求。

粉底的主要成分是油脂、水和色粉，由于成分和添加色的不同，形成了很多种类的粉底。下面给大家介绍一些粉底的基本种类：

1. 按粉底的形态来分类

（1）粉饼。粉饼的主要成分是水和色粉，含少量油脂，呈块状固态粉状，多配有专用化妆海绵。粉饼使用简单、携带方便，适用于直接上妆、定妆或补妆，特别适合个人选用，图 5-1 所示为一款带粉盒的粉饼示意图。优良品质的粉饼细滑而无杂质，对皮肤有较好的黏合力，不易脱妆，香味柔和，无刺激性，坚固而不易变碎；取用容易，不起粉末。

粉饼常见分类为干粉饼和干湿两用粉饼，表 5-1 所示为这两类常见粉饼比较表。

图 5-1 粉饼

（2）粉底液。粉底液水分较多，呈半液态状，便于涂抹，最易上妆，用后皮肤真实光滑亮丽，呈现清透、自然、健康的光泽。可用手直接涂抹，也可用海绵沾涂。表 5-2 所示为常见粉底液比较表。

表 5-1 两类常见粉饼比较表

项目＼名称	干 粉 饼	干湿两用粉饼
使用效果	干爽细腻、自然透明，肤色均匀、美化毛孔，但遮盖力差、易脱妆	自然细腻、遮盖力较好，干用柔和沉实，沾水使用滋润透明，不易脱妆
适用对象	油性皮肤、夏季化妆，简易生活妆、补妆、定妆	任何肤质，四季适用，日常生活妆，补妆
使用方法	用干海绵或粉扑直接涂抹，大粉刷直接刷	既可用和干粉饼相同的方法，也可用微湿海绵涂抹

表 5-2 常见粉底液比较表

项目＼名称	滋 润 型	亚 光 型	不 脱 色 型
使用效果	透明亮泽，提升皮肤质感，创造自然光泽	无光泽型，粉质感，有含蓄美	皮肤紧致、有清爽感，不易脱妆
适用对象	中性、干性皮肤，皱纹明显皮肤，秋冬季使用	中性、油性皮肤	油性皮肤，夏季使用
使用方法	手或海绵均匀涂抹	手或海绵均匀涂抹或拍按	用前摇一摇，易涂不均匀，用手或海绵均匀拍按

（3）粉底霜、粉底膏。霜状或膏状产品，油脂和色粉含量都偏高，有较强遮盖力和附着力。薄涂适用于淡妆，厚涂适用于浓妆。生活中皮肤多瑕疵，如有疤痕、黑斑、雀斑者也可用粉底霜和粉底膏将瑕疵盖住。由于质地较厚，要注意色彩与粉底的协调，避免形成虚假。表 5-3 所示为常见两类粉底霜、粉底膏对比表。

表 5-3 常见两类粉底霜、粉底膏对比表

对比＼名称	偏 油 质	偏 粉 质
使用效果	滋润有亮泽，有较强遮盖力和附着力	粉质感强，比前者遮盖力和附着力都强
适用对象	干性和中性皮肤	油性和中性皮肤
使用方法	手或海绵均匀涂抹或拍按	手或海绵均匀涂抹或拍按

（4）粉条。粉条质地接近粉底膏，呈条状，油脂和色粉含量较高，质感较厚，遮盖力强。适用于干性皮肤和冬季化妆使用，也常用于浓妆，特别是修饰脸廓和立体感效果最佳。图 5-2 所示为粉条外形示意图。

（5）遮瑕膏。遮瑕膏的成分与粉条相似，其遮盖力更强，主要用于局部遮盖。用来遮饰毛孔粗大、黑斑、雀斑、眼袋、黑眼圈、细纹等面部瑕疵。

市场上遮瑕产品种类繁多，遮盖力依据种类不同而不同，使用时要依据不同情况选择适合的产品。遮瑕部位的涂抹分量要恰当，否则会产生反效果。可用手指蘸取涂抹，也可用小号笔刷沾涂。表 5-4 所示为常用遮瑕产品比较表。

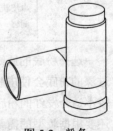

图 5-2 粉条

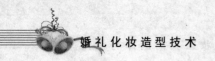

表 5-4　常用遮瑕产品比较表

名称 项目	液　状	霜　状	棒　状	笔　状
使用效果	质地轻薄，容易渗入肌肤，遮饰效果自然，浅色也可加强皮肤亮度	较滋润，遮饰效果较强，浅色也可加强皮肤亮度	遮饰效果比霜状强，也可当提亮膏使用，携带方便	遮饰效果强，携带、使用方便
适用对象	修饰黑眼圈等面积较大部位，适用于毛孔粗大、抚平细纹使用	黑眼圈等面积较大部位，面疱痕迹等较深的瑕疵上	眼袋、黑斑、雀斑、痣、面疱痕迹等	黑斑、雀斑、痣、面疱痕迹等
使用方法	手指轻轻拍涂或点涂	手指、海绵轻轻拍涂或点涂	手指、海绵或小号笔刷或点涂	直接点涂

2. 按粉底颜色分类

肤色系包括米白色、嫩肉色、自然色、健康色、浅棕色和深棕色等；彩色系包括粉红色、橘色、黄色、浅绿色、浅蓝色、紫色等。

（1）肤色系。表 5-5 所示为肤色粉底比较表。

表 5-5　肤色系粉底比较表

名称 项目	米 白 色	嫩 肉 色	自 然 色	健 康 色	浅 棕 色	深 棕 色
适用对象	提亮色，使肤色更明亮、脸部更立体，遮黑眼圈及眼袋	女性基础肤色，营造皮肤粉嫩效果，也可作为深肤色的提亮色	女性基础肤色，表现自然柔和的真实肤色	小麦色，健康、时尚感；也可作为浅肤女性日常淡妆的阴影色	男性基础色，女性肤色偏深者；也可作为自然肤色女性化妆的阴影色	阴影色，用于浓妆面部结构阴影处刻画；也可塑造厚重的深肤色

（2）彩色系。表 5-6 所示为彩色比较表。

表 5-6　彩色系粉底比较表

名称 项目	粉 红 色	橘 色	黄 色	浅 绿 色	浅 蓝 色	紫 色
适用对象	适用于抑制和遮盖苍白缺血皮肤，创造红润感	制造古铜色健康的肤色，能修正暗沉偏黑的肤色或发青的黑眼圈	适用于抑制和遮盖偏紫皮肤，或遮盖棕色的黑眼圈	适用于抑制和遮盖偏红皮肤，遮去红血丝，恢复肌肤的清爽感	适合肤色发黑及发黄者，用后肤色呈现健康的轻盈色泽	抑制和遮盖偏黄皮肤，使用后让肤色亮泽、白里透红

选择粉底的原则：选择与肤色相接近或略浅一号的产品。过白的粉底会给人假面具的感觉，过深的粉底会使皮肤显太暗。白种人适合粉红色基调粉底；黑种人适合红棕色基调粉底；亚洲人较不适合发红的粉底，一般象牙白或偏黄的粉底与亚洲人肤色基调更接近。除根据肤色选择粉底，还要根据妆型的需要来选择粉底色。淡妆要选自然感的肤色，浓妆在选择粉底时随意性较强。再则，白天晚上场合不同，照明不同，粉底色的选用也应不同。自然光下的妆应选择比肤色稍深一些的粉底。

3. 按粉底性质分类

按粉底性质分类可分为亲水性、亲油性和水溶性。表 5-7 所示为粉底的性质分类表。

表 5-7 粉底的性质分类表

项目 \ 名称	亲水性粉底	亲油性粉底	水溶性粉底
使用效果	清爽，不易堵塞毛孔，但遮盖性差	偏油，具有遮盖性，颜色、浓淡和质感容易调整	质地细腻，有吸水能力，不会堵塞毛孔，遮盖性差
适用对象	淡妆用，年轻女孩用	适合浓妆及干性皮肤者	夏季及皮肤油者用

4. 按粉底效果分类

按粉底效果分类可分为滋润质地、粉感质地、油亮质地、闪亮质地。表 5-8 所示为不同质地粉底的表现形式。

表 5-8 不同质地粉底的表现形式

项目 \ 名称	滋润质地	粉感质地	油亮质地	闪亮质地
使用效果	皮肤质地润泽平衡，给人自然健康感	皮肤紧致、清爽、不油腻，有丰富的粉质感效果，给人古典感	脸部皮肤泛出自然、透明、水嫩的油光，有夏日感	皮肤有亮泽、细致、自然的珠光效果，给人轻盈、耀眼的时尚感
如何表现	常用的具有滋润型粉底来表现	在常用滋润感粉底完妆后，加上大量亚光蜜粉均匀按压，或选择无光泽粉底	均匀薄涂抹粉底液后不定妆，或在粉底膏里加几滴婴儿油轻抹，也有专业品牌粉底自身具有定妆效果	在滋润感粉底完妆后，在眼睛下方、T 字区、眉梢下方等部位加含珠光粉的蜜粉。直接使用亮粉闪亮效果更强烈，也有专业品牌粉底自身具有珠光效果

1.2.2 蜜粉

蜜粉也称散粉或定妆粉，是颗粒细致的粉末，具有吸汗和吸油脂功能。使用蜜粉的目的是固定妆面、防止脱妆、减少妆后的油光感，增强化妆品的吸附力，方便彩妆上色，并可缓和过浓的妆色，使晕染的色调柔美。目前，市场上有透明、肤色、彩色和荧光蜜粉，这四种蜜粉的使用效果和适用对象如表 5-9 所示。

表 5-9 常见蜜粉分类表

项目 \ 名称	透 明 蜜 粉	肤 色 蜜 粉	彩 色 蜜 粉	荧 光 蜜 粉
使用效果	维持粉底原色，增加皮肤透明度，使肤色自然顺滑，肤质细致	加强粉底色，略有遮瑕效果，深色适合男妆用，也用于女性阴影部定妆	和有色粉底一样有修正、调整肤色作用	使妆容有亮丽的珠光效果，华丽又不失青春光彩感，有时尚气息
适用对象	较写实的妆，如电视妆、生活妆、摄影妆	用于同色粉底的定妆，补充底色的不足	粉底修饰完仍需用浅黄、粉红、浅蓝、浅紫等调整肤色，或搭配调色使用	新娘妆、晚宴妆、歌舞妆、模特妆

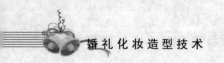
选择蜜粉时应注意：一般选与粉底色接近的色系，原则上不可太白。同时要观察粉质的细腻度、滑顺度、附着性是否良好。使用时主要用粉扑按在皮肤上面，再用粉刷将浮粉扫去，或用大粉刷刷均匀皮肤。干性皮肤或多皱纹者最好少用蜜粉，以免皱纹更加明显。

1.2.3 腮红

腮红又称胭脂、面红等。用于脸颊化妆，主要有改善肤色、修正脸型、呼应妆面的效果，还可以适度遮盖脸颊上的色斑。腮红有粉状、膏状和液状多种，颜色繁多，生活中腮红的颜色应与肤色、口红、眼影相协调。选择质地细腻、色泽纯正、上色性好、易晕染的为佳。粉状要注意附着力，膏状要注意推展性。使用时依据不同妆型和脸型修饰在脸颊不同部位。表 5-10 所示为常见腮红匀类表。

表 5-10　常见的腮红分类表

名称　项目	粉　状	膏　状	液　状
使用效果	质地轻薄，使用简便易上色，与膏状配合使用色彩固定性较好，使脸更立体	油性，附着力好，延展性好，易于肤色衔接，制造出油亮妆效	水状腮红，含油量少，或不含油。质感薄，快干，易附着于皮肤
适用对象	油性皮肤者，现在较常用于各种妆型	皮肤偏干者，浓妆、影视妆，冬季化妆，也可当口红用	皮肤偏油者
使用方法	腮红刷涂染，定妆后用	细孔海绵或手指涂抹，定妆前用	细孔海绵或手指涂抹，定妆前用，要小心控制涂抹范围。

1.2.4 眼影

眼影用于美化眼部的化妆修饰，主要有装饰、调整眼型，改善和强调立体感的作用。眼影种类较多，按照形态来分，主要有眼影粉、眼影笔、眼影膏和眼影液等几类，如表 5-11 所示。按效果来分，目前市场上的眼影可分为影色、明色和装饰色三类，如表 5-12 所示。

表 5-11　常见眼影形态分类表

名称　项目	粉　状	笔　状	液　状	膏　状
使用效果	粉末状或饼状。色彩丰富、使用方便，与膏状配合使用色彩固定性较好，使眼部更立体	质地软，清爽好用，有偏油和偏粉状两种，使用方便，但颜色不丰富	水状眼影，干得快，易附着于皮肤	色彩浓度高，色泽鲜亮，涂后有滋润光滑感，贴近皮肤，但颜色不丰富，不易干
适用对象	任何妆面，目前使用最普遍	生活妆中较简单的妆	油性皮肤使用	浓妆，皮肤较干者使用，眼部多皱纹者慎用
使用方法	定妆后用眼影刷或眼影海绵棒晕染	定妆前直接涂抹，然后用手指或眼影海绵棒推匀，蜜粉定妆，防止脱落	定妆前用手指涂抹，要小心控制涂抹范围	定妆前用手指或眼影海绵棒晕染，蜜粉定妆，防止脱落

表 5-12　眼影效果分类表

项目 \ 名称	影 色	明 色	装 饰 色
使用效果	涂在希望凹的地方、或者要显得狭窄的应该有阴影的部位，表现眼部的凹陷感，强调眼部立体，有收缩效果	涂在希望显高、显宽的部位，表现眼部凸出部位，强调眼部立体，使眼部明亮有神	突出眼睛局部，吸引人们的注意力，起装饰作用，包含影色和明色
选用眼影	收敛色，一般是暗色系	突出色，米色，白色，浅珠光色，浅金，浅银等	强调色，可以是任何颜色，与服装、饰品、口红相配合的颜色

　　眼影色的选择要考虑肤色、服装、妆型等因素，还要注意眼影的品质好坏直接影响妆面效果。一定要选择附着力强、延展性好、颜色正、容易均匀上色的眼影。

1.2.5　眼线笔、眼线膏、眼线液

　　眼线笔、眼线膏、眼线液都属于修饰眼睛的重要化妆品，都可用于描画眼线，使眼部轮廓更鲜明，或修饰调整眼睛的形状，使其更富神采。

　　眼线笔、眼线膏、眼线液以黑色、棕色、灰色为主。黑色适合较深瞳孔色，或浓妆中使用；棕色适合浅色瞳孔，或发色较淡的人使用，给人自然清爽感；灰色适合褐色或冷色瞳孔。此外，白色、紫色、绿色、蓝色、金色等多彩系列，可搭配不同的发色、眉色、睫毛色、瞳孔色、眼影色等，使眼妆更亮丽有形。眼线笔、眼线膏、眼线液的选色要协调，要接近眉色、睫毛色、瞳孔色，在此基础上再考虑眼影色或发色搭配。表 5-13 所示为眼线笔、眼线膏、眼线液对比表。

表 5-13　眼线笔、眼线膏、眼线液对比表

项目 \ 名称	眼 线 笔	眼 线 膏	眼 线 液
使用效果	易描绘，效果自然柔和，操作简便，但防水性差，易变花	沾水用上色效果好，干后防水，刻画的眼线有浓淡虚实变化，不易损伤皮肤	上色效果好，线条清晰、较浓。不易脱妆，不易损伤皮肤。操作难度大，不便修改
适用对象	生活妆，还可作眉笔使用	适合专业婚礼化妆师用，沾水用适合浓妆	适合操作熟练者，浓妆
使用方法	可削成鸭嘴状使用，沿睫毛根部直接描画	尖细笔刷沾水溶解使用，可以通过色彩重叠或下笔力度来控制浓淡，整体表现以自然为主。在下笔前，先用刷蘸眼线粉，在手背上调色之后再画在眼睫处	用前先摇晃眼线液瓶，使液体均匀。在面纸上擦拭多余墨液，然后直接描画，手要稳，用力均匀。一旦液体沾到睫毛上，要立刻擦掉，如沾到脸上，则要立即用湿布或纸巾轻拭去

　　在选用眼线笔时要注意笔芯较软，描画时容易上色、顺滑；选用眼线膏时注意描画时不掉渣，附着力要好；选用眼线液时要注意笔尖硬度适中、不分叉，注意选择十后不易起皮的为好。

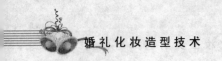

1.2.6 眉笔、眉粉、眉膏

眉笔、眉粉、眉膏都是用来描画修饰眉型的化妆品。可以加强眉色，增加眉毛立体感和生动感。三者可单独使用，也可混合使用，并根据发色、年龄肤色和妆型等选择使用。一般选择与发色相近的颜色，显得比较自然协调，必要时考虑与眼部妆色、睫毛色、瞳孔色进行配合。

常用的颜色有黑、黑褐色、深灰、棕色。黑色适合眉稀疏者，让眉形明确；黑褐色与深灰色适用于不常化妆的女性，显得比较自然；棕色适合肤白发浅者，或棕色瞳孔者。与此同时，一般用不同深浅的颜色相结合表现眉的自然层次感，使所描绘的眉毛生动真实。现在还流行其他颜色，如红褐色、淡褐色、紫灰色等，一般用于有相近发色、妆色，有时尚眉型的女性，流行感极佳。表 5-14 所示为眉笔、眉粉、眉膏对比表。

表 5-14　眉笔、眉粉、眉膏对比表

名称 项目	眉　笔	眉　粉	眉　膏
使用效果	使用方便，笔芯较硬，描绘线条流畅，清晰	柔和自然，可改变眉色，但单独使用，易脱妆	上色效果好，线条清晰、较浓。不易脱妆，不易损伤皮肤。操作难度大，不便修改
适用对象	眉型欠佳者，也可代替眼线笔画眼线	眉型较好者，或确定基础眉型，与眉笔搭配使用	眉色需改变者，眉毛方向不整齐
使用方法	铅笔式眉笔削成鸭嘴状，力度小而匀。旋转式眉笔可换笔芯，不用削，旋转即可	扁斜毛短的眉刷沾取均匀轻刷，用量不宜多，局部可用眉笔强调	螺旋状眉刷沾取涂刷，或用彩色自然型睫毛膏

眉笔比较硬，选择易上色、顺手为好。眉粉要注意粉质要紧，防止掉粉。眉膏质地要细腻、不能有颗粒。

1.2.7 唇线笔

唇线笔主要用于调整修饰唇部轮廓，防止唇膏外溢。颜色丰富，应与唇膏统一色调，可略深于唇膏。唇线笔笔芯可软些，以免皮肤受损，削成鸭嘴状使描画时线条整齐。使用时依所需唇型轮廓描画，线条整齐柔和。

1.2.8 唇膏、唇彩

唇膏、唇彩主要用来修饰唇部造型，滋润嘴唇，并和妆面其他色彩相呼应。唇膏颜色多，生活中多选择红色系，以颜色纯正、安全无刺激、涂展均匀、固定性强为宜。唇彩较透明，润泽有光彩，可在唇膏后使用，也可单独使用。使用时用唇刷涂于唇部，涂抹要均匀，厚薄要适中。选择时还要考虑肤色、妆色、服饰色。

目前，市场上常见的几类唇膏、唇彩对比如表 5-15 所示。

表 5-15 各类唇膏、唇彩的对比

名称 项目	护唇膏	滋润型唇膏	珠光型唇膏	亚光型唇膏	唇彩
使用效果	增加嘴唇滋润度和光泽感，有无色透明和有色两种。可单独用或加在口红上，但易掉落	自然润泽，油分多，透明感和光泽度适中，但易掉色	兼具透明感和贝壳质感。现代，亮彩，绚丽	无透明感，粉质偏干，覆盖力强，着色匀称，油分少，不易掉色	比唇膏透明，有水润感。覆盖力较差，需经常补妆，用量过多易溢出
适用对象	多用于生活中。唇部干者护唇用，配合唇膏增加光泽感	一般生活化妆常用	时尚妆，晚妆等	配合亚光型妆面，带妆时间长的场合	可直接涂于唇部，也可作为上光剂配合唇膏使用

1.2.9 睫毛膏

睫毛膏专用来修饰睫毛，使其更浓密、更纤长、更亮泽、更有弹性，弥补睫毛过淡、过短、过细等不足。睫毛膏种类繁多，色彩丰富，可根据化妆需要和睫毛生长状况进行选择。通常，睫毛膏的色彩和毛发色、瞳孔色相统一，或与眼部色彩相协调。一般东方人适用黑、深灰、棕色。使用时，用睫毛刷蘸取睫毛膏后，从睫毛根部向上、向外涂刷，待干后再眨眼以防弄脏眼部皮肤。

市场上的睫毛膏按照功能来分类，可将其分为自然型、浓密型、加长型、透明型、防水型、彩色型、闪亮型。睫毛膏的功能分类表如表 5-16 和表 5-17 所示。

表 5-16 睫毛膏的功能分类表（一）

名称 项目	自 然 型	浓 密 型	加 长 型	透 明 型
使用效果	清爽自然，不易变花。可增加睫毛自然卷翘度	易固定、加浓、加密稀疏、色淡的睫毛，但易变花	睫毛端延长，制造纤长效果，不易变花，但睫毛易纠结，不够自然	无色，可维持睫毛的弹性和卷度，可增加睫毛自然光泽美
适用对象	适合用睫毛膏易变花者或涂染下睫毛	睫毛不够浓密者，用于上睫毛	睫毛天生稀短者，用于上睫毛	天生睫毛长密者，无痕迹的化妆，也可固定眉毛方向
使用方法	睫毛膏取出后稍微干些使用，沾到皮肤可以在干后用棉棒试净	睫毛膏易晕开，可在未干前梳理，沾到皮肤需立刻用棉棒拭净	睫毛易变硬，从根部刷起，梳整要当心，从根部挑开	睫毛未干时梳理，避免出现白色粉末

表 5-17 睫毛膏的功能分类表（二）

名称 项目	防 水 型	彩 色 型	闪 亮 型
使用效果	耐汗防水，不易变花，但溶于油	各种不同色彩，绿、白、蓝、紫、金、棕等	睫毛会带闪光颗粒，时尚，前卫感

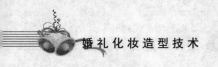

项目 \ 名称	防 水 型	彩 色 型	闪 亮 型
适用对象	需长时间维持妆效，易出汗者，或游泳时使用	展示色彩的化妆，配合眼部色彩	华丽妆型、时尚妆型，如模特妆、新娘妆、晚妆
使用方法	睫毛膏晕开，沾到皮肤上需用棉棒蘸卸妆液拭净	注意色彩的选择，从根部刷起，梳整要仔细	涂刷特别注意，避免闪光颗粒掉入眼中

知识点 2 常用化妆工具的选择与使用

所谓"工欲善其事，必先利其器"，选择合适的化妆工具是缔造完美妆容的重要前提。学习化妆的过程首先是一个熟悉化妆工具的过程，化妆工具的使用方式是灵活多样的。随着化妆工具的研发日趋细致，婚礼化妆师可选择最适合自己使用的品牌。

2.1 常用化妆工具的选择与使用

2.1.1 化妆海绵的选择与使用

化妆海绵主要作用是涂抹粉底，并使粉底与皮肤紧密结合。化妆海绵质地柔软而细密、有弹性、密度大、形状大小多样，可依据所需选择。多角形海绵能深入鼻翼等小地方，让粉底更均匀完美。一般粉质较厚的粉底，如霜状和膏状应选用粗孔海绵；粉质较稀的粉底，如液状应选择细孔海绵。图 5-3 所示为化妆海绵。

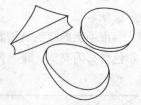

图 5-3 化妆海绵

化妆时，应使海绵湿润，保持微潮状，再蘸取粉底均匀涂于皮肤，这样能使粉底涂得更服帖。每次化完妆后，要洗净晾干，放在干净的塑料袋或其他容器里。

2.1.2 粉扑的选择与使用

粉扑主要用于涂拍定妆蜜粉，棉质为多。市场上的粉扑背部多附有一条细带或半圆形夹层，可以固定手指。最好选蓬松、轻柔、有一定厚度为好。一般需备多个粉扑以提供不同色系定妆粉的使用。粉扑蘸上粉后与另一个粉扑相互揉擦以使蜜粉均匀分布。同时，可用小拇指勾住粉扑以避免婚礼化妆师的蹭掉化妆对象脸上的妆。使用完毕后，要保持粉扑干爽洁净，也可在使用一段时间后用温水和肥皂洗净，晾干备用。图 5-4 所示为粉扑。

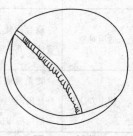

图 5-4 粉扑

2.1.3 化妆刷的选择与使用

世界著名的彩妆师 Bobbi Brown（波比布朗）曾说过："正确的刷具如同化妆本身一样重要，

专业的刷具可以让每天的化妆变成一种享受。"

化妆刷常配成一套放在特制的皮套里，以做工精致、有弹性、不散开、不掉毛、毛质柔软、不刺激皮肤、彩妆品易附着为好。一般使用粉质化妆品，易选松软的动物毛质，易达到自然、透明效果。若是液状、霜状或膏状质地化妆品适合选择合成毛刷，较易上妆。

化妆刷在使用完毕后要保持干净，通常情况下，可以在面巾纸上顺着刷，将残留的化妆品擦去。在使用一段时间后，必须做一次彻底清洁，晾干备用。化妆刷的清洗要选择专用的毛刷清洗剂，或者选一些性质温和的清洗剂，如婴儿洗发水等自行清洗，清洗时注意一定要顺着毛清洗，再用冷水冲洗干净。清洗后，用面巾纸或化妆棉将水分按压挤出，但切忌不要扭绞刷毛，否则会破坏刷毛，使刷毛的结构松散，导致脱毛。洗后可将化妆刷吊挂起来，让毛朝下晾干，也可整理后放在干毛巾上晾干。但要注意的是一定要自然风干，不可以用吹风机吹干，或放在太阳底下晒干，否则有可能会伤到化妆刷的材质。如条件允许，还可用护发乳浸冲一下，会使刷毛更加柔软。

常见的化妆刷主要有以下几种：

1. 蜜粉刷

蜜粉刷粉刷头外形饱满，蓬松，毛质细软，是化妆刷中最大的一种毛刷，多用于定妆时蘸取蜜粉及扫去浮粉，如图 5-5 所示；有一种粉刷头呈扇形，主要用于保持妆面洁净，如扫去多余散粉及掉落的眼影粉。在使用粉刷时，应保持在皮肤上轻扫，刷头不要呈垂直角度，以免刺激皮肤。

2. 腮红刷

腮红刷外形比粉刷小，毛质粗细适中，毛量略厚，主要在刷饰粉状腮红时使用，有扁扇形和宽面圆弧状。一般常备两把，以区别腮红色。最佳选材为柔软的马毛。使用时，均匀蘸取腮红在皮肤上轻扫。图 5-6 所示为腮红刷。

图 5-5　蜜粉刷

图 5-6　腮红刷

3. 修容刷

修容刷外形小于腮红刷，扁平状刷头使用最顺手。主要用于阴影色或提亮色的刷饰，用来调整脸型和面部立体感。使用时注意涂刷深浅色的刷子要分开。图 5-7 所示为修容刷。

4. 眼影刷

眼影刷是眼部化妆工具，主要用于敷眼影，需多备几支，以便于各种颜色分开。眼影刷毛质柔软有弹性，有尼龙和天然毛两种。蘸水式或油质眼影可用尼龙质地，粉质眼影以天然毛为佳。圆弧状的大眼影刷可用于大范围刷饰眼影，弧度小的尖头眼影刷可用于描画有角度的眼影，圆弧状或扁平状的小眼影刷可用于小范围刷饰眼影或修饰眉型。使用时在上下眼睑处轻扫。图 5-8 所示为眼影刷。

图 5-7　修容刷

图 5-8　眼影刷

5. 眼影棒

眼影棒是眼部化妆工具，多为椭圆形海绵头，分单头和双头两种，如图 5-9 所示。海绵头密实表明质量上乘。眼影棒涂抹粉质眼影不易掉色，也可作为清除部分化妆色用。此外，眼部完妆后，可用眼影棒调和过渡眼影色。使用时在上下眼睑处轻抹。眼影棒比较适合非专业人士或初学化妆者使用。

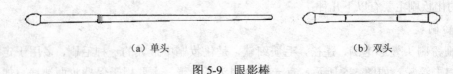

（a）单头　　　　　　　　　　　　　（b）双头

图 5-9　眼影棒

6. 斜角眉刷

斜角眉刷是描画眉毛的工具，扫头呈斜面状，如图 5-10 所示。毛质较硬、扁头短毛者为佳。用眉刷在画过的眉毛上轻扫，可均匀眉色；也可用眉刷沾眉粉轻刷，以加深眉色，刷涂出合适的眉型。

图 5-10　斜角眉刷

7. 眼线刷

眼线刷是尖头刷，如图 5-11 所示。供画细致的眼线使用的专用刷。以质感细致，笔梢纤细者为佳。使用时蘸眼线膏或深色眼影粉在睫毛根处描画。

8. 螺旋状眉刷

螺旋状眉刷多为尼龙材质，呈螺旋状，如图 5-12 所示。用来刷匀眉毛或梳开被睫毛膏粘在一起的睫毛。

图 5-11　眼线刷

图 5-12　螺旋状眉刷

9. 眉梳和眉刷

眉梳和眉刷两者合二为一制成一体的眼部化妆工具，如图 5-13 所示。用后可用消毒棉球擦拭消毒。

（1）眉梳。眉梳梳齿细密，是梳理眉毛和睫毛的小梳子。在修眉时用眉梳先将眉毛梳理整齐，以便于修剪眉毛。在涂睫毛膏时，从睫毛根部向梢部梳理，把粘在一起的睫毛疏通。

（2）眉刷。眉刷主要用于整理眉毛，形同牙刷，毛质粗硬。常在眉已画好时使用，沿眉毛生长方向轻刷，淡化协调眉色。

10. 唇刷

唇刷是涂刷唇膏的毛刷，具有较好弹性和可控性，适合于清晰地画出唇形。选择耐用、好洗、密实的刷毛，有平头和圆头两种，毛质软硬适中有弹性为佳。使用时蘸取唇膏或唇彩均匀涂抹于唇部。图 5-14 所示为唇刷。

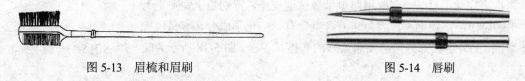

图 5-13　眉梳和眉刷　　　　　　　　　　　　　　　　图 5-14　唇刷

2.1.4　修眉工具的选择与使用

修眉工具主要包括眉钳、眉刀和眉剪，在修眉时，往往三者结合使用。它们在使用前后都应用消毒棉球擦拭消毒。

1. 眉钳

眉钳是用来连根拔眉毛的小钳子，形同镊子，如图 5-15 所示，用于拔除杂乱眉毛。常见的有圆头、方头、斜头款式，挑选时要注意钳嘴两端内侧的平整与吻合（有一种尖头钳容易损伤皮肤，一般不选择）。使用时夹住眉毛根部，顺眉毛生长方向斜上方快速拔除，逆着拔容易破坏毛囊而产生疼痛。眉钳也可作为辅助工具，辅助粘贴美目贴和假睫毛。

2. 眉刀

眉刀具有去除毛发快、边缘整齐的特点，可以用来修整眉型。使用时将皮肤绷紧，刀与皮肤成 45° 角，紧贴皮肤将毛发切断。在选择眉刀刀片时，要选带有防护的，可防止刮伤皮肤，专业婚礼化妆师可选择电动眉刀。图 5-16 所示为眉刀。

图 5-15　眉钳　　　　　　　　　　　　　　　　　图 5-16　眉刀

3. 眉剪

眉剪用来修剪眉毛的长度，如杂乱或下垂的眉毛。眉剪细小，头尖且微上翘。使用时用眉梳按眉毛生长方向梳理整齐，将超过眉型部分的眉毛剪掉。注意量少多剪，才能剪出均一的长度。除了修眉，眉剪还可以用来修剪美目贴和假睫毛。图 5-17 所示为眉剪。

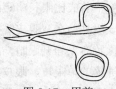

图 5-17　眉剪

2.1.5　睫毛夹的选择与使用

睫毛夹是使睫毛卷曲上翘的工具，有塑料和铁制的，还有电加热的。铁制的较常用，弹簧性

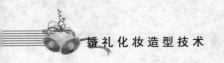
能好，橡胶垫软而细腻为佳。有大小不同型号，大的可夹卷全部睫毛，小的夹卷局部睫毛，如强调眼尾睫毛或中部睫毛的弯度。应选择适合眼睑凹凸和幅度的睫毛夹。橡胶垫和夹口要紧密吻合、不留缝隙，橡胶垫凹陷变形或变脏，应更换；睫毛夹的松紧要合适。

睫毛夹使用时夹合顺序为睫毛根部、中部、梢部加以弯曲，动作要轻盈，又能牢固夹住睫毛。睫毛夹的施力大小会形成不同的卷度，睫毛根部至梢部依序以强、中、弱三段式施力。

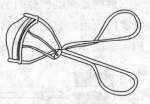

每次夹完睫毛后，一定要用面巾纸擦拭橡皮垫，特别是上完睫毛膏时，更别忘了清洁睫毛夹。因为睫毛膏里含有一些化学成分，容易使橡皮垫腐蚀。另外金属部分也需要用柔软的布擦拭干净。图 5-18 所示为睫毛夹。

图 5-18　睫毛夹

2.1.6　假睫毛、美目贴

1. 假睫毛的选择与使用

假睫毛可增加睫毛浓度和长度，一般有完整型和零散型两种。需用专业胶水紧靠睫毛根部粘贴使用。

完整型假睫毛如以下几种：

① 整体型假睫毛。整体型用于整个眼睛的修饰，可使睫毛看起来浓密。幅度从眼头到眼尾的假睫毛，配合眼睑的幅度及睫毛长度，修剪后粘贴使用。毛长较短的一端粘在眼头，较长的一端粘在眼尾。贴戴时，眼睛微张先贴中间，其次是眼头和眼尾，趁未干时用手指将睫毛和假睫毛轻捏在一起，再用食指背挑起睫毛，调整角度。

② 眼尾用假睫毛。粘在眼尾部分的假睫毛，修剪幅度从黑眼珠外侧到眼尾间。依照黑眼珠外侧、眼尾顺序贴戴。毛长不易太长，特别是黑眼珠外侧处的长度要能与天然睫毛自然衔接，否则会僵硬虚假。

③ 零散型假睫毛。两三根或几根组成假睫毛束，用胶水固定在真睫毛上，弥补局部睫毛的残缺，也适合在淡妆中修饰。

2. 美目贴的选择与使用

美目贴又称双眼皮胶带，是透明或半透明的黏性胶纸，是塑造理想双眼睑、矫正眼型的化妆工具，如图 5-19 所示。其材料也有多种，例如塑料、纸质、胶布、绢纱等。通常有胶带状和成品两种包装，前者多为专业用，使用时根据需要决定具体形状和宽度，剪成比眼长略短的月牙形。微闭眼睛，贴在眼睑适当部位，一般黏贴在双眼皮皱折处，以形成新的皱折，然后轻推眼皮，让

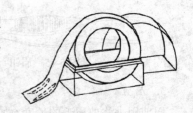

图 5-19　美目贴

化妆对象睁开眼睛，检查是否合适。所以，要使用美目贴，首先眼睛要有皱折，眼皮要略松些，纯粹的单眼皮、眼皮很紧是不能使用美目贴的。内双眼睛皱折线离睫毛线比较近，因此粘贴起来有一定难度。生活中要粘贴出曲线流畅的双眼皮，美目贴一般剪得较细。为保持黏性，需密闭保存。

2.2 辅助工具

2.2.1 睫毛黏合剂

黏合剂类似胶水，强调对皮肤和眼部无刺激，高安全性，用来粘贴假睫毛或弥补美目贴的黏性。需保持包装的封闭型，使用时先清理瓶口变干的粘胶。

2.2.2 化妆纸

化妆纸主要用于化妆时的擦拭、吸汗吸油、卸妆、清洁等方面。选择质地柔软、吸水性强的纸质为佳。在吸汗吸油时，应用轻按的手法，避免硬擦，以免破坏妆面。去除过多唇膏时，将双层纸夹在唇间，对抿双唇。卸妆时要配合卸妆产品，不能用纸干擦，会伤到皮肤。纸要保持洁净干燥，注意防潮。

2.2.3 棉片和棉棒

棉片质地柔软干爽，使用方便，可用于拍打化妆水和卸妆。棉棒主要用于修正各项不当的化妆缺失，例如眼影太浓、唇型描画不整齐、眼皮上沾到睫毛膏都可用棉棒进行处理。棉球部分呈圆形为好，要擦拭细微处时可将棉棒头部压扁。有时，也可取代化妆刷的部分功能，用于描画或晕染眼线。棉棒应保持清洁卫生。

2.2.4 小刀片、卷笔刀

小刀片、卷笔刀适用于削各种铅笔型化妆笔，刀片锐利。注意在使用前后用消毒棉球擦拭消毒。

2.2.5 消毒棉球

消毒棉球是专业婚礼化妆师化妆箱中必备品，用于擦拭消毒。

2.3 洁肤类化妆品

洁肤类化妆品的特点是具有溶解污垢的作用，清洁皮肤能力强，用后必须立即从皮肤上清除干净。清洁效果与水的应用也有直接关系，水温、水量对使用效果都有影响。

2.3.1 香皂

香皂去污力强，泡沫丰富，适用于水溶性污垢较多的皮肤。

使用方法：先用温水将皮肤浸湿，把香皂搓在手上沾水揉出泡沫涂于皮肤上揉透，用温水将其冲干净。

2.3.2 清洁霜

清洁霜常用于化妆皮肤的清洁和过多油脂皮肤的清洁。清洁霜中的油分可溶解脂溶性污垢，

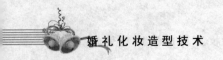

对于化妆皮肤及油性皮肤的清洁有独特的功效。

使用方法：将清洁霜均匀地涂敷于皮肤上，当清洁与化妆品滞留物及皮肤上的污垢完全溶解时，用纸巾擦拭后用温水冲洗，再用洗面奶清洁。

2.3.3　洗面奶

洗面奶是一种不含碱性或含弱碱性的液体软皂洗面奶，主要是利用表面活性剂清洁皮肤，对皮肤无刺激并可在皮肤上留下一层滋润膜，使皮肤细腻光滑。

使用方法：首先要根据皮肤性质选择洗面奶，油性皮肤选择收敛性的，干性皮肤选择滋润营养性的，暗疮皮肤则用含消炎收敛成分的洗面奶。

2.3.4　卸妆油

卸妆油是油彩妆及浓妆的第一道清洁剂，其清洁机理主要是油溶性，对于油彩妆的清洁效果比清洁霜更为显著，但对于皮肤的刺激也强。

使用方法：把卸妆油涂于皮肤，溶解皮肤上的油彩后用纸巾或棉片擦拭，再用洗面奶清洁。

2.3.5　磨砂膏

磨砂膏呈均匀颗粒状膏霜，在皮肤上摩擦后可使老化的鳞状角质剥起，除去死皮细胞，使皮肤保持柔软细腻。

使用方法：先用蒸气喷面，使表皮软化，再根据年龄大小和皮肤性质选择粗砂或细砂。

2.3.6　去死皮膏（液）

去死皮膏（液）对皮肤的角化细胞有剥蚀作用，去死皮膏（液）附于皮肤后，其中的酸性物质使角化细胞溶解，当搓掉或除去这些膏液时，可以把被溶解的角化细胞一起带下来，起到净化皮肤的作用。

使用方法：将皮肤清洁后均匀涂抹去死皮膏，像涂面膜一样，空出眼部皮肤，然后搓脱。

去死皮液的使用方法：皮肤清洁后，将去死皮液浸透棉片，敷在皮肤上露出眼睛、鼻孔和嘴唇，然后洗去。

2.4　护肤类化妆品

护肤类化妆品的特点是保护皮肤，使皮肤免受或减少自然界的刺激，防止化学物质、金属离子等对皮肤的侵蚀，防止皮肤水分过多地丢失，促进血液循环，增强新陈代谢功能。

2.4.1　按摩膏

按摩膏在按摩过程中起润滑作用。

使用方法：按摩膏含有丰富的油分，用后要清洗干净，保证皮肤的呼吸功能。

2.4.2 按摩乳

按摩乳与按摩膏的作用相同，但按摩乳含水分较大，适用于油性皮肤和缺水性皮肤，按摩后容易清洗，皮肤显得清爽。

2.4.3 润肤膏

润肤膏可保持皮肤水分平衡和皮肤的柔软细腻，pH 值在 4～6.5 之间，与皮肤表面 PH 值很接近，使皮肤得到保护。

使用方法：涂抹润肤霜时可轻轻地按摩加强润肤霜与皮肤的亲和性。

2.4.4 冷霜

冷霜含有丰富的油脂和蜡，用后皮肤非常光滑，待其水分蒸发后在皮肤上形成膜，保护皮肤并供给皮肤表层脂质，适合干性皮肤使用。

使用方法：使用前先补充皮肤水分，再涂冷霜并轻轻按摩。

2.4.5 雪花膏

雪花膏含水量大，质地洁白松软，用后皮肤柔软白皙。

使用方法：由于雪花膏内含有使皮肤显白的成分，用时一定要涂抹均匀，雪花膏含水分大，油脂含量相对较少，适于油性皮肤和不同底色化妆的皮肤。

【导入阅读】

类皮肤对护肤化妆品的选择与应用

1. 中性皮肤

中性皮肤对护肤化妆品的选择范围较广，重点是保湿。

（1）洁肤：选择滋润营养型洗面奶或含弱碱性的美容香皂。

（2）各式各样除老化角质：选择细颗粒磨砂膏。

（3）按摩：选择按摩乳或按摩膏。

（4）面膜：选择补充水分又温和的软膜。

（5）紧肤：选择营养型化妆水。

（6）护肤：选择保湿性较强又不油腻的润肤霜。

2. 干性皮肤

干性皮肤纹理细腻，毛孔不明显，皮肤缺少光泽，一般分为缺水性和缺油性两种。

（1）缺水干性皮肤：

① 洁肤：选择营养型洗面奶或弱碱性美容皂。

② 除老化角质：选择细粒磨砂或死皮膏。

③ 按摩：选择按摩乳或按摩膏。

④ 面膜：选择补充水分又温和的软膜。

⑤ 紧肤：选择营养型化妆水。

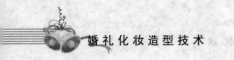
⑥ 护肤：选用保湿性及滋润性较强的润肤霜。

（2）缺油干性皮肤：

① 洁肤：选择营养型洗面奶，不宜使用香皂。

② 除老化角质：选择去死皮液或去死皮啫喱，避免磨砂膏或去死皮膏磨搓时的刺激。

③ 按摩：选择油分大的按摩霜。

④ 面膜：选择热倒模促进皮脂腺、汗腺的分泌，或用营养性软模。

⑤ 紧肤：选择营养型化妆水。

⑥ 护肤：选择含油分较多的冷霜或香皂。

3. 油性皮肤

油性皮肤毛孔粗大，皮脂腺分泌旺盛，皮肤油腻而有光泽，纹理粗糙、角质层厚、皮肤较硬。

① 洁肤：选择收敛性强的洗面奶或香皂。

② 除老化角质：选择颗粒较粗的磨砂膏或去死皮膏。

③ 按摩：选择按摩乳。

④ 面膜：选择收敛性强的冷倒模，茶树软膜或海藻面膜。

⑤ 紧肤：用收敛性化妆水或清洁润肤化妆水。

⑥ 护肤：选择油分少水分多的乳液或凝胶型护肤品。

4. 敏感皮肤

一般敏感皮肤表皮薄而细腻，但也有特殊的敏感皮肤呈粗糙状。

① 洁肤：选择敏感皮肤洗面奶或含维生素 E、洋甘菊成分的洗面奶。

② 按摩：选择甜杏仁油或按摩乳。

③ 面膜：选择调节性的植物软模维生素 E 软膜或冷倒模。

④ 紧肤：选择营养型化妆水。

⑤ 护肤：选择维生素 E 营养霜或修复型的面霜，含细胞生长因子的面霜为最好。

5. 暗疮皮肤

由于多种因素使皮脂分泌排泄受阻形成栓塞，甚至红肿发炎。

① 洁肤：选择含过氧苯酰的暗疮皮肤洗面奶，或选择收敛性强的洁面啫喱。

② 老化角质：选择去死皮液，可避免磨砂膏或去死膏在皮肤上的搓磨。

③ 面膜：选择收敛性强的冷倒模或暗疮冷冻面膜，叶绿素软膜。

④ 紧肤：选择收敛性紧肤水或暗疮皮肤紧肤水。

⑤ 护肤：选择含过氧苯酰的暗疮专用面霜或不含油分的凝胶型护肤品。

（资料来源：作者根据相关资料整理）

【导入阅读】

婚礼化妆师常用化妆品品牌目录

1. 国内/合资化妆品品牌

NARUKO（牛尔）; Balo（贝罗）; Cucumber（广源良）; Polynia（波莉娜）; SUKI USEM（舒琪）; FBO（宠爱之名）; AUPRES（欧珀莱）; 露得清; 芳草集; GARNIER（卡尼尔）; ito（一朵）; 可贝尔; 隆力奇; 曼秀蕾敦; 绿源粉粉香; Malian（玛莉安）; Marykay（玫琳凯）; Maybelline（美宝莲）; Maryepil（玛贝拉）; 玛格丽娜; 面膜粉: 蒙芭拉; NIVEA（妮维雅）; 玉兰油;

PURE&MILD（泊美）；莎卡特；露兰姬娜；S&H百分百；姗拉娜；诗碧；相宜本草；丹芭碧；婷美；益纯；益肤霜；御春；Za姬芮；昭贵；李医生。

2. 韩国化妆品

SKIN79；The Face Shop；CHARMZONE（婵真）；clinie（可莱丝）；Deoproce Cathy Cat（凯西猫）；Etude（爱丽）；Laneige（兰芝）；MISSHA（美思）；Lohashill（露韩饰）；Mamonde（梦妆）；Nature Republic（自然乐园）；Skin Food（思亲肤）；VOV 。

3. 日本化妆品

AREZIA（雅丽莎）；DHC（蝶翠诗）；Dariya（塔丽雅）；JUJU（求姿）；Kanebo（嘉娜宝）；Kose（高丝）；Lolita（洛丽塔）；美肌水；FANCL（芳珂）；POLA（宝娜）；PRIVACY（黑龙堂）；SANA（莎娜）；Shu uemura（植村秀）；KOBA ASHI（小林制药）；Shiseido（资生堂）；SK-II；三宅一生；OMI（近江兄弟）。

4. 欧美化妆品牌

Avene（雅漾）；Armani（阿玛尼）；AA网；AZZARO（阿莎露）；Adidas（阿迪达斯）；Anna Sui（安娜苏）；Elizabeth Arden（雅顿）；Benefit（贝玲妃）；Base Formula（英国芳程式）；Bobbi Brown（波比布朗）；Biotherm（碧欧泉）；HUGO Boss（波士）；Borghese（贝佳斯）；Bvlgari（宝格丽）；Badger（贝吉獾）；2N（澳洲）；Burberry（巴宝莉）；Chopard（萧邦）；Calotine（歌宝婷）；CARMEX（小蜜缇）；CK（卡尔文）；Cartier（卡地亚）；Carolina Herrera（卡罗琳娜·海莱拉）；Cerruti（塞露迪）；Celine（赛林）；Clarins（娇韵诗）；CHANEL（香奈儿）；Clinique（倩碧）；Cyclax（赛可莱思）；Dior（迪奥）；Crabtree & Evelyn（瑰珀翠）；Davidoff（大卫杜夫）；DNKY（唐娜卡兰）；Dove（多芬）；Dunhill（登喜路）；ELANCYL（伊兰纤姿）；Estee Lauder（雅诗兰黛）；Escada（艾斯卡达）；Evian（依云）；Estelle Vencdome（雅诗卫丹）；Fruit of the Earth（闪露）；Ferragamo（菲拉格慕）；Givenchy（纪梵希）；Ferrari（法拉利）；Gucci（古驰）；Guerlain（娇兰）；H2O+（水芝澳）；HR（赫莲娜）；JLO（詹妮弗）；Jaguar（积架）；Jurlique（茱莉蔻）；Kiehl's（契尔氏）；Kenzo（高田贤三）；La Mer（海蓝之谜）；Lancome（兰蔻）；La Prairie（蓓丽）；Lanvin（兰文）；LOEWE（罗意威）；Lacoste（鳄鱼）；L'OCCITANE（欧舒丹）；MANGO（芒果）；M·A·C（魅可）；MAX Factor（蜜丝佛陀）；Mavala（美华丽）；MissSixty（60小姐）；Morgan（摩根）；Mont Blanc（万宝龙）；Moschino（莫斯奇诺）；MAKE UP FOR EVER（浮生若梦）；Marc Jacobs（马克雅可布）；MISS VIVI（薇薇小姐）；NUXE（黎可诗）；英国NYR；L'OREAL（欧莱雅）；ORIGINS（品木宣言）；Euto-Altas（奥迪氏）；Oadmire（澳赞）；Paris Hilton（希尔顿）；Paul Smith（保罗·史密斯）；POLO（拉尔夫劳伦）；Rosebud Salve；Roberto Verino（罗伯特）；Rochas（罗莎）；ST. Ives（圣艾芙）；Sisley（希思黎）；Thayers（金缕梅）；The Body Shop（美体小铺）；T.S.C（菁桦）；Tommy（唐美·希绯格）；TOUS（桃丝熊）；Vera Wang（王微微）；法国UE贵族；Veet（薇婷）；Versace（范思哲）；VICHY（薇姿）；YSL（圣罗兰）。

（资料来源：作者根据相关资料整理）

【教学项目】

任务　化妆工具的鉴别、使用实训

学会鉴别和使用化妆工具是掌握化妆技能的先决条件，通过化妆工具的鉴别、使用实训，能

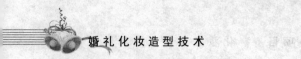

够使大家掌握化妆工具的使用技巧，为化妆技能的提高奠定坚实的基础。

活动1　讲解实训要求

教师讲解实训课教学目的和教学内容
（1）化妆海绵的鉴别与使用。
（2）粉扑的鉴别与使用。
（3）化妆刷的鉴别与使用。
（4）修眉工具的鉴别与使用。
（5）睫毛夹的鉴别与使用。
（6）假睫毛、美目贴的鉴别与使用。

活动2　鉴别化妆工具

学生以小组为单位，鉴别化妆海绵、粉扑、各种化妆刷、修眉工具、睫毛夹、假睫毛、美目贴等化妆工具。

活动3　教师示范化妆工具的使用

抽取一名学生做模特，教师模拟婚礼化妆师，演示化妆海绵、粉扑、各种化妆刷、修眉工具、睫毛夹、假睫毛、美目贴等化妆工具的使用方法。

活动4　学生训练、教师巡查

（1）学生按照两人一组，分为婚礼化妆师和模特，练习使用化妆海绵、粉扑、各种化妆刷、修眉工具、睫毛夹、假睫毛、美目贴等化妆工具，然后互换角色，相互点评。
（2）教师随时巡查，指导学生。

活动5　实训检测评估

教师通过实训检测评估表评估学生的实训练习成果，具体表格如表5-18所示。

表5-18　化妆工具鉴别与使用实训检测表

课　程	婚礼化妆与造型设计		班　级		级婚庆班		
实操项目	化妆工具的鉴别与使用		姓　名				
考评教师			实操时间		年　月　日		
考核项目	考核内容	分　值	自评分（20%）	互评分（30%）	教师评分（50%）	实得分
化妆工具的鉴别	各种化妆工具的鉴别是否正确	20				
化妆海绵的使用	化妆海绵的使用方法是否正确	10				
粉扑的使用	粉扑的使用方法是否正确	10				
各种化妆刷的使用	各种化妆刷的使用方法是否正确	20				
修眉工具的使用	修眉工具的使用方法是否正确	10				
睫毛夹的使用	睫毛夹的使用方法是否正确	10				
假睫毛的使用	假睫毛的使用方法是否正确	10				
美目贴的使用	美目贴的使用方法是否正确	10				
总　分						

项 目 小 结

1. 做好化妆前的准备工作，并且将化妆前的各项具体要求落实到位，是打造一个完美妆容的重要前提。具体说来，化妆前的准备工作包括化妆对象面部特征分析和选择合适的灯光等内容，化妆前的具体要求主要是妆前清洁与妆前保养。

2. 化妆品的携带和保管要注意十防：防碎、防晒、防热、防潮、防冻、防污、防过期、防漏气、防倾斜和防混合。

3. 鉴别化妆品的产品标签是鉴别化妆品最有效的方法。除此之外，一般还可以从气味、颜色和形状三方面来辨别。

4. 修饰类化妆品的特点是具有较强的修饰性和遮盖性，这类化妆品都含有色素成分，对于改善肤色，调整五官轮廓和面部凹凸结构都有明显效果。常见的修饰类化妆品主要有粉底、蜜粉、腮红、眼影、眼线笔、眉笔、唇膏、睫毛膏等。

5. 常见的化妆刷主要有粉刷、腮红刷、修容刷、眼影刷、眼影棒、斜角眉刷、眼线刷、螺旋状眉刷、眉梳和眉刷、唇刷等。

6. 修眉工具主要包括眉钳、眉刀和眉剪。眉钳用来连根拔杂乱眉毛；眉刀具有去除毛发快、边缘整齐的特点，可以用来修整眉型；眉剪用来修剪眉毛的长度，如杂乱或下垂的眉毛。在修眉时，眉钳、眉刀和眉剪往往三者结合使用。

核 心 概 念

妆前清洁　　妆前保养　　化妆品　　化妆工具

能 力 检 测

1. 简述化妆前的准备工作。

2. 简述化妆前的具体要求。

3. 简述保存化妆品的十个注意事项。

4. 简述化妆品的鉴别方法。

5. 简述粉底液的颜色分类及其不同颜色粉底液的适用对象。

6. 简述影色、明色和装饰色三类眼影的使用效果。

7. 简述眼线笔、眼线膏、眼线液的异同。

8. 简述眉笔与眉粉的使用效果、适用对象和使用方法。

9. 简述睫毛膏的功能分类和使用方法。

10. 简述常见化妆刷的分类、保养和使用方法。

11. 简述眉钳、眉刀和眉剪的选择和使用方法。

12. 简述假睫毛和美目贴的使用方法。

项目 6 化妆基本步骤

【学习目标】

通过本项目的学习，应能够：
1. 了解化妆的基本审美依据；
2. 了解化妆整体构想应遵循的原则、步骤并掌握化妆的基本程序和步骤；
3. 掌握洁肤、润肤的作用和步骤；
4. 了解眉型的结构和位置，掌握眉的修剪程序和方法；
5. 了解标准眼型的结构和位置形状，掌握眼的各种修饰手段和方法；
6. 了解标准鼻型的结构、位置和形状，掌握鼻部的基本修饰方法；
7. 了解标准唇型的结构、位置和形状，掌握唇部的基本修饰方法；
8. 了解标准脸型的位置和形状，掌握面部的基本修饰方法；
9. 掌握定妆的作用和方法以及修妆和补妆的方法。

【项目概览】

化妆的基本步骤和技巧是婚礼化妆师必须掌握的专业基础知识之一，本项目介绍了化妆的基本审美依据和标准、化妆的步骤和技巧、对不同的脸型、肤质、面部比例进行矫正的方法以及修妆、跟妆和补妆的程序和要求。通过有序的技能培训，使学生掌握化妆基础知识和基本技能，掌握化妆的每个步骤及技巧。

【核心技能】

- 化妆的步骤；
- 立体打底的修饰方法；
- 五官的修饰和矫正方法。

【理论知识】

知识点 1 认识肌肤及皮肤护理

有人说过："润泽的肌肤胜过美丽的衣裳"。为了保持肌肤的健康美丽，应当首先了解有关肌肤生理的常识。

每个人除了脸型不同外，肌肤的性质和纹理也会有所不同。不只是遗传因素会造成这些差异，年龄、季节、环境等因素都会造成肌肤的变化。一般来说，孩童肌肤的纹理最为细嫩，弹性也最佳，但是随着年龄的增长，如果对肌肤缺乏正确的护理，肌肤纹理会变得粗糙，肌肤的柔润感会减少，渐渐失去弹力，且会令带妆时间无法持久。因此，如果想拥有柔美动人的肌肤、亮丽光彩的形象，必须要了解肌肤的构造。

1.1 肌肤的结构及其生理作用

1.1.1 肌肤的构造

肌肤覆盖着人体的表面，是人体最大的器官，也是最重要的器官之一，担任着许多重要的功能。以一位成年人的皮肤来计算，皮肤表面积有 $1.5 \sim 2.0 \ m^2$，平均厚度 $0.5 \sim 4 \ mm$，眼睛周围的肌肤最薄，手、脚掌肌肤最厚。它具有弹性和抵抗力，并在正常情况下可自动的更换。

肌肤由外到内由表皮、真皮、皮下组织三部分组成。

1. 表皮

表皮内没有血管，划破表皮后不会出血。表皮内含有丰富的神经末梢，它可以帮助我们感知外界的事物。

表皮由内向外，可分为四层，即基底层、有棘层、颗粒层和角质层，通常在手掌、脚掌处还有一层透明层。最下层的基底层中的母细胞在美丽原子（Human Epidermal Growth Factor，HEGF）的作用下不断地进行细胞分裂，新生的子细胞又不停地改变形状与性质，并向上推移，直至最上层形成角质（角蛋白），这一段过程正常为 4 个星期（约 28 天，其后角质便会在皮肤的表面老化成垢，即皮屑，并慢慢脱落。

（1）基底层（基底母细胞）。基底层是表皮的最下层，与真皮相连。相连之处呈波浪状，上面排列着基底细胞（母细胞）基底母细胞中含有的 HEGF，也就是可以令人类皮肤中的表皮细胞产生逆分化的生命因子。HEGF 在吸收真皮层里毛细血管中输送来的营养液后，不停地分裂子细胞，老化的细胞随着细胞的新陈代谢不断地角化、脱落，新生的细胞又不断的新生、增殖，循环往复健康代谢，这就是肌肤永远美丽和年轻的真正原因。

基底层含有黑色素母细胞，黑色素颗粒是体内溶酶体分解后的产物——残质体在此类细胞中形成的一种色素。黑色素颗粒的多少、大小及类型决定着皮肤颜色的差异。黑色素可防止紫外线照射，保护肌体不受破坏。若黑色素细胞受刺激、功能亢进而增多时，会出现黄褐斑等色素沉着。基底层又称再生层，此层细胞具有分裂繁殖能力，其分裂比较活跃，不断产生新细胞并向浅层推移，以补充衰老的角质细胞。

（2）有棘层。这一层的细胞没有纤维，但细胞与细胞之间像有棘突一样，相互连接，形成淋巴液的流动，保证皮肤中营养的均衡与分配。

有棘层是表皮中最厚的一层，由下往上排列着 $4 \sim 8$ 列由圆形至椭圆形的有棘细胞。这一层与肌肤的张力、弹力具有密切关系。

（3）颗粒层。颗粒层是由 $2 \sim 3$ 列可反射紫外线的透明颗粒组成的薄层。

细胞的形象比较扁平或呈纺锤形，显碱性，有阻止水分通过、减少水分挥发的作用，在皮肤中起着重要的保护作用。

（4）透明层。皮肤学家多认为是角质层的一部分，常见于掌、足等部位，由 $2 \sim 3$ 层扁平无核

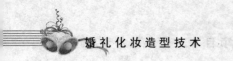

的角质细胞组成。它的黏合小体中含有丰富的磷脂蛋白。

（5）角质层。这一层位于身体的最外面，直接与外界接触，在保护皮肤上起到重要的作用。

角质层是由大约 14 层死去的细胞重叠组成，并从表面开始脱落。角质层的特征为角质细胞是死细胞，没有细胞核，且细胞膜较厚，主要对抗一些物理性刺激。例如能抵抗有害物质的伤害，同时防止其向内部入侵。另外是由称为角蛋白的一种蛋白质构成，不仅对酸、碱性等化学药物承受能力较强，还能承受一定的寒冷、高温等外部刺激，起到保护皮肤的作用。另外，角质层内部含有保湿因子，其含水量通常在 10%～20% 之间，能使肌肤柔软，防止干燥、皱裂的发生。

（6）皮脂膜。这一层是在角质层上由汗腺与皮脂混合在一起所形成的保护膜，借着这一层弱酸性的薄膜保护皮肤表面。

2. 真皮层

真皮和皮下组织内有毛细血管、神经末梢、淋巴管、肌肉、皮脂腺、汗腺等。表皮与真皮之间以波浪结构连接。表皮伸入真皮中的部分称为表皮突；真皮伸入表皮中的部分称为真皮乳头。

真皮层占皮肤的大部分，主要作用是保持皮肤的张力及弹力，含水量占皮肤的 60% 左右。由纤维芽母细胞、弹力纤维、胶原纤维等主要成分构成。胶原纤维具有伸缩性，起到牵拉作用；弹力纤维有较好的弹性，可以使牵拉后的胶原纤维恢复原状。所以真皮层对调节皮肤温度，保持韧性和弹性有重要的作用。

另外还有汗腺、皮脂腺、毛细血管、淋巴管、神经组织、毛囊等，当肌肤受损至真皮层时，会出血，并伴有疼痛感，愈后会留疤痕，真皮层与皮肤神经一起形成表面的感觉作用。

真皮层又分为乳头层与网状层。

（1）乳头层。乳头层是与真皮相连之处，呈波浪形起伏的乳头体及其边沿部分，且毛细血管的分布亦至此处，乳头层主要是将营养提供给表皮，滋润皮肤，同时，末梢神经的尖端也分布在此处。

（2）网状层。网状层是由结合组织构成，主要成分是胶原纤维与弹力纤维等蛋白质，给予皮肤张力弹性、缓和外界的刺激，起保护作用。

3. 皮下组织

皮下组织是皮肤中最深、最厚的一层，又称为线劲膜，由疏松的结缔组织和大量脂肪细胞组成，是血管及神经由内部至真皮的通路，将皮肤与深部的组织连接在一起，起着保护垫的作用，同时还给予皮肤张力。当脂肪细胞分解以后，可以提供人体活动需要的能量。皮下组织的多少决定着皮肤的弹性和衰老程度，通过观察皮下组织的发育状态，在某种程度上还可以判断身体的营养状态。

4. 皮肤的附属器官

（1）皮脂腺。大部分是毛囊附件，经管道在内毛囊开出腔管，与相连的毛囊大小呈反方向。皮脂腺在头皮、前额、鼻部、下颌、面颊为数不多，它们原本属于表皮，但位于真皮部位，形成不规则结构。腺体呈梨形，主要分泌皮脂。皮脂的作用：滋润毛发和皮肤，是天然滋润品，有柔软外观，防止水分蒸发，在皮肤表面形成薄膜，阻挡水分，呈弱酸性，有抑菌、杀菌作用。

（2）汗腺。分泌汗水。汗水能够滋润皮肤、调节体温。

（3）毛细血管。供应皮肤血液养分。

（4）淋巴管。排除皮肤毒素，供给皮肤养分。

1.1.2　肌肤的生理作用

肌肤是一个保护器官，坚韧而富有弹性，它是人体与外界环境的主要屏障，具有感觉、分泌和排泄、调节体温、稳定、吸收和新陈代谢的功能，在认识肌肤的基础结构后，再进一步了解肌肤的生理作用。

肌肤一共有七种重要的生理作用，如下所示：

1. 保护作用

表皮、真皮和皮下组织构成一个完整的屏障结构。表皮中角质层致密而柔韧。真皮中的胶原纤维、弹力纤维和网状纤维交织成网，具有伸展性和弹性。皮下组织具有缓冲作用，能抵抗外来的牵拉、冲撞和积压等损伤，缓冲外来刺激的伤害。

肌肤对光线有吸收作用，角质层的角化细胞可吸收大量的短波紫外线，棘细胞层和基底细胞层可吸收长波紫外线，从而增强肌肤对紫外线辐射的防护能力。

正常肌肤表面偏酸性，pH 值为 5.0～5.6，不同部位肌肤的 pH 值也略有不同，最高 pH 值为 6.5，最低 pH 值为 4.5，所以肌肤对酸和碱有一定的缓冲能力，可防止一些弱酸和弱碱等化学物质对肌肤的损害。

肌肤的多层结构和致密角质层，以及肌肤表面的脂质膜可以阻止体液流失，但由于角质层深部和浅部含水量的多少不同，部分水分因浓度的弥散而流失。成人在 24 小时内通过肌肤弥散丢失水分约为 240～480 毫升，如果缺少角质层的保护，水分丢失可增加 10 倍甚至更多。

2. 感觉作用

肌肤感觉作用可分为单一感觉，如冷觉和痛觉；另一种感觉是复合感觉，如位置的判断和图形的判断等。这些感觉通过大脑的分析判断，做出有益于机体的反应，使机体免受进一步的伤害。

3. 分泌和排泄作用

汗腺排出汗液、皮脂腺分泌的油脂，通过排汗的形式分泌于肌肤的表面。适度的肌肤分泌物使肌肤滋润、光滑，并防止体内水分过度蒸发；但分泌物过于旺盛时（青春期的青少年），会对肌肤呼吸形成压力，导致粉刺、面疱的生成。

4. 调节体温作用

肌肤对调节体温起着重要的作用。肌肤中含有冷感受器官和热感受器官，当外界环境温度低于肌肤正常温度或是高于肌肤正常温度时，冷、热感受器会发出不同的信号传达至体温调节中枢，通过肌肤的血流量、排汗、寒颤等生理反应，使体温处于一个稳定的状态。

5. 稳定作用（自稳作用）

稳定作用是指肌肤保持自身正常生理状态的能力。表现为肌肤中的各种细胞、纤维及基质等组织都按照固定的速度不断进行分裂和更新，并发挥着各自的功能作用，使肌肤维持在正常的状态，如创伤的修护等。

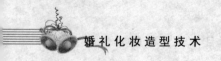

6. 吸收作用（呼吸作用）

肌肤具有吸收外界物质的能力，通过表皮和附属器官吸收外界物质，空气、水分等物质通过角质层和细胞间隙渗透入真皮。毛囊、皮脂腺是肌肤与外界进行交换的主要部位。常见的粉刺、面疱就是外界的细菌、粉尘等在肌肤进行呼吸作用时，堵塞毛孔而产生的。所以每次在洁面时要认真仔细，彻底清除堵塞毛孔的皮脂和空气中的粉尘、细菌。

7. 代谢作用

肌肤的代谢一般是指糖、蛋白质、脂类、水分、电解质的代谢。

（1）糖的代谢。肌肤能合成糖原，分布于颗粒层，当肌肤含糖量增高时，细菌和真菌的繁殖速度加快，容易诱发肌肤感染。

（2）蛋白质代谢。肌肤内蛋白质可分为纤维蛋白、非纤维蛋白、球蛋白三类。另外含有多种氨基酸，如酪氨酸、胱氨酸等，它们都是代谢必不可少的成分。

（3）脂类代谢。脂类是脂肪和类脂及衍生物的总称。脂肪的主要生理功能是氧化功能，皮下组织是脂肪存储的主要场所。经紫外线照射后可生成人体所需的维生素 D3。

（4）水分代谢。肌肤内水含量为体重的 20%左右，婴幼儿的肌肤含水量更高。水分主要存储于真皮层，肌肤是人体水分排泄的重要途径之一。

（5）电解质代谢。真皮组织中基质的主要成分是蛋白多糖。蛋白多糖上带有负电荷，通过静电结合作用，与细胞外的各物质结合，使肌肤成为人体电解质的存储库之一。

1.2　肌肤的种类及保养

提起面部保养，第一个映入脑海的画面是涂擦各式各样的保养品或蒸脸、敷面膜等。实际上，保养肌肤的方法与形式层出不穷，更随着时代的日新月异，即使是美容师也不见得能全盘熟悉。肌肤需要什么样的保养，归根结底还是要按照个人的肤质状况而定。

就基础面部保养而言，可以将肌肤的性质依据油脂分泌的多少，概括分为中性肌肤、油性肌肤、干性肌肤、混合性肌肤与敏感性肌肤五种基本肤质类型。

了解个人的肤质不仅关系到化妆品的选择搭配，也与保养方式息息相关。就目前化妆品的研发状况而言，大部分的保养与彩妆品牌，仍然依照肌肤对油脂、水分的需求量的多少来分类制造。

外表看起来健康完美的肌肤，通常都是油脂与水分平衡的状态起决定性作用。如毛孔大小、细纹、肌肤触感、粉刺等，都与水分和油脂平衡有关，也形成了下列不同类型的皮肤性质。

1.2.1　健康的中性皮肤

中性皮肤是最理想的肌肤，它的特点有以下几个方面：

（1）这类肌肤既不干燥也不油腻，毛孔细小而且富有弹性，厚薄适中，对外界刺激不太敏感，没有皮肤的瑕疵。

（2）pH 值在 5.0～5.6 之间，皮肤光滑细嫩，有自然光泽，毛孔细小不明显，不易受到粉刺和青春痘的困扰。

（3）由于肌肤的油脂与水分比较均衡，上妆后不易有脱妆现象。

【护理小贴士】　　　　　　　　　中性皮肤的保养

洁肤品宜用性质温和的中性洗面奶、卸妆油和高级香皂。

护肤品早晚各有不同，晚间的洁肤是为了清洁皮肤一天的"辛劳"，把皮肤的代谢物和附着在肌肤上的污染物彻底清除，然后使用保湿水、晚霜或者精华液类补充肌肤营养。

在早晨洁肤后，使用收敛水、化妆水、乳液等，是为了给肌肤新一天更多的"鼓励"，使肌肤倍添活力。

拥有这样的肌肤是令人羡慕的，但是应特别注意保持肌肤的酸碱平衡，避免因季节变换给肌肤带来侵害。

1.2.2　油光光的油性皮肤

油性肌肤有以下几个特点：

（1）皮脂腺分泌旺盛，肌肤表面经常泛出油光，在额头、下颌、鼻子上尤为突出。皮肤富有光泽和弹性，纹理较粗糙，肤色较深，毛孔粗大，仔细观察毛囊口还会发现许多小黑点。

（2）pH 值在 5.6～6.5 之间，容易有暗疮、粉刺，但不易长皱纹。

（3）肌肤触感厚而油腻，上妆非常容易因出油而脱妆。

【护理小贴士】　　　　　　　　　油性皮肤的保养

严把清洁肌肤环节。在洁面时使用清洁能力较强的洁面乳，由下颌至额头的方向打圈式的清洁面部，彻底清除肌肤表面及毛孔内的污垢和油脂。当面部生有面疱时，要选用含有消炎成分的清洁乳，不但可以预防及治疗面疱，而且避免了细菌再次感染。

洁面后用中性的收敛水来适应抑制油脂分泌，避免过度清洁造成表皮缺水；选择清爽不油腻的乳液、面霜等护肤品，增加肌肤的透气性。

在饮食上减少脂肪性物质摄入，避免吃脂肪含量过高，或以煎、炒、油炸等烹饪方式处理过的食品，多吃水果和蔬菜，减少油脂堆积。

每周保养步骤（1～2次）：深层去角质+深层清洁型面膜。

1.2.3　紧绷绷的干性肤质

干性皮肤的特点有以下几个方面：

（1）皮肤比较薄毛孔细小，缺水缺油，表皮薄而脆弱，洗脸后容易有微痛感。

（2）pH 值 4.5～4.9 之间偏酸性，最容易产生皱纹，护理时需要倍加呵护，否则会提前走向衰老。

（3）由于皮脂分泌不够旺盛，肌肤缺少自身的滋润，在遇寒后肌肤会显得粗糙、干燥，在冬季会特别感到不适，易出现干裂，失去光泽。

（4）虽然干性肌肤不容易产生粉刺、面疱等现象，但会产生皮屑，触感不平滑。化妆时经常有不均匀感，而且不宜附着。

【护理小贴士】　　　　　　　　　干性皮肤的保养

洁肤品宜用碱性含量低的洁面乳，以免洗去过多油脂；护理品上选用高效保湿滋润型的产品，

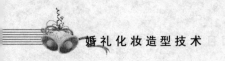
补充油分和水分，改善干燥的现状，如精华素、保湿面膜等。

注意眼部周围肌肤的保养，防止皱纹过早产生。

采取按摩拍打的方式来加快皮肤的血液循环，并伴随面霜的按摩使营养成分更容易渗透到肌肤中，以增加肌肤的柔韧性。

在晚上洁肤之后，用柔肤水爽肤，再用含油脂较多的乳液滋养肌肤，用"打圈圈"或"弹钢琴"的手法略加按摩，为肌肤做一次彻底的"SPA"。

白天外出时尽量避免日晒，使用含油脂较多的面霜来保护肌肤。最好使用有防晒系数的护肤霜，干性皮肤是最容易有斑的。坚持一段时间，肌肤效果会有焕然一新的改变。

每周保养步骤（1~2次）：保湿面膜+深层清洁性面膜+深层按摩。

1.2.4　难缠的混合性皮肤

混合性皮肤主要有以下几个特点：

（1）面部肌肤由多种肌肤特点组成，T字型部位（额头、三角区、鼻翼及下颌）容易出油且毛孔粗大，表现为油性肌肤特点；两颊及眼部周围肌肤呈现干燥或脱皮的缺水现象，表现为干性肌肤的特点。

（2）会受到季节气候变化的影响。在温暖的夏季，额头、鼻翼周围毛孔分泌油脂旺盛，会生长粉刺或面疱；但在干燥季节，额头、两颊、嘴唇周围肌肤，又会出现脱皮和肌肤弹性降低的状况。

（3）上妆后，易产生局部脱妆的现象。

【护理小贴士】　　　　　　　混合性皮肤的保养

针对这种混合了多种性质特点的肌肤，在护理上应当分别对待，不同性质肌肤采用不同的局部护理的原则。

选用清洁能力较强的洁面乳，深层清洁存于肌肤内的污垢，如鼻翼周围；再根据面部不同的"油田地区"和"沙漠地区"使用不同护肤品，加以油脂平衡和肌肤补水。如容易脱皮的两颊，嘴唇周围等，使用保湿霜、精华素等加以肌肤保湿；在油脂分泌旺盛的额头、鼻翼周围使用收缩水，达到局部调节控制油脂分泌的功效。

每周保养步骤（1~2次）：保湿面膜+深层清洁型面膜。

1.2.5　脆弱的敏感性皮肤

敏感性皮肤有以下几个特点：

（1）敏感性肤质可能出现在任何一种肤质中。这种肌肤的角质较为脆弱、娇嫩，对于外界环境的抵御能力较差。

（2）敏感性肌肤通常在表皮上可以看到微血管浮现，容易随季节变化在温度、湿度及紫外线、粉尘的影响下出现发痒、红肿、湿疹、脱皮等过敏现象，而且会对不同的化妆品、香料、酒精、花粉、布料、色素、果酸等作出敏感反应，有的人甚至对某些食物也会产生不良反应。

【护理小贴士】   敏感性皮肤的保养

敏感性肌肤令很多漂亮女孩无法展示动人的容颜，这种肌肤在选用护肤品时，绝对不能使用含酒精、香料、色素的产品。

洁面产品系列选择专门为该皮肤设计的洁面乳或洗面奶，清洁能力强，但低刺激的洁面用品最适合清洁肌肤的力度要轻柔，清洁时间不宜过长，最后用温水冲洗干净，有红血丝的肌肤不要用过热或过冷的水洗面

护肤产品系列选用中性温和、稳定性强的，它可以强化肌肤的抵抗力。或者选择酸碱度适中的润肤类产品，对过敏性肌肤的刺激较小。

每周保养步骤（1~2次）：保湿面膜+深层滋养型面膜。

人的皮肤在不同季节、不同地区、不同年龄段都会有一定的变化，应根据具体情况判断自己的皮肤，以便恰到好处的加以保养。

1.3 问题肌肤的预防、护理及保养

1.3.1 暗疮皮肤

暗疮皮肤是由于青春期性腺体荷尔蒙皮脂分泌失调，主要诱发于青春期，也是常见的青春期毛囊皮脂腺炎症，又称痤疮。多伴皮脂溢出，毛孔堵塞，形成丘疹、粉刺、脓疮、结节等症状。病程越长，容易形成色素沉着、瘢痕，很难根治。许多年轻人为此而感到苦恼，苦苦寻求一种行之有效的治疗方法。

1. 暗疮皮肤形成的原因

（1）内在因素：雄性激素分泌旺盛。

① 刺激皮脂腺增生、肥大，分泌过多的皮脂，形成污垢阻塞毛孔，细菌繁殖引起。

② 促进毛囊口角化过度。

③ 与女性月经周期有关，经前期及经期雌激素分泌下降，雄激素分泌上升。

④ 局部痤疮棒状杆菌、葡萄球菌混合感染。

⑤ 各种器官功能障碍，特别是消化功能障碍。

⑥ 体内维生素缺乏，如维生素 B 缺乏，脂肪代谢紊乱，维生素 A 缺乏，毛囊口易发生角化。

⑦ 遗传及个人皮肤质地。一般皮肤质地粗而黑者，青春期毛囊口容易角化，发生痤疮，皮肤细而偏白者不易患痤疮。

⑧ 疲劳过度，睡眠不足，火气旺盛，精神抑郁、紧张，压力过重，内分泌及植物神经紊乱引起痤疮。

（2）外在因素有如下几种：

① 皮肤清洁保养不当。不注重皮肤的清洁，滥用碱性用品洗脸或用偏重于油性的化妆品及劣质化妆品。

② 食物因素。高糖、高脂、辛辣、煎炒等刺激性食物可使痤疮加剧。

③ 药物因素。不少人口服避孕药或其他激素类药物，长期外擦皮脂激素类药物，引起痤疮加

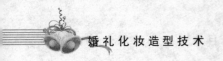

剧，或暂时加重等。此类药物不利于抑菌，对痤疮非但无效，反而导致细菌繁殖，促进炎症加剧。

④ 局部机械性刺激。如挤压、针挑、扣挖等，导致细菌感染。

2. 痤疮的分类

（1）寻常性痤疮：皮损以粉刺、丘疹、脓疮为主。

（2）聚合性痤疮：皮损除有粉刺、丘疹、脓疮外还有结节、囊肿、窦道及瘢痕，是痤疮中最重的一型，重者会形成酒糟鼻。

3. 预防及护理

（1）注意面部清洁，经常用温水清洗或用淡盐水洗面，不要用碱性过大的洗面乳。尤其是冬天，因湿度、温度的降低，肌肤所能忍受的范围变小，皮肤会出现干燥、刺痛、发红、发痒，甚至脱皮的现象。

（2）避免吃甜、辣及油腻的食物，避免饮酒，应多喝水，多吃新鲜水果和蔬菜，保持大便通畅。

（3）避免使用油脂类化妆品，避免长期使用激素类药物，可选用水质溶液状含清凉物质的化妆品，调整情绪，生活有规律。

（4）避免用物挤压粉刺、丘疹，需清除粉刺，去正规美容院请专业美容师去除，清除干净后要用消炎收缩水或消炎药膏。

（5）避免使用拔除式的面膜，虽然它的清洁效果佳，但是可能会在撕拨时刺激皮肤，带来伤害，可用软膜或水洗面膜，温和刺激，可以调理皮肤，补充水分，也可选用消炎面膜。

（6）口服抗菌素或中药调理，要去正规医院并遵医嘱。

1.3.2 色斑皮肤

色斑是由于皮肤黑色素分布不均匀，导致局部出现正常肤色加深的斑点、斑片，影响皮肤美观，所以求治的心情也就比较迫切。

1. 形成原理

（1）黑色素在表皮基底层的黑色素细胞内形成，并随细胞的新陈代谢而进入皮肤表面，最后随老化的角质剥落，若代谢不畅，即会形成色素沉着。黑色素细胞能够吸收一种无色氨基酸转化成酪氨酸酶，继续氧化成黑色素，再聚成黑色素颗粒。酪氨酸酶的作用很关键，其活动越大，含量越多，黑色素形成越多。因此，要获得白皙、肤色均匀的肌肤的秘诀是抑制酪氨酸酶的活动。紫外线可使细胞体内的酪氨酸酶活动度增强。

（2）黑色素逐渐增多后，酪氨酸酶的活动开始逐渐下降，黑色素逐渐集成黑色颗粒，形成树枝状突起储藏起来，被表皮基底细胞所吞噬。然后逐渐向表皮移动到达角质层，于是角质层内出现黑色素颗粒。黑色素是光吸收剂，其主要功能是阻挡太阳光的直射，以保护真皮，肌肉等内部组织器官，不受紫外线的损伤。此外在紫外线的照射下，皮肤光化学反应中产生了自由电子或其他化学自由基，黑色素颗粒可以与之化合成稳定的化合物，从而防止了紫外线照射引起的伤害。

（3）在皮肤健康时，表皮的黑色素会通过新陈代谢而由皮肤表面排除，然后自然剥落，其合成与分解过程趋于平衡状态，但在各种因素影响下，皮肤会因疲劳而导致排除黑色素的能力减弱，以致黑色素残留在皮肤上，形成色斑。

2. 色斑的分类及预防护理

根据色斑的成因和特点，可将其分为两大类，即定性斑和活性斑。

（1）定性斑：定性斑的性质稳定，不因外界因素影响而变化，一旦祛除，原部位不会再出现。常见的定性斑有色素痣、老年斑、胎记等。

① 色素痣，又称痦子，是一种常见的痣。

形成原因：与遗传有关，是由痣细胞形成的新生物。

特征：色素痣为局限性的淡褐色、暗褐色或黑色斑疹，大小不等，形状不一，有些痣上有粗黑短毛。常自幼年开始出现，可长在身体任何部位，无症状。

治疗方法：色素痣是皮肤的一种良性肿瘤，但反复刺激，部分可恶化，所以处理时要慎重。一般不需处理，如到美容院可用激光、扫斑机或手术切除治疗。由于色素痣一般多深达真皮，所以将其除去后可能留疤痕，如发现色素痣在短期内迅速扩大，切不可擅自处理，要去皮肤科就诊。

② 老年斑。老年斑多发生在 60 岁以后（有的人 50 岁左右就有）。

形成原因：老年斑是皮肤老化的一种表现，病因不明，属皮肤良性肿疮，一般不会恶化。

特征：老年斑皮疹为数毫米至数厘米大小，淡褐色隆起性斑块，表面粗糙，呈乳头状，常见于老年人的面部、手部等处，整个皮疹好似贴在皮肤上似的。

治疗方法：老年斑可通过激光、冷冻、高频电烧或化学药物腐蚀等方法将其除去，一般不会复发，平时服用适量的维生素 C、维生素 E，可减少老年斑的发生。

（2）活性斑。活性斑分为雀斑。黄褐斑。

① 雀斑，又称原日斑。

形成原因：雀斑的发生与染色体遗传有关，皮损处黑色素细胞经日晒后，能快速产生黑色素颗粒，沉积于局部，形成雀斑。

特征：雀斑的皮疹为棕褐色或淡黑色芝麻大小的圆形或卵圆形斑点，表面光滑，不高出皮肤，无自觉症状。多发于暴露部位，以面部最多见，也可发于肩背部。日晒后颜色加深，秋冬季变淡。雀斑常在 5～7 岁开始出现，青春期更明显。

防护措施：避免日晒，外出注意避光，可涂擦一些防晒类护肤品。多吃含维生素 C 的水果、蔬菜。定期到美容院做美容去斑皮肤护理，还可以做冷冻激光治疗，但治疗后要注意防护，不然会反弹。

② 黄褐斑：外伤性色素沉着，又称蝴蝶斑、妊娠斑、肝斑等，多见于女性面部。

形成原因：

a. 内在因素：部分是遗传所致，大多是由于某些器官出现生理功能障碍，如慢性肝炎、肾炎、盆腔炎、贫血等造成色斑、内分泌障碍、性激素不平衡，怀孕或长期服用避孕药，均易促使色斑形成。雌性激素可以兴奋黑色素细胞，分泌黑色素颗粒增多，黄体酮能促使色素沉着，故本病常见于妊娠期妇女。心情欠佳、长期失眠、维生素 B12 不足等所致。

b. 外在因素：紫外线过度照射，使角质层细胞无力代谢大量黑色素而产生黑色素沉积。各种外伤后引起的色素沉着，如烫伤、面疱、粉刺乱抠乱挤引起的色素沉着，化学换肤、皮肤磨削术后可引起继发性色素沉着。使用不良化妆品。某些不良化妆品中的色素、香料、金属等均可损伤皮肤的表皮，如铅、汞、砷等会弥漫积存于真皮吞噬中，改变了细胞的颜色，这种外源性色素呈灰到蓝黑色。水银（汞）还会破坏白细胞，虽具有漂白作用，可暂时控制黑斑、面疱的出现，但

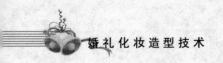

是等到皮肤的新陈代谢退化，毛孔堵塞严重时，会产生后遗症，轻者为皮肤炎，重者导致严重黑斑、面疱等。甚至产生颜面黑皮病，颜面黑皮病是一种黑色素大量沉积于表皮、真皮的现象，多与使用不良化妆品有关。

特征：黄褐斑为淡褐色或淡黑褐色形状不规则的斑片，不高出皮肤。发生于面部，对称分布，以颧骨、面颊、额部皮肤多见，病程缓慢，无自觉症状。

防护措施：

a. 注意防晒，外出戴帽，打遮阳伞，戴太阳镜，四季使用防晒霜。

b. 正确选用适合自己皮肤的化妆品，要选用安全性高，功能性强，稳定性好的正规厂家的产品。

c. 注意皮肤的保养，定期去美容院做皮肤护理。皮肤护理能使皮肤保湿、防皱、滋润。按摩可促进血液循环，增强皮肤代谢，减少色素沉着。

d. 多吃含维生素及微量元素的食物，多吃水果蔬菜。

e. 注意劳逸结合，防止疲劳过度及精神紧张。

f. 适当运动，促进血液循环，使皮肤吸收排泄功能正常。

治疗方法：用中药调节内分泌，中医认为，色斑系腑气血功能失调而导致阴血亏损、气滞血淤，阴虚不能上至颜面，前面失于濡养而成褐斑。也可局部治疗，但要去医院的皮肤科。

1.3.3 敏感肌肤与过敏肌肤

1. 敏感肌肤

敏感肌肤是指感受力强，抵抗力弱，受到外界刺激后会产生明显反应的脆弱皮肤状态。

（1）敏感皮肤特征如下：

a. 皮肤毛孔禁闭细致，表面干燥缺水而粗糙，皮肤薄，隐约可见细微血管和不均匀潮红。

b. 眼周、唇边、关节、颈部等部位容易干燥及发痒。

c. 多有过敏历史，例如曾有化妆品过敏史，曾因佩带金属饰品等而发生过敏，穿内衣、裤袜而引起皮肤干燥、发痒现象，流汗后身体发痒等。

（2）肌肤敏感原因如下：

a. 环境因素：季节交换，气温、湿度的变化，空气污染，紫外线等均易造成或诱发。

b. 内在疾病或内分泌紊乱，如长期功能紊乱者，各种内脏疾病患者等。

c. 营养不均衡，长期营养不良。

d. 精神因素：长期精神不稳定，压力过重，过度抑郁，精神刺激等。

e. 药物因素：如长期擦用一些强力药霜或激素药膏，长期服用某些药物等。

f. 保养不当：如用碱性保养品，过度清洁，过度去角质等。

2. 过敏型肌肤

过敏肌肤是一时的症状，是各种因素所造成的皮肤红、肿、热、痛。

（1）皮肤过敏的表现：轻者局部皮肤发红、瘙痒、起疹，重者皮肤肿胀、脱皮，出现较多过敏性面疱、渗水，严重者大面积脱皮，甚至出现全身症状，如发热、乏力等。

（2）肌肤过敏的原因：引起或诱发皮肤过敏主要有以下几个因素：

① 食物：如海鲜、花粉、某些刺激性食物等。

② 药物：如擦外用药膏引起，内服药如阿司匹林、止痛剂、镇定剂等。

③ 化妆品：某些化妆品中的酒精、色素、香料、防腐剂、防晒剂及染发剂、冷烫精等均易引起过敏。

④ 异物：如某些动物的毛发、皮件、K 金、银、铜等装饰品，油漆、橡胶、汽油等各种异物。

3. 敏感肌肤与肌肤过敏的预防及保养

（1）生活要有规律，保持充足的睡眠。

（2）皮肤要保持清洁，经常用冷水洗脸。

（3）要保持皮肤吸收充足的水分，避免风吹日晒和干燥引起皮肤出现红斑、发黑、脱皮等过敏现象。

（4）选用化妆品要谨慎，要使用无香精、色素的产品，最好使用同一牌子化妆品，避免频繁更换化妆品。

（5）选用特效的敏感精华素，使皮肤增加纤维组织，使薄弱的皮肤得以改善。

（6）尽量不化浓妆，如果出现皮肤过敏后，要立即停止使用化妆品，对皮肤进行观察和保养护理，必要时去医院就诊，或服用息斯敏或扑尔敏等抗过敏药，但要遵医嘱。

1.3.4 成熟衰老型皮肤

由于年龄的增长，皮肤会发生变化，年龄越大，皮肤的真皮层也跟着发生变化，皮肤细胞减少，新陈代谢减慢，棘细胞层、基地层细胞减少，乳头层凹凸不平之处变平，无法吸收营养，皮肤养分流失较多，骨头与肌肉间的细胞会减少，肌肉就会萎缩，皮肤下垂，眼睛周围最容易下垂，出现皱纹。

1. 年龄与皱纹的形成

（1）25 岁：人体内雄性荷尔蒙下降，皮脂腺受影响，皮肤缺水，面部出现干燥，形成萎缩纹。

（2）30～40 岁：女性荷尔蒙呈下降趋势，脸部表情线条出现。

（3）40～50 岁：荷尔蒙明显下降，皱纹产生，皮肤下垂。

（4）50 岁之后：人体生理及肌肤呈衰老迹象，出现满脸皱纹（额头、眉间、眼部、唇部及脖纹）。

2. 皱纹的分类

（1）假性皱纹、萎缩纹：与表皮有关联的皱纹，因表皮干燥缺少适当滋润，出现干燥萎缩形成的。

（2）定性皱纹：跟肌肉有关联的皱纹，一般在身体上称为真皮皱纹，是由真皮弹性纤维折段而引起的，又称老年性皱纹。

3. 皮肤老化原因

（1）外因有如下两种：

① 自然环境：紫外线照射、温度、空气污染造成。

② 人为造成、房间里的空调、抵抗力下降皮肤易老化、日常习惯、洁面不彻底（毛孔会堵塞）或经常化妆（经常化妆易产生皱纹）、紫外线照射直接、外用、内服药物、过度疲劳、睡眠不足、挑食、抽烟过度。

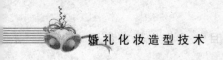

（2）内因有如下两种：

① 身体内部：性格产生、内脏障碍、血液流通不好、便秘、毒气不能排出。

② 内分泌失调、性荷尔蒙下降。

（3）精神方面：遗传因素、紧张、担心等心理因素。

4. 预防及护理

（1）要防晒，不能让紫外线直接照射。

（2）要注意皮肤护理，早晚加强皮肤保湿。

（3）使用抗衰老护肤品或美容机器来补充皮肤所需的营养，按摩增加皮肤血液循环与新陈代谢能力。

（4）定期的加强按摩敷面，补充抗氧化的元素，如维生素 C、杏仁油、橄榄油、核桃油。

（5）注意不要熬夜、抽烟、喝酒。

（6）多食含抗衰老成分的水果、蔬菜等食物及肉类，如西兰花、肉皮、三文鱼、牛奶等。

1.4 如何拥有健康靓丽的肌肤

1.4.1 肌肤保养的重要性

在日常生活中，很多漂亮女士都喜欢化妆。年轻的时候，皮肤各方面都较好，也比较容易上妆，但随着年龄增长，眼角的皱纹、眼袋、色斑、皮肤松弛等等都开始出现，即使化了妆，也难以掩盖岁月的印记。现代医学专家认为，由于现在年轻人压力大，环境污染严重，饮食营养质量改变等的方面原因，人们皮肤衰老的时间也开始提前，建议及早的保养呵护自己的肌肤。

化妆可以有简单和不同的化妆方法，但是护肤的过程却不能省略，洁面—爽肤—面霜—防晒等，每一环节都很重要。皮肤的健康与身体的健康状况是紧密相关联的。为了美丽容颜，一定要好好呵护青春靓丽的肌肤。

1.4.2 肌肤保养的最佳年龄

一般人在 25 岁之后，皮肤开始渐渐老化，其老化速度会随着年龄的推移而发生相应的变化。

对一般年轻人而言，在 25 岁以前，机体的代谢和循环较为旺盛，把重点放在平时有规律的生活作息上，放松精神，维持肌肤的清洁与正常健康保养即可，使肌肤达到自我修护最佳状态，万万不要过早使用抗老化的护肤品，否则会适得其反。平时要坚持早晚两次的清洁、保湿、滋润工作，尤其眼角和嘴角应使用眼霜，平时注意防晒，避免熬夜，增加饮食中的维生素，多饮水。

在 25～30 岁之间，肌肤的纹理、弹性与光泽，有了微妙的变化，开始逐渐出现老化现象。针对一般人而言，每个人可能因为饮食，生活习惯的不同，是否正确使用适合自我的护肤品，及化妆品的优劣差异，精神因素，环境气候等因素的改变等使肌肤产生巨大变化。

有的人虽然 40 岁，但是保养得当，看起来仍像 30 岁左右，有的人因为精神压力过大，生活习惯不良，虽然只有 30 岁，可看起来像 40 岁。此时一定注意进行深层的护理滋养，才可以维持肌肤的柔细与美丽。

1.4.3　肌肤日常保养的过程

1. 肌肤清洁——卸妆、洁面

很多人误以为自己没有化妆就不需要卸妆，也有人认为，脸上不会太脏，用清水洗脸就够了。

其实，肌肤每天都在分泌油脂、汗水，甚至还有角质的代谢，加上现代大都市严重污染的环境、灰尘，还有涂抹在脸上的各式各样的保养品、彩妆品，若没有彻底清除，不仅会堵塞毛孔产生角质肥厚、粉刺、痘痘等问题，进而影响保养品的吸收，还会影响皮肤的新陈代谢。

如果每天化妆，就应当每天要彻底的卸干净；如果没化妆，但是涂了有颜色的防晒乳或防水、不脱落的防晒品或含有美白成分的面霜，这些产品也不是普通的洁面产品所能轻易洗掉的。所以，卸妆和洁面是两个不同的环节，哪个都不能省略。

正确的洁面时间是早晚各一次，早上洁面洗去一晚皮肤分泌，以及新陈代谢滞停在皮肤表面的油脂；晚上洁面可用温水先卸去彩妆，可选用眼部及唇部卸妆油，再用洁面乳洁面，因为眼部的肌肤与面部肌肤的厚度不同，更需要呵护。可根据不同肌肤类型、年龄选择适合自己的洁面类产品。

2. 肌肤水世界——爽肤保湿

洁面后皮肤比较干燥，需要补充水分，保湿营养。水是植物主要的营养源，丧失了水分，植物会干枯致死，水也是人体的重要成分之一，占人体总体重的 50%～60%。在肌肤中必须保有 10%～17% 的水分，肌肤才会健康红润，否则肌肤没有光泽，要保持肌肤的润泽，补充水分是关键。无论什么类型的肌肤，肌肤时刻都有快速失水的危机。即使脸上看起来油油的，也往往是外油内干的缺水肌肤。

市面上有许多强调保湿功能的产品，从保湿化妆水、保湿乳液、保湿精华液到保湿面膜、保湿粉底、保湿霜及保湿凝胶等。

那么究竟应该如何保湿做呢？掌握以下要点，就能拥有水嫩嫩的肌肤。

（1）保湿的最佳时机：在洁面或沐浴后，此时肌肤的表皮层含水量最高，保湿剂能迅速渗透，帮助肌肤锁住水分，且热水浴后血液循环最佳，使用保湿产品的吸收效果也最好。

（2）依肤质使用保湿产品：一般而言，油性肌肤适用清爽型保湿产品，中性皮肤可用乳液型或凝胶型保湿类产品，混合型皮肤可视油脂分泌情况，使用凝胶型或乳液型保湿产品，加强 T 字部位控油，干性肌肤适用乳液、保湿霜或保湿精华等保湿产品。

（3）保湿要换季：气温的高低会影响肌肤油脂分泌。秋冬季，肌肤的油脂会随温度降低而减少，即使油性肌肤，油脂分泌量与夏天相比也会减少。此时无论何种肤质，最好都使用乳液、保湿霜、精华液类的产品加强对肌肤的保湿。

（4）定期使用保湿面膜：无论清爽型、果酸性、凝胶型的保湿面膜，有规律的定期使用，能对肌肤起到补水保湿、软化角质、滋润调节的作用。优质的保湿面膜使用后脸部会显得水嫩而富有弹性，使用的频率视不同肌肤而定，一般每周 1～2 次。

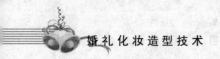

3. 眼部、唇部护理

日常保养不仅要针对面部，眼部与唇部也同样重要，这两个部位是最容易暴露或隐藏年龄的重要部位，所以爱美的女性，更要呵护它。

眼部一般日常护理会选用眼霜及眼膜，眼霜最好早晚要分开用，比如早晨使用含有高水分，并有防晒功能的醒肤清爽类眼霜，令眼周肌肤活力展现，光彩照人。而晚上使用高营养，修复类眼霜，可以很好补充眼周肌肤的水分和养分流失。选择眼霜要根据自己眼龄与眼部的症状选择，如修复黑眼圈、修复眼皱等。使用眼霜时，可适当进行眼部按摩，让眼霜更好渗透。

眼膜可一周使用1～2次，使用眼膜要在彻底清洁眼部后再使用，保养成分更容易被吸收，晚间睡前效果会更佳，但时间不要太久，会造成第二天肿眼泡。

为了让双唇保持一整天的滋润、舒爽，唇部护理在日常保养中也是不可忽视的部分，特别是在秋冬季节。

日常护理唇大多使用润唇膏，可选用保湿修护润唇霜、长效保湿护唇膏及啫喱补水润唇膏，可根据自己唇部的干燥缺水情况以及季节选择护唇膏的质地，也可使用眼霜给唇部做护理。

4. 面膜

面膜作为日常护肤的一个补充，一般一周使用1～2次，具有深层清洁、补水、滋养修护、美白等功效，要根据自己的不同皮肤类型和年龄选择。

一般的面膜有撕拉式、水洗式膏状、免洗式和贴布式等几种。

撕拉式面膜与水洗式膏状能有效去除皮肤黑头、老死角质和油脂，清洁能力最强，但容易引起毛孔粗大和皮肤过敏，补水能力、滋养能力也是比较差的。

水洗式膏状面膜能有效去除肌肤表面污垢，吸收多余油脂，避免了撕拉式面膜的一些缺点，一般涂上5～10分钟就可以用清水彻底洗去，然后抹上爽肤水或收缩水即可，一般以天然泥为主要成分。

贴布式更为方便，把口、鼻孔露出，整个敷面，过15～20分钟拿下即可，有的是免洗式的，可补充皮肤的水分及营养，加速皮肤的血液循环、新陈代谢，起到美白、保湿及防皱的效果。

【导入阅读】

护肤品 DIY——自制面膜

DIY 面膜，可选用天然材料，如新鲜的水果、蔬菜、鸡蛋、蜂蜜、草本植物和维生素液等，它的副作用小，不受环境和经济条件限制，还具有不同护肤功效，是物美价廉的美容佳品。

番茄面膜：将番茄榨汁，加入蜂蜜和少许面粉，调成糊状，涂在面部，停留20～30分钟。可润肤、美白肌肤，也可预防黑头、粉刺，对油性肌肤还有控油作用。

黄瓜贴：将黄瓜切成薄片，临睡时贴在脸上待快干时去掉，可润泽皮肤。

麦片粥：煮适量麦片粥，搁凉后涂在脸上停留30分钟，用温水洗净，可紧致皮肤。

蛋白霜：取一根香蕉捣烂，加入 2 汤匙牛奶，2 汤匙冷却的浓茶水，慢慢搅匀，敷面。10～15分钟后用温水洗净。适合外出归来时敷用，可令皮肤润泽。

柠檬奶液：新鲜牛奶 10 mL，滴入几滴柠檬汁搅匀。将脸洗净后，用纱布蘸些配好的奶液，轻轻拍打面部肌肤，可令皮肤光滑、白嫩。

白菜护肤膏：取适量白菜洗净、捣碎，加入 1 个蛋黄，少量面粉调和成糊状，涂于面部20～

30 分钟后洗净，每周 1~2 次。能使保持皮肤湿润，适用于干性、衰老的皮肤。

酸奶护肤方：将酸牛奶 1 汤匙，鸡蛋黄 1 个，植物油 1 汤匙混合搅拌均匀，再加 1 汤匙开水调和。涂敷面部，20~30 分钟后用清水洗净，每周 1~2 次。能使皮肤湿润、柔软。

（资料来源：作者根据相关资料整理）

知识点 2　生活化妆的基本审美依据

生活化妆是指人们在日常生活中对外形容貌的打扮和装饰。生活化妆作为一种生活的艺术，以美化为其主要目的。生活化妆分自然环境中的化妆和特定环境中的化妆，自然环境中的化妆是指在日常一般的生活环境和工作环境中，在自然光线下，人与人近距离的交流中的化妆。特定环境中的化妆是指在特定的环境中，例如婚礼、舞会、宴会、庆典等环境中，根据主题所确定的环境来制订化妆的形式。

2.1　皮肤

皮肤是化妆底色的载体，覆盖于身体表面，主要承担着保护身体、排汗、感觉冷热和压力的功能。人的皮肤在容貌美中有着重要地位，均匀、光泽、润滑而富有弹性的皮肤给人以健康、清爽、和谐的美。皮肤美有五个标准：健康有活力，肤泽红润亮丽；洁净、无斑点，无异常凹凸现象；富有弹性、光滑柔软、无皱纹；肤质中性、不易敏感、油腻、干燥；皮肤耐老、随年龄增长缓慢衰退。

2.1.1　肤色

肤色是指人类皮肤表皮层因黑色素、原血红素、叶红素等色素沉着所反映出的皮肤颜色。皮肤上的各个部位的色素也分布不均，前额的皮肤偏深，眼周围的发黑发青，面颊、鼻头偏红，嘴周围偏黄，而下巴则偏绿。肤色还随着年龄、季节、健康状况、生活环境等影响而发生变化。肤色苍白或偏黄，会显得病态；白皙透明显雅致、文静；黝黑光泽显健康、时尚。一般正常和健康的肤色就是最美的肤色。

黄种人的皮肤从色调可分偏白色、偏红色、偏黄色、偏黑色四种类型。从颜色深浅可以分为浅肤色、中肤色和深肤色。

常见肤色与妆色的选择搭配，如表 6-1 所示。

表 6-1　常见肤色与妆色的选择搭配表

项　　目	偏白肤色	偏红肤色	偏黄肤色	偏绿肤色	小麦肤色	浅棕肤色
选色原则	以暖色调为主，以腮红修饰，增加光泽度是重点。如偏暖的白色可与深色搭配	冷暖色协调搭配以平衡中和暖肤色	明快的灰色调搭配，适当用艳色点缀	冷暖色协调搭配以平衡中和冷肤色	基本可以尝试各种颜色，或用同色系渐变表现时尚气息	可选用与肤色对比度大的珠光色系或明亮的中纯度妆色提亮肤色，透明健康
较适合的色彩	粉红、浅蓝、嫩绿、紫色、桃红、橘色	黄、白、浅棕、珠光粉红、深灰	明快的暖灰色调、蓝灰色调、点缀暖红色	珠光蓝紫、粉红	浅棕、橘色、粉红、金色、蓝灰、绿灰	金色、紫色、珠光、银色、浅黄、浅蓝、米色

续表

项　目	偏白肤色	偏红肤色	偏黄肤色	偏绿肤色	小麦肤色	浅棕肤色
粉底色	粉色系、杏桃色、自然色	绿色修颜、黄棕色粉底	紫色修颜、健康色粉底,比实际肤色略深	红色修颜、自然色粉底	古铜色、小麦色	浅棕色
眼影色	浅蓝、嫩绿、紫色、橘色	黄、绿灰、浅棕、灰	蓝灰、橘色	珠光蓝、紫色	浅棕、粉红	紫色、珠光
腮红色	粉红、玫瑰红	珠光粉红、浅粉红	橘色、棕红	粉红、肉粉	浅棕、橘色	珠光粉、黄褐色、棕红、橘色
唇色	桃红、粉红、玫瑰红等略带冷色的,橘色也适合	珠光粉红、浅桃红	红、橘色、棕红、酒红	粉红、浅桃红	粉红、深红色、浅珠光	浅金红、自然红
忌讳色	银色、墨绿色等过冷的颜色,使肤色更显苍白	艳蓝、鲜绿等冷色调	黄绿色易显病态	黄色易显病态,正红色等过暖色会使皮肤显脏	偏绿和灰暗的黄色,会减弱妆面光彩,不易用过多的色彩	红色、桃红等强烈的暖色,会造成肤色不洁,深暗色慎用

2.1.2　肤质

肤质大概分五种类型:干性皮肤、中性皮肤、油性皮肤、混合性皮肤和敏感性皮肤。

2.2　面部基本部位及名称

了解面部基本名称是进行化妆的基础,面部基本部位如图6-1所示。

图6-1中,1为发际线;2为大鬓角;3为小鬓角;4为前额,包括额结节、额沟、太阳穴;5为眉毛,包括眉弓、眉头、眉峰、眉梢;6为眉间;7为眼窝,包括上眼睑、眼睑沟。8为眼睛,包括外眼角、内眼角、上眼睑、下眼睑、睫毛及眼线;9为鼻子,包括鼻根、鼻梁、鼻尖、鼻翼、鼻前孔、鼻小柱;10为颧骨;11为颧弓;12为面颊;13为人中,包括唇上部分;14为嘴唇,包括红唇部、唇线及嘴角;15为下颌角,俗称腮帮子;16为颏唇沟;17为下颏,包括颏结节、颏窝;18为耳,包括耳轮、耳垂。

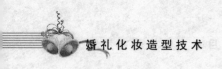

图6-1　面部基本部位

2.3　脸型

脸型是指平视正面时,脸部轮廓线构成的形态,脸型会随年龄和胖瘦的变化而改变。脸型在人体整体形象中占重要位置,是五官表现的基础,修饰脸型可以改变人的气质。

2.3.1　理想的脸型

中国当代审美依然以椭圆形脸型为标准来衡量女性的理想脸型,认为椭圆形最具女性特色,而国字型脸型为男性的标准脸型。

理想脸型的化妆宜保持其自然形状，突出其理想之处，不必通过化妆改变脸型。同时，化妆时要找出脸部最动人、最优势的部位，突出化妆，避免造成平平淡淡、毫无特点的印象。

2.3.2　脸型的分类

脸型的分类方法很多。在我国古代的绘画理论和面相书中就有各种各样的分类法，并对脸型赋予了人格的内容。下面是几种常见的脸型分类法

1. 形态分类法

波契（Boych）将人类的脸型分为十种：圆形脸型；椭圆形脸型；卵圆形脸型；倒卵圆形脸型；方形脸型；长方形脸型；梯形脸型；倒梯形脸型；菱形脸型；五角形脸型。

2. 字形分类法

中国人根据脸型和汉字的相似之处的一种分类方法，通常分为八种：国字形脸型；目字形脸型；田字形脸型；由字形脸型；申字形脸型；甲字形脸型；用字形脸型；风字形脸型。

3. 亚洲人分类法

根据亚洲人脸型的特点，一般可以分为八种类型：杏仁形脸型；卵圆形脸型；圆形脸型；长圆形脸型；方形脸型；长方形脸型；菱形脸型；三角形脸型。

此外，还有人提出，人的脸型是一个立体的三维图像，因此也应该从侧面来进行观察，这是以前所忽略的。从侧面对脸型进行考察确实有助于对容貌进行全面的评价。根据人的正侧面轮廓线，将人的脸型分为六种：下凸形脸型；中凸形脸型；上凸形脸型；直线形脸型；中凹形脸型；和谐形脸型。

2.3.3　常见的七种脸型

在化妆界，通常人们认为，脸型一般可以分为七种基本类型：椭圆脸型、圆脸型、长脸型、方脸型、正三角型、倒三角型、菱形脸型。但是，应当注意的是，脸型虽然分出这些种类，但一般人的脸型通常会是两种几何形的混合。所以，在认识区分脸型时，要依据脸部轮廓的具体特征仔细分析，通过化妆强调优势、掩盖缺陷。

1. 椭圆脸型

椭圆脸型又称鹅蛋脸，是东方女性的标准脸型，如图 6-2 所示。

特征：脸部宽度适中，从额部面颊到下巴线条修长秀气，有古典柔美的含蓄气质，如倒置的鹅蛋，长度与宽度之比约为四比三。

印象：唯美、清秀、端正、典雅，是传统审美眼光中的最佳，但相对现代来说，显得稍欠个性感。

2. 圆脸型

特征：脸部宽度和长度比例接近，脸短颊圆，轮廓圆润，俗称娃娃脸，如图 6-3 所示。

印象：可爱、年轻、活泼、健康，看起来有点稚气，缺乏成熟感。

图 6-2　椭圆脸型

3. 长脸型

特征：脸型宽度较窄，发际线接近水平且额头较高，面颊线条较直，颚部突出，棱角分明，五官间距也较长，如图 6-4 所示。长脸型俗称马脸，顾名思义就是脸型比较瘦长，额头、颧骨、下颌的宽度基本相同，但脸宽小于脸长的 2/3。长型脸的女士显得理性，深沉而充满智慧，也却容易给人老气，孤傲的印象。所以在进行装扮时，应适当尽量缓和这种感觉。

印象：给人严肃、成熟感。

图 6-3 圆脸型

图 6-4 长脸型

4. 方脸型

特征：脸的宽度和长度相近，下颚突出方正，线条平直，轮廓硬朗，俗称国字脸，如图 6-5 所示。

印象：健康、积极，有坚强的意志感和稳定感但缺少柔和感。

5. 正三角脸型

特征：正三角脸型又称由字型脸，俗称贵妃脸，额头窄、两腮宽，呈梨形，如图 6-6 所示。

印象：给人福态和安定感，但易显迟钝，感觉脸部下垂。

图 6-5 方脸型

图 6-6 正三角脸型

6. 倒三角脸型

特征：倒三角脸型又称甲字型脸，俗称心形脸，轮廓上大下小，上宽下窄，额头宽阔，下颌较窄，如图 6-7 所示。倒三角形脸是属于 20 世纪 90 年代美女的脸型，散发出妩媚、柔弱、细致的独特气质，但也容易给人留下单薄、刻薄的印象。

印象：给人以俏丽、聪慧、秀气的印象，但有时显得单薄、柔弱。

7. 菱形脸型

特征：菱形脸型又称申字型脸，额头较窄，颧骨突出，尖下颏，有立体感，脸上赘肉如图 6-8 所示。

印象：灵巧多变，心思阴沉。

图 6-7   倒三角脸型

图 6-8   菱形脸型

2.3.4   如何判断自己的脸型

在判断自己是何种脸型时，首先要将头发撩起，特别是额前的头发，一定要露出发际线。然后，正面看着镜子中的自己，寻找三个宽度：额头宽度、颧骨宽度、下颌宽度。所谓额头宽度是左右发际转折点之间的距离；颧骨宽度就是左右颧骨最高点之间的距离，它是两颊的最宽点；下颌宽度其实就是两腮的最宽处。还要注意：脸宽和脸长。脸宽就是脸的最宽度，可以通过比较额头、颧骨、下颌的宽度来确定最宽值。脸长是从额顶到下巴底的垂直长度。掌握了这几个数值之后，就可以对照着脸型和分类来找出自己的脸型了。

2.4   面部基本比例

人的面部不仅有形式美的基本要素，而且还具有形式美最精确的比例。面部轮廓，以左、右鬓角发际线间距为宽，以额头发际线到下巴尖的间距为长，其宽与长之比等于或近似等于 0.618，这就称之为黄金矩形。比例恰当、左右基本对称的面部才让人觉得漂亮。当前美学家用黄金面容分割法分析标准的面部五官比例关系，五官的比例一般以"三庭五眼"为标准。

三庭是指脸的长度比例，即由前发际线到下颏分为三等份，上庭是指前发际线至眉线部分，中庭是从眉线到鼻底线部，下庭是从鼻底线到颏底线部，上庭、中庭、下庭各占 1/3。

五眼是指脸的宽度比例，以眼睛长度为标准，从左耳孔到右耳孔将面部分为五等份。

图 6-9 所示为三庭五眼示意图。

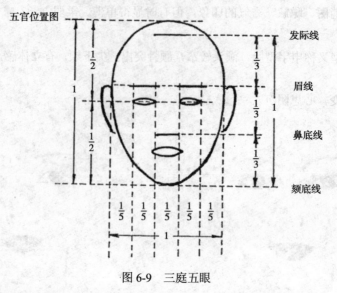

图 6-9　三庭五眼

1. 眼睛与脸部的比例关系

眼轴线为脸部的黄金分割线，眼睛与眉毛的距离等于一个眼睛中黑色部分的大小。眼睛的内眼角与鼻翼外侧成垂直线。

2. 眉毛与脸部的比例关系

眉头、内眼角和鼻翼两侧应基本在人正视前方的同一垂直线上。眉梢的位置在鼻翼与外眼角连线的延长线与眉毛相交处。

3. 鼻子与脸部的比例关系

（1）鼻部正面是以鼻翼为底线与两眉间中点构成一个黄金三角。

（2）鼻部侧面是以鼻根点为顶点，鼻背线与鼻翼底线构成的一个黄金三角。

（3）鼻根点与两侧嘴角构成一个黄金三角。

（4）鼻部轮廓是以鼻翼间距为宽，以眉头连线至鼻翼底线间距为长，构成一个黄金矩形。

4. 嘴唇与脸部的比例关系

标准唇型的唇峰在鼻孔外缘的垂直延长线上，嘴角在眼睛平视时眼球内的垂直延长线上。下唇中心厚度是上唇中心厚度的 2 倍；嘴唇轮廓清晰，嘴角微翘，整个唇形富有立体感。

2.5　面部立体结构

面部的立体结构是指面部的凹凸立体结构，由于人们的骨骼大小不同，脂肪薄厚不同及肌肉质感的差异，使人们的面部形成了千差万别的个体特征。了解和掌握面部的立体结构特点对化妆造型有举一反三的作用。

2.5.1　决定面部凹凸结构的因素

（1）取决于面部的骨骼、肌肉、脂肪层。

（2）脸部美的凹凸程度。

（3）骨骼的凹凸程度。

2.5.2　面部立体结构的不同表现

（1）凹面。面部的凹面包括眼窝即眼球与眉骨之间的凹面、眼球与鼻梁之间的凹面、鼻梁两侧、颧弓下陷、颏沟和人中沟。

（2）凸面。面部的凸面包括额、眉骨、鼻梁、颧骨、下颏和下颌骨。

面部的凹凸层次主要取决于面颅骨和皮肤的脂肪层。当骨骼小，转折角度大，脂肪层厚时，凹凸结构就不明显，层次也不很分明。当骨骼大，转折角度小，脂肪层薄时，凹凸结构明显，层次分明。凹凸结构过于明显时，则显得棱角分明，缺少女性的柔和感。凹凸结构不明显时，则显得不够生动甚至有肿胀感。因此，化妆时要用色彩的明暗来调整面部的凹凸层次。

知识点 3　整体构想与化妆基本步骤

随着时代不断的进步与发展，人们要求化妆造型的整体要统一、和谐，细节要精致、准确，这就要求化妆造型师必须依照专业的操作技巧来完成，这样才能让整个操作过程更加紧密有序，让整个妆面更加细腻。

3.1　化妆的整体构想

化妆的整体构想在化妆中起了决定性的作用，形象的塑造必须要根据个人的自身条件，将个性、气质、脸型、肤色、发质身高、年龄职业等综合因素作为一个整体来构思。

3.1.1　化妆整体构想应遵循的原则

1. 扬长避短的原则

在化妆中必须充分发挥原面容的优点，修饰和掩盖其不足之处，这是化妆的重要原则。

2. 自然真实的原则

化装要求自然、真实。

3. 突出个性的原则

个性特征既包括外部形态特征，也包括内在性格特征。

4. 整体协调的原则

一方面，妆面的设计、用色应同化妆对象的发型、服装及服饰相配合，使之具有整体的美感；另一方面，在造型化装设计时还应考虑化妆对象的气质、性格、职业等内在的特征，取得和谐统一的效果。

3.1.2　化妆整体构想的步骤

（1）观察、了解化妆对象自身的特点和条件，如服饰、化妆、发型、气质、举止、谈吐、生活习惯等，这是设计构思中首先应考虑的基本因素。

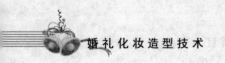

（2）明确设计目的。根据化妆的目的、场所、光线等来明确设计目的。

（3）确定设计主题。主题是整个化妆设计的核心和灵魂。一切设计的元素和局部，都要根据主题的需要进行筛选。

（4）精心选择和提炼设计素材。素材虽然来自于现实生活，但必须经过婚礼化妆师有意识、有目的的加工提炼，才能转化成适合化妆主题的材料且具有实用意义的化妆造型素材。

（5）构建整体框架。就是通过一定的组织构造来表现造型设计构思的雏形。

（6）设计构思的表现形式。表现形式即表现手法，它为内容服务，受内容支配。

3.2 化妆的基本步骤

专业的造型婚礼化妆师在造型中一般会按照以下十个基本步骤进行操作。

3.2.1 洁肤、润肤

使用适合模特肤质的洁肤润肤产品对皮肤先清洁再滋润，保持清透滋润的肤质。

3.2.2 除去多余的毛发

用刀片、剪刀将多余的眉毛及周围的毛发除去。

3.2.3 打底

调整肤色、遮盖瑕疵，改善皮肤质感。

3.2.4 定妆

固定妆面，中和粉底在皮肤上的油光，使妆面自然、柔和、持久。

3.2.5 眼线

用于眼睛轮廓的修饰，对眼型有很好的修饰作用。

3.2.6 眼影

用于眼部结构的化妆，可增强眼部的立体感，强调眼神，修饰和矫正眼型。

3.2.7 睫毛

使用睫毛膏或假睫毛可使眼睛更加立体。

3.2.8 眉毛

用于修饰眉型、确定面部轮廓比例、强调面部表情和个性，增加面部立体感。

3.2.9　腮红

用于调整面部轮廓，强调面部立体感和色彩感。

3.2.10　唇

修饰唇形，能使唇部滋润亮丽，增加唇部的丰满感。

3.2.11　调整和完善妆面

对整个妆面不完善和不和谐的地方进行调整和修改，以保证整个妆面的协调统一，精致完美。

知识点 4　洁肤润肤与底色的修饰

化妆中的皮肤修饰是整个化妆效果的基础，犹如金字塔的底，楼房的地基，在化妆中起着决定性作用。干净、清爽、滋润并富有弹性的肌肤加上底色的修饰会呈现出晶莹剔透、完美无瑕的底妆效果。

4.1　洁肤润肤

洁肤润肤是任何护肤、化妆程序的第一步。

4.1.1　洁肤

1. 洁肤的作用

清洁多余的油脂、污垢、使皮肤迅速吸收养分和水分。

2. 洁肤的步骤与手法

洁肤手法如图 6-10 所示。

（1）先揉洗面颊部：手指在面颊用螺旋手法从鼻梁到耳根，重复两次。

（2）手指在额的中央揉至两侧太阳穴，按一下，重复两次。

（3）揉洗唇周：中指相对，按口轮匝肌的生长方向上下揉洗。

（4）揉洗鼻梁：中指无名指沿鼻梁的两侧上下滑动，然后再揉至鼻尖和鼻梁。

（5）揉洗眼部：用无名指或中指的指腹沿着眼眶圈揉洗，动作要轻。

图 6-10　洁肤手法

4.1.2　润肤

1. 润肤的作用

润肤是为了补充肌肤所需的水分和油分，给肌肤提供营养和隔离保护，使皮肤滋润、收敛毛孔、柔软表皮、色泽均匀和抑制妆容的脱落。

2. 润肤的一般步骤

润肤步骤：爽肤—滋润霜—隔离霜。

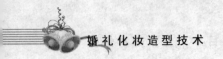

4.2 底色修饰（平面、立体）

底色对皮肤的修饰可以起到修正肤色、矫正不理想脸型和遮盖瑕疵等作用。底色修饰可分平面修饰和立体修饰两个方面，平面修饰指底色对皮肤的修饰，立体修饰指底色对脸型的修饰。

4.2.1 底色对皮肤的修饰作用

1. 保护作用

底色可以起到滋润、抑制脸部出油、保湿、隔离灰尘和紫外线的功能

2. 调整肤色

底色最主要的功能即是调整和修饰肤色。

4.2.2 修颜与遮瑕

1. 修颜

修颜就是修正皮肤的颜色，主要是用彩色系粉底修饰并调整肤色，让之后的粉底更自然、清透。具体操作时要注意以下几点：

（1）要选对颜色。依据化妆对象的肤色情况，选择正确的修颜色，才能达到最佳修饰效果。要注意的是并非每个人都必须经过修颜步骤，需要因人而异。

（2）用量要少。使用修颜粉底时，要少量薄涂、轻轻推匀。使用过多，色调会过于明显，导致肤色不自然。

（3）不单独使用。修颜粉底主要是辅助调整肤色的，以提高肤色系粉底的效果，一般不单独使用。

2. 遮瑕

化妆对象的皮肤条件各不同，常常会有细小的斑点瑕疵，如雀斑、黑眼圈、粉刺、疤痕等。在化妆前，首先要把脸上的瑕疵全部遮盖掉，才上妆。专业婚礼化妆师认为，遮瑕是化妆的基础，没有一张无瑕的俏脸，就不可能化出完美的妆容。

遮瑕膏的种类通常有三种：液状、膏状和条状。液状和条状的遮瑕膏遮盖效果较佳，但是上妆技术必须熟练；膏状遮瑕膏的遮盖能力较低，但是因为质地清爽，反而容易创造出自然的妆容。一般情况下多为固体，但是黏度各不相同。可以根据自己的需要，选择大面积使用或用于局部的产品。

遮瑕技巧如下：

（1）遮瑕膏最好的工具是手指。因为在使用时力度比较均匀，而且有温度，会让遮瑕膏更贴紧肌肤。如果实在不喜欢用手，也可以选择一支细而尖的化妆刷，最好是人造纤维而不是天然棕毛的化妆刷。

（2）对付黑眼圈最好选择偏橘色调的遮瑕膏。方式：将遮瑕膏点在黑眼圈位置，用无名指轻轻将遮瑕膏向四周推匀。再用海绵将日用粉底液均匀涂抹全脸，到眼圈位置时不要涂抹，而用轻按的方式抹匀。遮盖黑眼圈的时候，千万不要忘记内眼角及外眼角，因为这两个部位是黑眼圈最严重的地方，同时却也是最容易被忽略的地方。

（3）绿色调的遮瑕产品对暗疮是最有效。红肿的暗疮是最难遮盖的，再专业的婚礼化妆师在这个环节上也都会特别小心。偏绿色调的产品被证实是遮盖暗疮最有效的。

（4）如果没有遮瑕产品在手边可用比粉底浅 2 号的粉底代替。事实上，这也是挑选遮瑕产品时的法则。比粉底浅 2 号的遮瑕产品才是是最适合的。

（5）忌把遮瑕膏涂在眼睑上，会让眼影变得油油的显得很不干净。如果眼部的肌肤本身非常干燥，在涂遮瑕膏前应该先涂上比较滋润的眼霜，以防止太多干纹的出现。

（6）使用粉底液之后就涂上遮瑕产品。不能颠倒这个顺序。

（7）不要使用过白的遮瑕膏。那样只会让瑕疵更明显。

（8）遮瑕膏不要涂得太厚。这样做会使肌肤肤色不自然，还会令皮肤显得干燥。

（9）眼睛周围尽量使用膏霜状的遮瑕产品。由于眼部肌肤非常娇嫩，最好不要用质地比较硬的笔状遮瑕产品，否则容易催生眼部细纹。

（10）要化透明妆，将遮瑕膏在手上混合粉底液后再使用。然后刷上散粉，这样化出的妆容自然而透明，如果用粉扑上散粉则看上去会有妆面较浓的效果。

经常会看见很多人将遮瑕膏用在了护肤的最后一步，实际上这样画出来的妆就会很假，因为再好的遮瑕产品也是会有痕迹的。所以一般正常的使用顺序是在粉底之后遮瑕膏，然后在全脸稍微压一些蜜粉，这样能使遮瑕膏和粉底之间融合得更好，妆效更加完美。

表 6-2 所示为常见的遮瑕方式。

表 6-2 常见的遮瑕方式

项 目	雀 斑	黑眼圈	黑斑、黑痣	粉 刺	皮肤松弛出现凹痕
遮瑕色	选择比肤色略暗的遮盖色。白色米色等浅色系回事雀斑更明显	根据对比法则，可选择浅橙色系遮盖泛青的眼圈，米黄色、浅肉色系遮盖泛棕色眼圈	选择比肤色略暗的遮盖色。也可使用和肤色接近的褐黄色系	突出部分用与肤色相同或者略暗的遮瑕色	选择比肤色亮遮瑕色。一般为浅肉色、米黄色
修饰方法	将肤色抹成小麦色，健康又可爱。化妆重点在眼部。或蘸少量的遮瑕膏	质地较软的棒状遮瑕膏和遮瑕乳。情况严重用遮瑕膏，但要薄	用细笔蘸少量的遮瑕膏点画，也可用海绵或指腹轻点或用遮瑕笔	使用遮瑕笔或用细小的毛刷蘸取少量的遮瑕膏，将粉刺、面疱逐一遮饰	用扁头化妆笔蘸遮瑕膏轻抹凹痕处，再用指腹轻点，注意与底色的衔接

4.2.3 底色涂抹

1. 粉底颜色的选择

生活妆中粉底色彩应选和肤色接近或略浅一号的颜色。对于偏黄、偏红以及苍白的肌肤，则运用彩色粉底进行调整修饰。如淡紫色的粉底修饰偏黄色的肌肤，淡绿色的粉底修饰泛红敏感的痘痘以及泛红的肌肤，淡粉色的粉底能让苍白疲惫的肌肤呈现红润的好气色。

2. 涂粉底的技巧

打粉底应当由上至下，由内至外，沿着皮肤生长的肌理方向来打粉底。固体粉底采用粉扑运用按压手法来进行；液体粉底一般采用手指运用轻拍和涂抹的方式进行；膏状型粉底采用海绵扑运用点按擦的手法来进行，如图 6-11 所示。

图 6-11 打粉底的方向

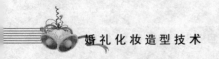

3. 涂粉底的方式

一款好粉底是获得完美底妆的必要条件，但仅仅有好粉底是不够的，粉底工具和涂抹手法也直接决定了粉底的效果。目前有三派涂粉底的方式：双手、海绵和刷子。其各有特点和使用诀窍。但是往往用同一种工具的人，化出的妆的效果也会相差甚远，这就是上妆技术的问题和婚礼化妆师的熟练技法，因此只有不断升级自己的"手法和技术"，才能让底妆更完美。

（1）双手派。即用双手打粉底，用指法打造极致均匀感的底妆。

双手派观点：双手是最方便、最贴心的工具。

优点：方便易操作，力度容易掌控。

缺点：容易留下指纹，在眼底、下巴和鼻翼等细节处容易不均匀，手温会影响粉底质地。

适合人群：刚开始使用粉底的人；早上起来没有太多时间化妆的上班族。

适合粉底：乳霜状和液体粉底。因为双手的温度可以让粉底所含的脂质体在粉底和皮肤之间形成一层水分膜，能让粉底和皮肤更贴合。

升级要点：涂抹指法要先上乳液再抹粉底。太干的手抹出的粉底会很不贴，如果手脸也干的话，就会有"搓泥儿"现象，所以上粉底前一定要用乳液、妆前乳和隔离霜来打底，然后，在涂抹粉底前用少量的乳液搓匀在手指上，这样能让涂抹粉底变得更顺畅，而且更服帖。

要点1：一字推加按压，不留一丝指痕。

要点2：手指各司其职 有妆若无妆。无名指隐退眼周"粉纹"。眼周涂上粉底之后容易出现"粉底细纹"，这就需要用无名指肚进行细致地点拍，有点儿像涂抹眼霜的手法，要特别注意的是，一定要用手轻轻撑开眼尾和眼睛下方的细纹，把卡在里面的粉底也推匀，否则时间久了细纹中的粉会越卡越多，眼周呈现一条条的"粉纹"，影响美观。中指按压让鼻翼、嘴角不浮粉。鼻翼由于毛孔较大、出油较多，很容易让粉底不服帖，而嘴角由于太干燥也极易浮粉，所以需要用中指对这两个部位加以按压，而且一定要稍微增加力度。温掌法让粉底更服帖紧致。用温热的掌心分别盖住脸颊和额头，停留5秒左右，手心的温度可以让粉底与皮肤融合得更好。另外，把手掌放在颧骨处，然后倾斜向上延展提拉，这样可以让双颊的底妆看起来更紧致自然。

（2）海绵派。即用海绵上粉底，巧借边角让妆效更服帖。

海绵派观点：海绵称得上是操作容易、效果好、价格实惠的三好专业工具。

优点：质地柔软舒适，容易操控，上粉均匀服帖。

缺点：吸收过多粉底造成浪费，使用寿命短。

适合人群：容易浮粉、面部有瑕疵的人，对底妆的服帖度和专业度有较高要求的人。

适合粉底：膏状粉底或浓稠度较高的液体粉底。膏状粉底和粉扑配合得最好，能把膏状粉底打得很匀、很贴，而且膏状不容易被海绵吸收而不会造成太大浪费。

升级要点：海绵的选择、上妆手法。吸去浮粉让底妆更自然轻薄。用海绵抹完粉底，再用海绵的反面或者干净的地方按压全脸，把浮在面上的粉底吸走，也可以把不均匀的地方压得更均匀，这样底妆看起来就会更轻薄、更有质感。

要点1：打造完美底妆，海绵的选择很重要。最重要的是质地，要选择细密、弹性好的海绵，质地细密的不容易吃粉而且打出的底妆会更细致，而弹性越好在手法上越容易掌握，打粉底时能更自如，太硬太软的都不行，硬的皮肤会不舒服，而太软的特别容易掉渣。另外，形状上来说最好用的是三角形，拿在手里比较灵巧、容易操作。

要点 2：喷湿后用印按式　粉底才能最服帖。用海绵涂粉底最好要先喷上化妆水或爽肤水，因为干的粉扑会掉渣，而且会反吸粉底中的水分导致底妆太干；但是太湿的也不行，八成湿最适合。涂抹时用海绵蘸取粉底，在额头、面颊、鼻部、唇周和下颌儿等部位，采用印按的手法，由上至下，依次将粉底涂抹均匀，而在鼻翼两侧、下眼睑、唇周围等海绵难以深入的细小部位可以将海绵叠起或者用小边角来涂抹，瑕疵部位可以多点拍几次，其他部位的同一个地方最好不要点拍过多次，以免厚重。另外，特别要注意的是各部位的衔接一定要自然，不能有明显的分界线。海绵一定要定期清洗。海绵很容易脏，而且用过一段时间就会积满粉底，所以，用过 10 次以上就应该清洗。清洗时可以先用卸妆油将粉底残留溶解，然后用去油能力较强的中性洗剂或碱性肥皂搓洗，千万不要用酸性的洗剂和洗面奶，会腐蚀粉扑。清洗后置于通风处晾干。

（3）刷子派。即用刷子上粉底，修炼刷术可以画出无痕底妆。

刷子派观点：粉底刷是打粉底最专业、最强的工具。

优点：粉底刷能完整地保留粉底的原有质地，操作灵活而且刷出的底妆厚薄均匀，使用寿命长、清洗保养容易。

缺点：携带不太方便，需要多加练习才能掌握技巧。

适合人群：婚礼化妆师和掌握了较高化妆技巧的彩妆达人。

适合粉底：液体粉底。液态延展性好，最容易用粉底刷刷开刷匀。

升级要点：力度、涂刷方向。握刷手法决定涂抹效果。在刷脸颊、额头、鼻子和下巴等面积较大部位时，粉底刷与皮肤的角度保持在 30° 左右，而在刷鼻翼、眼周、嘴角的时候，就要把粉底刷竖起来，刷头能很灵巧地照顾到这些细小部位。另外就是握刷的轻重问题，由于粉底刷的刷头弹性很大而且相对较硬，所以用力的度一定要把握好，太轻容易有刷痕，太重会刷得很不均匀，在脸上留下一道道的。

要点 1：轻重适度　底妆才更轻薄。粉底刷的刷头一般都由合成纤维制成，所以刷毛质地比较硬，刷头顶部扁平圆滑，手要轻重适度，太用力会让刷子毛分叉，甚至会擦伤脸部肌肤。力度把握的原则大概就是在刷子零力度作用于皮肤和完全按到底之间，无论伸和缩都有一定的余地，这样才能涂抹出薄而均匀的底妆。

要点 2：×刷法　让粉底更均匀。一般倒出大概一枚硬币大小的粉底在手心或者虎口位置，用粉底刷蘸取适量后，用×打叉法在面颊、额头、下巴和鼻子部位反复轻刷，这样刷出的粉底才能最均匀，否则容易出现一道一道的刷痕，但是在眼底、鼻翼和嘴角等部位需要一字形轻刷开，才不会太厚重。要注意的是，千万不要一次蘸很多粉底，蘸太多就很不容易涂匀，造成厚薄不均。

4. 涂粉底的效果要求

要求涂抹后肤色能够均匀统一并且肌质有轻、薄、透的效果。

（1）紧致肤色。运用亚光、偏深的底色通过化妆的技术，底色明暗的变化运用使肌肤有提升的错觉。

（2）改善皮肤质感。通过不同质地的粉底来打造不同质感的皮肤。如滋润质地的底色打造润泽、平衡、健康的肤质；亚光质地的底色打造紧致、清爽、粉质的肤质；闪亮质地的底色打造亮泽、细致、耀眼的肤质。

（3）掩盖脸部瑕疵。脸部瑕疵指的是脸部的色素、眼袋、雀斑以及黑痣。运用小号刷子将遮瑕粉底膏涂抹在瑕疵处而后再用指肚轻按，使其与周围颜色能够很好地进行衔接。

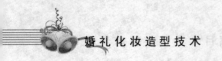

4.2.4 定妆

定妆就是在用粉底打好底色后用定妆粉来定妆。定妆粉，俗称蜜粉、散粉，是化妆品的一种，有吸收面部多余油脂、减少面部油光的作用，可令妆容更持久、柔滑细致。此外，散粉还有遮盖脸上瑕疵的功效，令妆容看上去更为柔和，呈现出一种朦胧的美态，尤其适用于日常生活妆。所以说，要使妆容精致、持久，用蜜粉来定妆这一程序不可或缺。

定妆的作用来看，一是定妆；二是中和肤色；三是使皮肤嫩滑质感；四是控油。

定妆的注意事项如下：

1. 掌握好扑量

定妆是帮助妆容持久、不易泛油光的重要步骤，但是毕竟是粉质的质地，上妆后，很容易变成"面粉脸"，特别是和亲密的人接近的时候，就会被注意到脸上满是粉，所以一定要注意使用量。用手背触摸完妆的肌肤感觉清爽柔细的肤触，大概就是标准用量。

2. 禁忌人群

皱纹较多或面部表情丰富的人不宜扑过量的定妆粉，以免使脸部的细纹突显，并使肌肤过度苍白，像面具般不自然。

3. 勿拍脸

不要把定妆粉用力拍打在脸上，涂抹时越轻柔越好，不妨在鼻翼位置多扑一些，目的是降低油脂分泌，使妆容更为持久。一般情况取适量在粉扑，轻轻按压在脸上。

【导入阅读】

散粉、粉饼、蜜粉、碎粉等粉底用品的区别

粉底液（liquid foundation），也就是液状的粉底，效果比较自然，比较好推开。

液状粉底近年来也发展了新的形态，就是霜状粉底，质地比液态厚，呈慕斯状，更适合油性肌肤，因为质地稍微干一些。

所谓固体粉底（foundation stick），如粉棒、粉底膏、粉条。质地稍厚，遮盖力普遍比液体粉底好很多，最适合打造无瑕肤色。

所谓粉状粉底（powdery foundation），也就是固体粉状的粉底，这个遮盖效果也是很好，但是比起粉条来说，效果更干一些，粉粉的感觉，推荐给油性肌肤使用。

散粉、蜜粉、定妆粉、碎粉（loose powder），其实都是一个东西，就是这种没有经过压缩的，就像普通面粉一样散着的粉。作用就是用在粉底之后用来定妆。

经过压缩定型的散粉（pressed powder），也就是粉饼。粉饼因为体积小而且是固体的，所以便于携带，一般就作为出门在外补妆时候用了。其实散粉效果比这个要更自然一些，所以一般人们都是在家里用散粉，出去用粉饼。粉饼还有干湿两用粉饼。顾名思义，这种粉饼可以像普通粉饼一样干着用，也可以把粉扑弄湿沾粉用。湿用效果比较自然比较伏贴，干用遮盖力比较好控油效果也比较好。

（资料来源：作者根据相关资料整理）

4.2.5 底色对脸型的修饰

底色对脸型的修饰就是用明暗深浅不一的粉底，以素描的手法，以椭圆形脸型为标准在脸的

各个部位进行弥补与雕刻，以达到完美协调、增强脸部的立体感。

1. 底色对脸型修饰的方法

采用三种不同深浅的粉底来打造脸部的立体感。

（1）基底色。用接近肤色的粉底涂抹全脸。

（2）阴影色。用比基底色暗一号的颜色涂抹在希望收缩或凹陷的部分，如腮部及面颊等处

（3）高光色。用比基底色浅一号的颜色涂抹在希望高耸或突出的部分，如 T 字部位、下巴、下眼睑、颧骨等位置。

2. 底色对不同脸型修饰的技巧

（1）对圆脸型的修饰。将深色粉底涂在额头两侧的颞部、鬓角线部位和脸颊两侧，将浅色粉底涂于发际线周围和下巴处，使脸型有上扬消瘦的感觉，如图 6-12 所示。

（2）对长脸型的修饰。将深色粉底涂在额头上方、发际线、下巴下方，将浅色粉底涂于颧骨和脸颊两侧，使脸型有缩短的感觉，如图 6-13 所示。

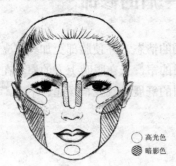

　　　高光色
　　　暗影色

图 6-12　对圆脸型的修饰

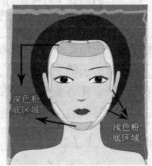

图 6-13　对长脸型的修饰

（3）对方脸型的修饰：将深色粉底涂在额角两侧、下颌角两侧，将浅色粉底涂于发际线周围和下巴处，能够减少脸部的棱角感增强柔和度，如图 6-14 所示。

（4）对菱形脸的修饰：将深色粉底涂在颧骨两侧，将浅色粉底涂于额头两侧的颞部、鬓角线部位以及下巴两侧。从视觉上削弱颧骨的硬棱角，如见图 6-15 所示。

图 6-14　对方脸型的修饰

图 6-15　对菱形脸型的修饰

（5）对正三角脸型的修饰：将深色粉底涂在脸颊宽大处、下巴底部与脖子的连接处，将浅色粉底涂于额头两侧的颞部、鬓角线部位。削弱脸型下部肥大的感觉，如图 6-16 所示。

（6）对倒三角脸型的修饰：将深色粉底涂在两侧的颞部、鬓角线部位，将浅色粉底涂在脸颊

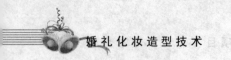

和下巴两侧，增强脸部的丰润感，如图 6-17 所示。

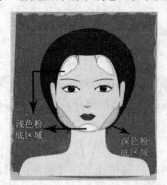

图 6-16　对正三角脸型的修饰

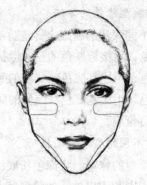

图 6-17　对倒三角脸型的修饰

知识点 5　局部刻画——眉的修饰

古人将眉毛称为"七情之虹"，因为它能够表现不同的情态，并使脸部更加具有立体感。眉毛在眼睛之上，眼睛有心灵的窗户之称，那眉毛就是心灵的帘，长在眼睛上方的眉毛在面部占据着重要的位置，它具有美化容貌和丰富表情的作用。双眉的舒展、收拢、扬起、下垂，可反映出人的喜、怒、哀、乐等复杂的内心世界活动。

5.1　标准眉形

眉毛形状千变万化，许多人在描画眉毛时虽然线条优美、精致，但却让人感觉不舒服，那是因为眉形没有遵循基本的标准，所以只有掌握了眉形的标准，才能画出生动漂亮的眉形。

5.1.1　眉毛的生理结构

（1）眉毛自眼眶的内上角，沿着眶上缘至外上角止。

（2）眉的内端称为眉头，外端称为眉尾或眉梢，眉毛近于直线状，略成弧线状，弧线的最高点称作眉峰，眉头至眉峰中间的部分为眉腰，大多数人的眉腰是整根眉毛中色彩最深的部分。眉头较宽，眉尾较窄。图 6-18 所示为眉毛的结构。

（3）眉毛的生长方向：眉头成扇形，眉腰斜向上方生长，眉峰上半部斜向外下方生长，下半部斜向上方生长，眉梢斜向外下方生长，如图 6-19 所示。

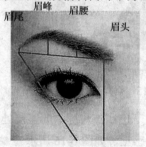

图 6-18　眉毛的结构

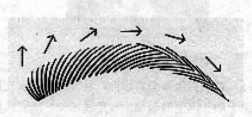

图 6-19　眉毛的生长方向

5.1.2　眉毛的标准位置

图 6-20 所示为标准眉形示意图。

（1）眉在头内眼角的垂直线上。

（2）眉峰在鼻翼至瞳孔外侧的延长线上。

（3）眉尾在鼻翼至外眼角的延长线上，平行或略高于眉头。

（4）眉头到眉峰约占整条眉毛的 2/3，眉峰至眉尾约占整条眉毛的 1/3。

（5）两眉头之间的距离近于一个眼睛的宽度。

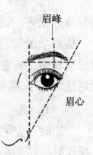

图 6-20　标准眉形

5.1.3　标准眉毛的三点一线

（1）眉头：位于鼻翼外侧与内眼角的延长线上，眉头之间宽度约为一只眼睛的长度。

（2）眉峰：位于鼻翼外侧与瞳孔外侧的延长线上，眉峰是眉毛的最高点，标准位置在眉毛长度的 2/3 处。

（3）眉尾：位于鼻翼外侧与外眼角的延长线上，眉尾要高于眉头。

5.2　眉的修饰

眉毛修饰得好坏，直接影响整个面部化妆的效果，好的眉型，不仅能修饰不够完美的脸型，更能神奇地改变一个人的性格和气质。修饰眉毛，要从化妆的类型、方法和本身的条件出发，选择适合需要的方法与工具依据程序进行修剪。

5.2.1　修剪眉毛的程序

在进行眉毛的修饰前，首先要对眉毛进行修剪，剪去杂毛，然后才能对眉毛进行修饰。

修剪眉毛的程序如下：

（1）根据化妆对象的脸型和眼型选择适当的眉型。

（2）用硬质的小眉刷轻刷双眉，以除去粉剂及皮屑。

（3）用温水浸湿的棉球或热毛巾盖住双眉，使眉毛部位的组织松软，毛也张开，使用润肤霜亦可使眉毛及其周围的皮肤松软。

（5）用专门的修眉工具对多余的眉毛或过长的眉毛进行修剪。

（6）再用收敛性化妆水拍打双眉及其周围的皮肤，以收缩皮肤毛孔。

（7）用眉刷蘸眉粉，轻刷双眉画出想要的眉型。

（8）必要时用眉笔进行描画，再用眉刷修饰调整。

5.2.2　眉毛的修剪方法

1. 拔

操作时用手的食指和中指将眉部皮肤绷紧，以免眉钳夹到皮肤，再顺着眉毛生长的方向一根一根地拔，如图 6-21 所示。如果逆着眉毛的生长方向拔会增加疼痛感。拔眉时的顺序不必强求一律，可以先上后下，也可先下后上。但应注意拔眉时要一点一点 有秩序地进行，这样不仅速度快，

图 6-21　拔眉法

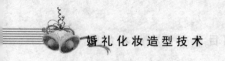

而且眉形整齐，切不可东一根西一根地拔。

拔眉法的特点是修过的地方很干净，眉毛再生速度慢，眉形的保持时间相对较长；不足是拔眉时有轻微的疼痛感，长期用此法修眉，会损伤眉毛的生长系统，使常被拔部位眉毛的再生率越来越低，甚至不再生长。

2. 刮

刮眉时，是利用修眉刀将多余的眉毛剃除。修眉刀的刀片贴紧皮肤滑动，以将眉毛根切断。在操作时应特别小心。因为修眉刀非常锋利，若使用不当会割伤皮肤。

正确的方法是用手将皮肤绷紧，另一只手的拇指和食指固定刀身，修眉刀与皮肤呈45°在皮肤上轻轻滑刀。

刮眉法的特点是修眉速度快，无疼痛感。但剃过的部位不如拔眉显得干净，而且眉毛再生速度快，眉形保持时间短。

3. 剪

将眉梳平贴在皮肤上从眉梢向眉头逆向梳理，把过长和容易下垂的眉毛用眉剪剪掉。眉梢可以稍短一些，靠近眉毛中间的部分要留得长。因此，在修剪时，从眉峰至眉头的部位，梳子要逐渐抬起，这样就可以修剪出眉型的立体感与层次感。

5.2.3　眉毛修剪的注意事项

（1）避免用眉夹夹眉毛，因为它会使眼皮松弛，并且会引起毛囊发炎。

（2）多修眉毛下面，少动眉毛上面，只需把眉毛上面修整齐即可，这样会有眉开眼笑的视觉效果。

（3）不可让眉毛过于长，因为过长的眉毛会缺少女性柔美的感觉。

（4）两个眉毛之间的眉距一定要保持一只眼睛的大小。

5.2.4　眉毛的描画方法

（1）为体现眉毛的真实自然和立体感，先从眉峰处向眉尾直线条描画。

（2）然后用三角刷从眉笔上蘸取颜色顺眉峰方向向眉头越来越淡的扫过去。

（3）眉毛描画的基本原则如下：

① 眉头色浅、眉峰色深、眉尾色中间。

② 眉毛上下的颜色变化为：下实而上虚。

5.2.5　眉毛描画的工具

（1）眉毛描画的工具主要有眉笔、眉粉和染眉膏。

① 眉笔质地的选择要求笔芯柔软适中，容易上色。特点：使用方便，效果细致，适用范围广。

② 眉粉上色最为自然、柔和。适用于眉毛比较稀疏但眉型较完整的眉型

③ 染眉膏拥有最佳塑形效果，上色持久性强。适合于眉色浓黑，眉毛较长的眉型

（2）画眉颜色的选择如下：

① 按年龄选择：中老人宜用灰黑色，年轻人宜用咖啡色。

② 按头发颜色选择：咖啡色系头发宜用咖啡色，黑色及紫色系头发宜用灰黑色。

③ 按服饰颜色选择：冷色系服饰用灰黑色，暖色系服饰用咖啡色。

5.2.6 常见的几种眉型

1. 自然眉

从眉头到眉尾，整个眉毛呈现缓和的自然弧度，显得自然、大方。

2. 挑眉

眉峰在眉毛的 3/5 处，眉毛略高于眉头；显得有精神、妩媚，可拉长脸型，如图 6-22 所示。

3. 一字眉

呈水平直线，平直自然，有的粗而短，有的粗而长。显得青春有活力、果断明快，可缩短脸型，如图 6-23 所示。

图 6-22 挑眉

图 6-23 一字眉

4. 柳叶眉（弧形眉）

眉峰在眉毛的 1/2 处，整个眉毛呈拱形，线条流畅；显得秀气，有女人味，如图 6-24 所示。

5. 刀眉

眉头较细，眉峰粗，眉的线条健康、硬朗、刚毅。剑眉上扬，富正义感又很刚强正直，如图 6-25 所示。

图 6-24 柳叶眉

图 6-25 刀眉

6. 下挂眉

眉尾低于眉头，给人犹豫、苦恼的感觉，如图 6-26 所示。

7. 近心眉

两边眉头距离较近。给人忧愁、紧张、焦虑感觉，如图 6-27 所示。

图 6-26 下挂眉

图 6-27 近心眉

5.2.7　问题眉型的修饰方法

1. 残缺或浓淡不均的眉毛

特征：由于疤痕或眉毛本身的生长不完整使眉毛的某一段有残缺现象。修正：先用眉笔在残缺处顺着眉毛的生长方向一根根描画，再对整条眉进行描画。可用眉粉与眉笔相结合的方式，先浅刷一层眉粉，然后在上面用削尖的眉笔描画，做到真实而自然。图6-28所示为残缺或浓淡不均眉的修饰。

　　（a）修饰前　　　　　　　　　（b）修饰后

图6-28　残缺或浓淡不均眉的修饰

2. 倒挂眉的修饰

拔除眉头上方的眉毛，降低眉头，将下挂的眉梢拔除变短，加画眉峰至眉梢处的眉毛，使眉头与眉梢基本调整在同一水平线上，如图6-29所示。

　　（a）修饰前　　　　　　　　　（b）修饰后

图6-29　倒挂眉的修饰

3. 吊眉的修饰

特征：眉头低，眉梢上扬。吊眉使人显得有精神，但过于吊起的眉则使人显得不够和蔼可亲。修正：将眉头下方和眉梢上方的眉毛除去。描画时，也要侧重于眉头上方和眉梢下方的描画，这样可以使眉头和眉尾基本在同一水平线上，如图6-30所示。

　　（a）修饰前　　　　　　　　　（b）修饰后

图6-30　吊眉的修饰

4. 眉毛浓密的修饰方法

可用镊子将合适部位的眉毛拔去一些，如图6-31所示。如果眉眼间距太近，可重点拔下排眉毛；如眉眼间距合适或稍远，可重点拔上排的眉毛；如两眉间距太近，可拔掉眉间的眉毛；如眉峰明显突出，可在太突出的部位拔去一些眉毛；如眉型合适，则挑选着把眉毛拔稀松一些用浅色眉膏刷出想要的眉毛的颜色。另外，画眼线、涂睫毛膏，加强眼睛的黑白对比度，增强眼睛的感染力，也会使浓眉减弱视觉效果。

（a）修饰前　　　　　　　　（b）修饰后

图 6-31　浓眉的修饰

5. 眉形散乱的修饰方法

眉毛生长杂乱，缺乏轮廓感及立体的外部形态，面部五官不够清晰、干净，显得过于随便。修正：先按标准眉形的要求将多余的眉毛去掉，在眉毛杂乱的部位涂少量的专用胶水，然后用眉梳梳顺，再用眉笔加重眉毛的色调，如图 6-32 所示。

（a）修饰前　　　　　　　　（b）修饰后

图 6-32　眉形散乱的修饰

6. 向心眉的修饰

修正：先将眉头处多余的眉毛除掉，加大两眉间的距离，再用眉笔描画，将眉峰的位置略微向后移，眉尾适当加长，如图 6-33 所示。

（a）修饰前　　　　　　　　（b）修饰后

图 6-33　向心眉的修饰

7. 离心眉的修饰

特征：两眉头间距过远，大于一只眼的长度。离心眉使五官显得分散，容易给人留下不太聪明的印象。修正：由于离心眉的眉头距离过远，要在原眉头前画出一个"人工"眉头，描画时要格外小心，否则会显得生硬不自然。要点是将眉峰略向前移，眉梢不要拉长，如图 6-34 所示。

（a）修饰前　　　　　　　　（b）修饰后

图 6-34　离心眉的修饰

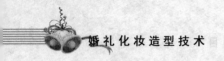

5.2.8 各种脸型适合的眉型

（1）方脸型。大方、近弧形的高挑眉可以缓和方形脸菱角，眉峰略前移，眉梢不要拉长。

（2）椭圆型。此脸型适合的眉型相对于其他脸型来说比较自由。因为眉毛在椭圆形脸上没有任何修饰脸型的作用，所以椭圆形脸型可以尝试多种造型，不需要寻找适合的眉型。

（3）倒三角脸型。适合的眉型：眉毛要画的自然的圆弧型，眉峰的位置略向内移动。眉毛不要画得过长，眉梢的颜色要淡，眉梢自然消失。

（4）正三角脸型。适合的眉型：用眉笔把眉梢向外画长一些，并有一定的弧度。改变眉峰的位置，眉峰略向外移动一点。

（5）圆脸型。适合的眉型：圆脸型的特征就是五官集中，适合上扬眉型。眉头压低，眉峰略向上扬，高挑的弧度可拉长脸部，使五官不显得集中。

（6）长脸型。适合的眉型：把眉毛适当拉长，把眉峰修平一些这样长脸就会显得宽一些，眉毛不宜画得太细，稍许画的浓些。

5.3 婚纱新娘眉的修饰

婚纱新娘妆一般指当日新娘妆，因为处于自然光的环境之下并要与亲朋好友进行近距离的接触，所以整体效果不能过于浓重和夸张，以清新自然、喜庆为主。为了保证当日新娘妆的眉形自然逼真，多用眉粉描画。

5.4 影楼新娘眉的修饰

影楼新娘妆一般多在影棚里和外景环境中拍摄，由于灯光效果强，拍摄时间长，要求妆面的修饰感强、精细度高，所以描画眉型多用眉笔一根根的画，颜色略深，立体感较当日新娘妆强。

知识点 6 局部刻画——眼的修饰

眼居五官之首，一个人的眼睛，常是表达各种感情和表现人的内在美和外表美的窗口，故眼有"心灵之窗"的美称。眼睛是容貌的中心，一双清亮明亮、妩媚动人的眼睛，不但能增加容貌美使之更具魅力和风采，而且能遮去或掩饰面部其他器官的不足和缺陷。

6.1 眼部的外表形态与标准眼形

6.1.1 眼部外表形态

人的双眼包括眼球及其器官，其各局部形态特征及相互间和谐完美关系构成了眼部美的形态结构基础。双眼分别位于双眉之下，鼻根两侧。内眦角位于眉头正下方，大多数人两眉头间间隔与两眼内眦角间间隔相近。眼位于面部中间，双侧位置形态、大小、对称。其位置形态应与额面各部位如脸型、眉、鼻、耳等协调一致。

　　人的眼睛是脸部最吸引人的五官之一，眼睛的外圈是眼睑（眼皮）。眼睑分为上下眼睑，上眼睑以眉毛为界，下眼睑的下沿在颧骨与眼裂的中部。眼部指的就是上至眉毛，下至睑颊沟，内至眉头鼻侧连线，外至眉梢下眼睑连线的中间部位，如图 6-35 所示。

图 6-35　眼部形态

6.1.2　标准眼型

　　决定眼睛美感的因素主要有眼睛的形状、上眼睑种类、眼睛的大小、眼睛的位置。

　　标准眼型的评价标准如下：

　　（1）传统认为的理想眼型主要有丹凤眼（见图 6-36）、杏眼（见图 6-37）、双眼睑、大眼睛（见图 3-38）。

图 6-36　丹凤眼　　　　　　　　图 6-37　杏眼　　　　　　　图 6-38　大眼睛

　　（2）巩膜与虹膜黑白分明。

　　（3）两眼间距符合五眼说。

　　（4）外眼角略上斜、睫毛长而密。

　　（5）眼皮薄厚适中。

6.2　眼的修饰

　　对于面部五官的化妆来说，眼睛的描画是否成功将直接影响整体化妆的成功，所以眼睛的修饰方法最多。眼睛的修饰有眼线、眼影、睫毛膏、假睫毛、美目贴等。

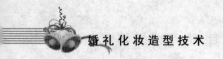

6.2.1　眼影的修饰

眼影对眼睛起到重要的修饰作用，图 6-39 所示为涂眼影的位置。

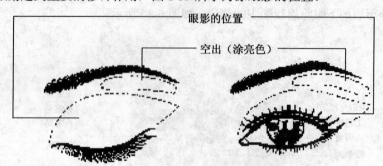

图 6-39　涂眼影的位置

1．眼影的色彩

化妆时涂于眼睛周围的颜色，起强调眼部结构，增加眼睛神采，并且可以起到改善、修饰眼型的作用。眼影色有阴影色、亮色、强调色、装饰色。

（1）阴影色。在希望显得凹陷的部位涂用的眼影色属于阴影色。阴影色有暗灰、深褐、深蓝、深蓝灰、紫灰、深棕。

（2）亮色。希望眼部某个局部显高、突出，丰润而涂用的眼影色属于亮色。白色、淡粉色、灰白色、米色、浅黄色、加荧光的颜色均属亮色。

（3）强调色。阴影色、亮色及任何颜色都可以成为强调色。涂强调色的目的就是为了突出某个部位，使之成为引人注目的焦点。强调色的运用，关键在于色彩比例搭配。

（4）装饰色。现代化妆重视色彩的运用，并不仅仅为矫形而造型，那些为了装饰而运用的色彩属于装饰色。体现个性，追求时尚。

2．眼影的修饰方法

眼影最基本的三种修饰方法是平涂法、晕染法、结构法。

（1）平涂法是指均匀、没有层次的在眼部涂抹眼影色。平涂法分为单色平涂和多色平涂两种。平涂法操作简单，易于掌握，但稍显单调。

（2）晕染法。将较深的眼影颜色渐渐晕染过渡至较浅的眼影颜色。使整个眼部呈现层次分明的明暗过渡效果。晕染法立体感强，色泽丰富。

晕染法分为横向晕染和纵向晕染，其中横向晕染使用的较多，其具体描画方法如下：

① 先用浅色眼影，用平涂手法将眼影平铺于整个上眼睑，如图 6-40 中 1～6 的区域全部涂抹上。

② 然后用略深色眼影从睫毛根部开始逐渐向上描画眼影。（即将上图中 1～4 的区域全部涂抹上。）

③ 最后用最深的眼影色从睫毛根部开始逐渐向上描画眼影。如图 6-40 中 1～2 的区域全部涂抹上。

（3）结构法。将眼影从眼尾向眼头处进行晕染，使眼尾至眼头的颜色由深至浅自然过渡，如图 6-41 所示。结构法可体深尾部的立体感，使眼睛显得大、长、妩媚。

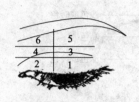

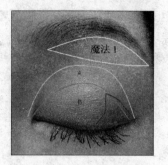

图 6-40 横向晕染法　　　　　　　　图 6-41 结构法

3. 眼影色彩的搭配

（1）单色眼影。任何一种颜色都可以作为眼影来化妆，单色眼影化妆也应有浓有淡，有深浅变化，如图 6-42 所示。单色化妆比较自然，但易单调。

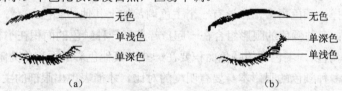

图 6-42 单色眼影搭配

（2）双色眼影搭配如下：

① 同类色搭配：将同一色相中，不同纯度与明度的颜色进行搭配，如图 6-43 所示，如墨绿加草绿、黄色配金色。效果：比较柔和、淡雅，不会产生对比强烈的视觉效果。适用于日妆、职业妆、休闲妆。

图 6-43 同类色眼影搭配

② 相近色搭配：将色环谱上距离接近的色彩进行搭配，如图 6-44 所示，如绿与黄，黄与橙。效果：比较柔和、淡雅，不会产生对比强烈的视觉效果。适用于日妆、职业妆、休闲妆和新娘妆。

图 6-44 邻近色眼影搭配

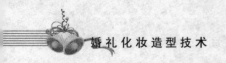

③ 互补色（对比）搭配：将色环谱上呈 180° 的相对的两个颜色进行搭配，如图 6-45 所示，如红与绿、黄与紫、蓝与橙的对比。效果：效果强烈、引人注目。适用于浓妆、晚妆、舞台妆、个性化妆和气氛热烈的场合。

图 6-45　互补色眼影搭配

（3）多色眼影搭配。运用两个以上的眼影颜色进行眼睛的修饰，如图 6-46 所示，在用多色眼影化妆眼妆时，一定要注意从整体效果出发，具体如下：

① 主色调的选择：颜色再多，应该有一个主色调，加上其他的颜色。

② 面积的对比：多种颜色的眼影组合在一起，若是每一种颜色的面积在小相等，就容易形成视觉上的散乱感觉。所以，主色调的颜色面积要在一些，其他色彩的面积作为陪衬与点缀。

③ 明度对比：多种颜色的眼影本身要有明度的对比。才能表现出眼部的主体结构。

图 6-46　多色眼影搭配

6.2.2　眼线的修饰

1. 眼线的作用

眼线可强调眼部轮廓，扩大眼睛使眼睛，更有神可改变眼形。

2. 标准眼线描画方法

（1）画上眼线时，让化妆对象眼睛向下看，用一只手在上眼睑处向上轻推，使上睫毛根充分暴露出来，然后从外眼角或从内眼角开始描画。

（2）画下眼线时，让化妆对象眼睛向上看，然后从外眼角或从内眼角进行描画。

（3）上眼线粗，下眼线细，上眼线的粗细是下眼线的两倍左右。内眼角处眼线较细，外眼角处眼线较粗。

（4）眼线要求整齐干净、宽窄适中。描画时力度要轻，手要稳。

3. 不同形态眼线刻画

采用不同形态的眼线，可以塑造不同的修饰效果，如表 6-3 所示。

表 6-3　不同形态眼线刻画表

眼 线 形 态	描 画 范 围	修 饰 效 果
完整眼线	从内眼角至外眼角睫毛生长处	上眼线自然修饰，强调眼部。下眼线强化夸张眼妆，有抢眼的感觉，有生硬感
中央眼线	眼睑中央部分，正视前方黑眼球上下方，睫毛生长处	视觉上调节眼睛的宽度。使眼睛变大变圆，有可爱感
眼角眼线	由正视前方黑眼球上下方外侧画至外眼角，或由内眼角画至正视前方黑眼球上下方内侧	视觉上调节眼睛的长度和内外眼角的高度，可调整眼型。如：内眼角处眼线向外点画可缩短眼距拉长眼睛；拉长外眼角处眼线，眼睛细长，有古典感，二者弱化，可使眼睛变小变圆
内侧眼线	上下睫毛生长线内侧描画	用白色系眼睛变大、亮丽，下眼线用深色系，可收缩眼睛，加强眼眶的深度，使眼睛有神

6.2.3　睫毛的修饰

1. 修饰睫毛的工具

睫毛修饰需要的工具有假睫毛 、假睫毛专用胶水，平头镊子，尖头剪刀、睫毛液。

2. 粘贴假睫毛的步骤和方法

（1）夹翘睫毛。眼睛向下看，将睫毛夹夹在睫毛上，采用三段式的夹法，从睫毛根部到末端，使睫毛自然弯弯朝上翘。

（2）调整假睫毛。调整假睫毛的弧度和长度，修剪假睫毛时要注意修剪眼尾部分。

（3）涂抹胶水。将专用胶水均匀的涂在假睫毛的根部，并放置 15～20 秒，让胶呈半干的状态，再进行粘贴。

（4）粘贴假睫毛。眼睛向下看，用平头镊子夹住假睫毛的中部，手肘与眼皮成 90°将假睫毛粘贴于靠近真睫毛上方的眼皮上，先贴眼睛的中部，而后再贴眼尾和眼角。

（5）修饰调整。将留有空隙的地方以轻推的方法将整个假睫毛与眼皮贴合，如果胶水外浸，则用黑色眼影进行描画

（6）涂睫毛膏。如果真假睫毛不重合就采用涂睫毛膏的方式使真假睫毛重合，眼睛向上看，以 Z 字形手法从睫毛的根部向外涂。

6.2.4　美目贴的修饰

1. 美目贴的作用

美目贴可以调整两眼的大小，增大眼睛的轮廓和双眼皮弧度，同时可以提升眼尾，对改善眼形也有很好的作用。

2. 美目贴的种类

（1）按材质分为塑料、纸质、胶布、绢纱。

（2）按尺寸分为宽、窄两种。

3. 美目贴的使用方法

（1）美目贴自身有黏性。根据眼形的长度，剪出长度形状适当的美目贴，形状为月牙形，两边不可太尖，应剪成圆形，以免刺激眼睛。用镊子夹住，粘在皱折线适当的位置。轻推眼皮，睁开眼睛，检查是否合适。

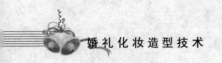

（2）美目贴是粘贴在双眼皮皱褶处，以形成新的皱褶。所以，要使用美目贴，首先眼睛要有皱褶，纯粹的单眼皮是不能使用美目贴的。

（3）内双的眼睛皱折线离睫毛线比较近，因此粘贴起来有一定难度。美目贴一般要剪得较细，要粘贴出曲线流畅的双眼皮。

6.2.5　各种眼型的修饰与矫正

1．凹陷眼的修饰

由于眼睑部上下脂肪薄，使眶上缘明显突出，眼窝出现凹陷的结构。这样的眼睛显得老气。

（1）在凹陷的眼窝处涂浅红色眼影或浅色珠光眼影，由于暖色和亮色具有扩张感，会使凹的部位显丰满。

（2）凹陷眼型的眼线不宜过细，内眼角与眼尾处眼线偏淡，整个眼线的色彩最好由深浅两种颜色组成，靠近睫毛根部用黑色，黑色的上面用咖啡色晕染过度，形成一条饱满自然有立体感的眼线。

（3）加强睫毛的立体感，浓密的睫毛也会使人的注意力转移到眼睛本身的轮廓上去，而不去注意凹陷的眼窝。

2．下垂眼睛的修饰

眼睛下垂得厉害人会使人感觉衰老、无精打采。

（1）下垂眼如果是双眼皮，且前宽后窄的双眼皮，须剪一条前细后粗的美目贴，使外眼角下挂的眼皮撑起来。

（2）下垂眼不仅是本身的眼睛轮廓下垂，还有外眼角的皮肤延伸处有深色的阴影凹陷，须用亮色的粉底或遮瑕膏提亮发暗下垂的外眼角延伸线；再用眼线笔在上眼睑边缘画前细后粗的眼线，到外眼角处自然向上挑。

（3）上眼线在外眼角处向上挑起后，使原来的眼睑与新画的眼线之间形成一个角度，在这个角度内涂上浅色眼影可以衬托出上眼线，使上眼角明显抬高。在新画的上眼线上方涂深色眼影，使眼线与眼影融合在一起，新的外眼角便更具真实感。

（4）用睫毛夹将外眼角部位的睫毛夹卷成形，然后涂刷睫毛膏。向上翘立的浓黑睫毛，除了能使往下挂的眼角有所改观处，还能在一定程度上遮盖上眼睑的化妆痕迹。

3．单眼皮的修饰

（1）如果眼皮较松、较薄，能贴美目贴修饰成双眼皮最好，特别是一些上眼睑边缘被遮挡住的眼睛，贴上美目贴后尽管还是单眼皮，上眼睑边缘轮廓出来了，才能有地方画上眼线，可以使眼睛变得有神。

（2）加宽眼睑边缘的厚度，在上下眼睑的边缘画上略粗的眼线，并且紧贴眼线涂上深色眼影，可以使眼睛的轮廓显得大而丰富。

（3）适当增加眼裂的长度，上下眼线在外眼角处顺势略作延长，逐渐消失。

（4）在内双皱褶内涂深色眼影，然后用晕染法逐渐向上过渡。

（5）可以用睫毛液或假睫毛，增加眼睛的立体感。

4．吊眼的修饰

吊眼为外眼角略向上，能使人显得精神、有特点，但有时容易给人厉害的感觉。

（1）如果吊眼是严重的内双时，会没有地方画内眼角处的上眼线，需要修剪一条前粗后细的美目贴，先将内双眼皮贴成外双眼皮，再画上眼线。

（2）画上眼线时，加宽内眼角处的眼线，至眼睛中间逐渐变细，到外眼角时向下拉。画下眼线时，从外眼角睫毛根部起由粗变细，渐渐往内眼角方向，收在瞳孔下方。

（3）加重内眼角上方的眼影，适合横向的眼影晕染法，于外眼角处向下晕染。

（4）用睫毛液多次刷染内眼角及眼睛中间部位的睫毛，加强内眼角部位黑白对比的立体感。

5. 圆眼睛的修饰

圆眼睛给人清纯机灵，但却给人不成熟的感觉。

（1）将淡色眼影涂于整个上眼睑，从眼窝或双眼睑中部向外眼角晕染阴影色，使眼睛看上去显长些。下眼线要短，到中部就逐渐消失了，以减少圆的感觉。

（2）用眼线适当修饰延长内外眼角的长度，瞳孔上方的眼线保持原有的宽度，瞳孔外侧至外眼角眼线逐渐加宽延长，眼线的尾部略微向上挑。

（3）内眼角和外眼角处的眼影最深，适合横向的眼影晕染法，拉长眼型。眉毛不宜描得太弯，适合带些棱角的眉型，眉峰位置也不适合在瞳孔上方，应往后移一些。

（4）适合贴斜向的假睫毛，那样会使眼睛显得长一些。

6. 长眼睛的修饰

长眼睛有时很迷人，有独特的美感，不要盲目地去画大，那样会很不自然，如果需要改变细长眼睛，可以用以下方法。

（1）强调眼睑的边缘线，即用画眼线的方法使眼裂放宽。如果长眼睛为内双，则用美目贴把双眼皮先贴宽一些。眼线描画时应在眼球位置加粗，同时眼尾处不要延伸。

（2）从上眼睑边缘开始涂深色眼影，慢慢向眉毛处过渡。眉毛不要描得太粗或者太深，也不要与上眼线的弧度一致，这会使得眼睛在眉毛的对比之下显得更加小而细长。眉毛也可修饰得纤细、自然些

（3）贴上一副假睫毛，使眼睛看上去显得大而亮。但是注意千万不可再贴斜向的假睫毛，那样会使眼睛显得更长。

7. 肿眼泡的修饰

上眼睑的皮下脂肪过于丰满，俗称肿眼泡。由于上眼睑的鼓突，使得眉弓、鼻梁、眼窝之间的立体感减弱，也影响眼睛的美感。修饰方法如下：

（1）重点刻画眼线，用眼睛的明亮神采来减弱眼睑浮肿的印象。

（2）用冷灰色调涂于上眼睑肿处，如蓝灰、紫灰、绿灰等色。冷色和纯度低的灰色在视觉感觉上有收缩、后退的效果。用提亮色眼影涂于外眼角和眉梢的边线位置，因为肿眼泡沫这个位置会有自然的阴影，必须弱化它。

（3）避免弧度较大的眉型，那样会加重肿眼泡的效果，适合带些棱角的眉毛。睫毛自然柔和，避免太过加强睫毛的立体感，那样也会带动整个眼部向前进突起。

6.3　婚纱新娘眼的修饰

婚纱新娘的眼妆由于处于自然光的环境之下并要与亲朋好友进行近距离的接触，所以眼妆不

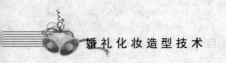
能过于浓重和夸张，以清新自然、喜庆为主。婚纱新娘的眼线多用眼线笔、眼线膏来体现眼睛的自然线条；眼影一般选用高明度、低饱和度的红色系的色彩并运用晕染法或结构法打造喜庆柔和的眼妆效果；假睫毛一般使用仿真睫毛并注意和真睫毛的过渡衔接。

6.4 影楼新娘眼的修饰

影楼新娘妆由于光线和镜头的原因以强调眼部立体感为主，所以眼线多用眼线膏和眼线液来强调眼部的立体；眼影一般选用的颜色较婚纱新娘浓艳些；美目贴和假睫毛也较婚纱新娘妆夸张些。

知识点 7 局部刻画——鼻的修饰

在面部的各种器官中，鼻子将面部分成左右对称的两半，是全脸最高的部位，由于鼻部的突出和醒目，所以它的形象对容貌的影响很大。

7.1 标准鼻形

为了妆容的整体效果，必须掌握标准的鼻形，以便于鼻形的矫正和修饰。

鼻子的形态鼻子呈三角形椎体，位于面部中央，占据面部的最高点。

鼻子的作用有以下几个方面：

（1）是面部凹凸曲线最明显的标志。

（2）是评价面部美的重要对象。

（3）是面部平衡所在。

（4）决定了脸是生动还是平板。

标准鼻型为：鼻子的长度为脸长的 1/3，一般为 6～7.5 厘米；鼻宽为左右侧鼻翼点之间的直线距离，标准鼻宽一般相当于鼻高的 1/3；鼻子的高度一般不能低于 9 毫米，男性为 12 厘米左右。女性为 11 毫米左右；鼻尖的理想高度是鼻长的 1/3，女性一般在 2.3 厘米左右。两鼻孔最外侧间的宽度不宜超过两眼内眼角的宽度，如图 6-47 所示。

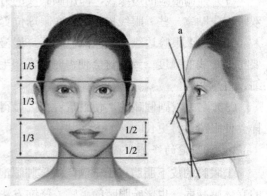

图 6-47 标准鼻型

总体要求：鼻梁挺拔，鼻头圆润，鼻翼从两侧向上延伸至两内眼角处，鼻翼大小适度。

7.2 鼻的修饰

鼻部的外形因人种、性别、年龄的不同而有所不同。鼻子的高低对脸部的立体感有决定性的影响，所以对不理想的鼻子进行修饰和矫正可以完善化妆的效果。

修饰鼻子时，通常都是用套刷和海绵扑相结合来使用，用以给鼻子打侧影和高光。鼻侧影的颜色为暖色，与肤色与眼影色相近，应比底色暗一些。一般选用浅棕色、棕灰色、土红色、褐色、紫褐色的眼影粉来给鼻子打侧影，打造出自然的阴影的效果。

7.2.1　鼻部的基本修饰方法

鼻部修饰的基本方法有两个：一是在鼻翼两侧用影色涂鼻侧影；二是在鼻梁上用亮色提亮打高光。

1. 鼻部修饰的基本步骤

（1）在打好粉底后，可用白色粉在鼻子上再薄打一层，使鼻子呈现出直挺的线条感。

（2）选用深色的粉底或眼影，用手指或圆头眼影涂侧影。涂鼻侧影时，可先在内眼角处点上一点眼影，然后向眉头、上眼睑、鼻梁两侧晕染。眉头处的颜色与眼影色要融为一体，鼻翼两侧的颜色要淡一些，注意颜色的过渡要柔和。白色与深色的对比，可以衬托出鼻梁的立体感。

（3）用大号眼影刷蘸取高光粉，自鼻根开始，垂直扫于鼻梁上，直至鼻头处止，提亮整个鼻梁。

2. 鼻部修饰注意事项

（1）鼻侧影的起始处应呈弧形，不能是直角。

（2）左右两条鼻侧影要均匀对称，鼻梁两边侧影的宽度一般为 1～1.5 厘米，过宽或太窄都不自然。

（3）鼻侧影的内侧呈平直状，外侧要晕染开。

（4）鼻侧影的颜色一定要与妆容底色、眼影颜色相协调，不能有明显的反差。

（5）对于鼻梁较窄或两眼间距较近的人，都不宜描画鼻侧影，因为这样会让鼻梁看来更窄，或双眼间距更近。

7.2.2　各种鼻型的修饰方法

1. 长鼻型

外部特征：鼻子过长也就是面中庭偏长，会使脸型显得较长。

矫正方法如下：

（1）压低眉头，并且眉毛避免画成上挑形，可以使鼻子的长度相应变短。

（2）鼻侧影向内眼角涂染，颜色要淡，向下不要延续至鼻翼，鼻尖处横扫少许阴影。

（3）鼻梁的提亮色加宽，提亮色与鼻侧影的颜色形成弱对比，不要形成显眼的化妆痕迹。

（4）面颊上腮红色适合横向晕染，造成和谐温柔的感觉，对减弱长鼻子的印象也有一定效果。

2. 短鼻型

外部特征：鼻子过短也就是面部中庭偏短，会显得五官紧凑，给人以紧张，不开朗的感觉。

矫正方法如下：

（1）改变眉型，将眉头稍向上抬，这样就抬高了鼻根部位。

（2）将鼻侧影向上渲染至眉头，向下到鼻翼处消失，用色彩的纵向引导，使人们的视线由于上下移动而感觉鼻子的长度有所增加。

（3）加强鼻子的立体型造，鼻部的亮色面不应过宽，鼻梁比正常比例略微收窄一些，鼻侧影

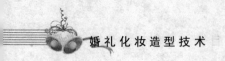

的颜色略重，立体的鼻梁比扁平的鼻梁显长。

（4）要注意减弱鼻翼的色彩，因为明显的鼻翼会增加鼻子的宽度。

3. 塌鼻型

外部特征：鼻根低、鼻梁与眼睛平，甚至低于眼睛所处的平面，面间中央凹陷，缺乏立体感。

矫正方法如下：

（1）在鼻根、鼻梁处涂明亮的颜色。

（2）在鼻子的两侧涂阴影色，鼻侧影的上端与眉毛衔接，两边同眼影混合，下方则消失于底色，使鼻侧影形成一个自然而真实的侧面阴影。

4. 蒜鼻型

外部特征：蒜头鼻鼻尖和鼻翼都圆而肥大，往往鼻孔宽大。鼻头肥大使女性看起来粗犷，缺乏灵气、平庸。

矫正方法如下：

（1）将略深于肤色的鼻影色从鼻侧延续至鼻翼，深色有收缩感，可以在视觉上感到鼻翼小了。

（2）用比肤色浅的明亮色涂于鼻头的最高处。

（3）鼻梁上的浅亮色不宜细窄，鼻梁和鼻侧的明暗转折一定要柔和。

（4）双眉作横向扩张，嘴适当画大一些，唇色、面颊色丰满红润，都会使鼻翼在相比之下显得小巧。

5. 塌鼻梁

外部特征：这种鼻形给人感觉面部缺乏立体感，有种呆板的感觉。形态表现为脸面扁平，鼻根鼻骨处缺乏凸起感，鼻梁扁平，甚至有些比眼睛更低。

矫正方法如下：

在鼻梁侧涂上阴影色，内眼角眼窝处加深，上与眉接，两边与眼影混合，在两眉之间的鼻梁上涂亮色，过度宜自然，以此来产生视觉立体感。

6. 长鼻子

外部特征：一般来说鼻子长度大于面部的1/3就属于长鼻了，视觉上会觉得脸显得很长。

矫正方法如下：

鼻翼、鼻尖部分可用阴影色修短，用亮色加宽鼻梁，以内眼角旁鼻梁侧晕染影色向下至 1/3处，要注意的是鼻影的颜色比眼影稍微淡一些，不要延伸至鼻翼。

7. 短鼻子

外部特征：一般来说鼻子长度短于面部 1/3 就是鼻梁短小了，这样看起来脸面显得又挤又窄。

矫正方法如下：

用阴影色晕染鼻两侧，面积稍宽，用亮色涂鼻梁，亮色在晕染的过程中要大一些、长一些，但鼻梁亮色不要太明显，这样反而会失真，另外画眉毛时可适当高挑些。

7.3　婚纱新娘鼻的修饰

婚礼新娘妆鼻的修饰注意明暗色彩的过渡融和，不能有太过明显的分界线和痕迹。

7.4　影楼新娘鼻的修饰

影楼新娘妆强调的是立体感，所以鼻侧影和鼻高光稍明显些，修饰的力度也较婚纱新娘妆大一些。

知识点 8　局部刻画——唇的化妆

嘴唇是面部表情的重要部位，也是表现女性魅力的重点之一，而唇部通过化妆，即通过口红的描画和涂染，则更能表现嘴唇的美态。

8.1　唇的范围与结构和标准唇形

嘴唇是指上下唇与口裂周围的面部组织，它是由皮肤、肌肉、疏松结缔组织及黏膜组成。上唇中央为人中，上唇结节上方有一个凸起的峰称为唇峰，如图 6-48 所示。

唇是人的重要器官之一，是脸部肌肉活动机会最多的部位，它在面容上的分布同样要遵循比例适当的标准才算美。

标准唇形的唇峰在鼻孔外缘的垂直延长线上，嘴角在眼睛平视时眼球内的垂直延长线上。下唇略厚于上唇，下唇中心厚度是上唇厚度的 2 倍；嘴唇轮廓清晰，嘴角微翘，唇峰两侧呈船底型，整个唇形富有立体感，如图 6-49 所示。

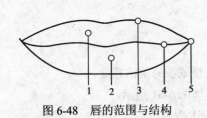

图 6-48　唇的范围与结构

1—上唇；2—正唇；3—唇峰；4—口峰；5—嘴角

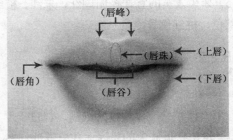

图 6-49　标准唇型

8.2　唇的化妆

通过对唇的修饰，不仅能增强面部色彩，而且还有调整肤色的功能，口红能反映一个女性的个性、气质、口味和审美情趣，是充分展示女性内心世界的外部窗口。

8.2.1 唇部的修饰方法

1. 基本修饰方法

（1）用唇刷蘸一点儿无色的润肤油，先滋润唇部，便于上色。

（2）在嘴唇周围的皮肤上拍些散粉使唇边部位呈粉质状态，以免油脂使唇膏顺唇纹晕开。如果需要修整唇型，则要先与肤色接近的粉底盖住原有唇线，并扑上散粉定妆。

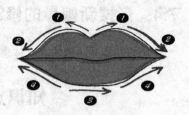

（3）用唇线笔定点、连线、修饰、勾勒出满意的唇型。如要唇线更固定、妆面更持久，可在画好的唇线上扑些定妆粉再次定妆，如图 6-50 所示。

图 6-50 唇线的画法

（4）唇部上色。用唇刷蘸上唇膏先涂嘴角，再蘸稍浅的唇膏色耐心地涂满嘴唇，最后用唇刷在唇面上做衔接调整，完成基本唇妆。

（5）将纸巾置于嘴唇上，用手指轻按；或者将纸巾置于上下唇之间，双唇轻轻抿一抿，一方面让口红能融入嘴唇，唇膏更加服帖；另一方面吸取过多的色彩，让双唇更加自然柔和

（6）如果需要色彩很浓艳的唇妆，则需要从唇部上色起按顺序再上一层唇膏。最后用透明的唇彩或唇油，在双唇的中间部位上光提亮，营造立体亮泽的双唇。

2. 唇膏颜色的选择

（1）唇膏颜色应与服装整体色调搭配协调。

（2）唇膏颜色应腮红颜色基本一致。

（3）年轻女性宜用浅色系列口红，年长宜用自然稳重的红色。

（4）肤色浅的宜用浅色唇膏，肤色深的宜用偏深色的唇膏。

（5）牙齿发黄的宜选择珊瑚红、朱红、橙红、鲜红等暖色系唇膏。牙齿发灰的宜选择粉红色、玫瑰红色、桃红色等冷色系的口红。

8.2.2 各种唇型的修饰

1. 厚唇型

唇形有体积感，显得性感饱满，但过于厚重的唇形会使女性缺少秀美的感觉。

（1）运用接近肤色的粉底盖住外露的红唇，把轮廓缩小，如图 6-51 所示。

（2）把下唇底部与颏唇沟交接处的阴影向上延伸，如图 6-51 所示。

（3）改变的唇膏边沿和轮廓线要平直，同时在涂抹唇膏时，不能选择太浅的唇膏颜色，并且要有深浅层次。

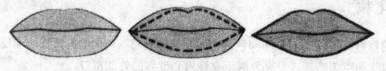

图 6-51 厚唇型的修饰

2. 薄唇型

上唇与下唇的宽度过于单薄，从而使人显得不够大方，缺少女性丰满的曲线美。

（1）用唇线笔加强唇峰的高度，把下唇加厚一些，如图 6-52 所示。

（2）用色上选用深的红，涂满，然后再在中间部位加浅红色，来增加立体感，如图 6-52 所示。

图 6-52　薄唇型的修饰

3．棱角唇型

带棱角的唇型体现一种干练职业化的风采，但是如果配上带棱角的方脸型或菱形脸时，会缺少女性柔美的气质。

（1）唇峰形部位与唇底部不动，用深色唇线笔加宽上下嘴唇轮廓两边的弧度，则立即呈现饱满圆润的唇型，如图 6-53 所示。

（2）在轮廓线以内涂唇膏，注意原唇型轮廓内的唇膏色浅一些，这样视觉上就立体圆润了，如图 6-53 所示。

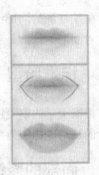

图 6-53　棱角唇型的修饰

4．突唇型

先画唇型轮廓线。上唇轮廓线从嘴角开始，偏离本来的上唇边沿，斜向上，向前的弧线，与原来的唇峰汇合（如果原来的唇峰高，则把汇合点降得低一点），如图 6-54 所示。

图 6-54　棱角唇型的修饰

5．下挂唇型

唇角下垂使人显得严肃不开朗和老气。

（1）将嘴角线往上描使，使其往上翘，如图 6-55 所示。

（2）将上唇线向上方提起，嘴角提高，下唇线略向内移。下唇色浅于上唇色，不宜使用较多亮色唇膏，如图 6-55 所示。

图 6-55　下挂唇型的修饰

8.3　婚纱新娘唇的修饰

婚纱新娘妆在唇的化妆中强调自然、清新，所以在修饰过程中唇线较弱化，口红的颜色以浅淡的红色为主。

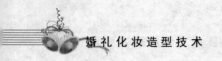

8.4 影楼新娘唇的修饰

影楼新娘妆由于光线的原因，在唇的化当中强调立体和轮廓感，所以在修饰过程中唇线较明显，口红也采用不同深浅的红色来打造立体丰润的唇型。

知识点 9 局部刻画——面颊部的修饰

生动红润的面部给人青春健康的印象，同时形状不同的腮红对脸型有很好的修饰作用，所以腮红对面部的修饰是美容化妆步骤中非常重要的一步。

9.1 标准脸型

根据美学的审美依据，标准的脸型为椭圆形即瓜子脸。面部比例应符合三庭五眼的美学概念，且脸的长与宽比例为 34:21，上部略圆，下部略尖。

9.2 面部的修饰

脸颊以及颧骨是面部最宽阔而显眼的部位，常用腮红来进行修饰，这样可以加强脸型的立体感和生动感，显得精神焕发。

9.2.1 腮红的作用

1. 健康肤色

人的脸颊部位，毛细血管极为丰富，由于毛细血管充血而使得颊部呈现出微红色，当身体有病或营养不良，或过度疲劳时，生理机能的正常运转受一定影响，反映在面部，其特征之一就是皮肤枯黄、苍老、无光泽，脸颊无红色，所以红润的面颊是身体健康的标志。

化妆时，在面颊以及与之相连接的眼窝部位，造成红晕，使整个面部显现健康、红润的肤色。也可增加皮肤的色调以及色彩的层次性，可以加强脸的生动感和立体感。

2. 装饰强调

在节日里，常见一些孩子的脸蛋上涂着两团红色，这是家长打扮孩子的一种方法，以增添节日的喜庆气氛。在生活中化妆中，涂上腮红，不仅能使整个面部精神起来，也起到了一种装饰、强调的作用，同时腮红又能去唇膏和服装色调相呼应。

3. 统一色调

人的面部结构有高低起伏，皮肤的色调也有许多微妙的变化，即使涂了底色，也不一定能达到理想的效果，涂上腮红，并在额部、眼窝、下巴等处均匀地、有层次地晕开，能减弱那些细微的凹凸及皱纹所形成的明暗对比。

4. 改变脸型

当在脸颊的凹陷处涂上浅亮的红色时，这个凹陷的部位就会因为浅亮的红色而给人以饱满的印象；如果在这个部位涂上深于底色的暗肤色，再用偏灰暗的棕红色作为过渡，就可以加强这个部位的凹凸结构。这就是红色所具有的特殊色彩张力,视觉影像十分明显,因此腮红的色彩饱和度、腮红的色相和深浅、腮红所涂的部位都会对脸部的结构和脸的形态产生视错觉,从而改变面部及美化面部整体形态。

9.2.2   腮红的主要产品

涂在面庞上使肤色红润的腮红主要有粉状、膏状、液体和慕斯四种。

1. 粉质腮红

适宜人群:油性肤质、混合性肤质等。

妆效特点:健康自然美感。

相比膏状和霜状腮红,粉状质地能够抑制一部分油光。但是干性皮肤的女性可要慎用,因为肌肤表面的水分和油分的缺失,会使腮红粉浮在脸上,看上去像戴了面具。不过,如今不少品牌都推出了一种"蘑菇头"腮红,它们大都也是以粉质的状态存在,因为直接包裹在细腻的海绵头里,所以色彩和质地会更加柔和自然,也会更贴合肌肤,如果是干性皮肤可以尝试"蘑菇头"腮红。

2. 膏状腮红

适宜人群:干性肤质、混合性肤质等。

妆效特点:滋润服帖美感。

膏状腮红中含有的油脂成分正好可以满足干渴的肌肤需求,同时又容易将色彩服帖地上在肌肤表面。一般来说,膏状腮红的色彩会相对浓重一些,可以更加突显出红润的好气色,再加上持久的妆效,因而比较适合在隆重的场合使用。

3. 液体腮红

适宜人群:所有肤质。

妆效特点:持久自然美感。

自从 Benefit(贝玲妃)推出第一瓶液体腮红后,不少品牌也开始推行起这个概念。这瓶看起来不起眼的液体,可以给脸部由内到外自然透出的红润,而且还很持久,不会脱落。更加神奇的是,它还可以用在嘴唇,让你没有气色的双唇恢复童年的娇嫩。

4. 慕斯腮红

适宜人群:所有肤质。

妆效特点:光滑丝缎美感。

慕斯腮红颠覆了粉状与膏状腮红的传统,慕斯腮红的灵感来自肥皂泡泡,虹光色彩与湿润的触感,使用时如丝缎般的光滑质感,就如同第二层肌肤般细致、柔嫩。腮红的上妆重点是不夸张,若隐若现的红扉感营造出一种纯肌如果冻般的娇嫩可爱。

9.2.3   腮红的位置与形状

腮红的位置是在脸颊及颧骨处,它的修饰可以让面容生动和红润,同时还能有效的修饰脸型。

腮红按形状大致可分为圆形、长条形、扩散形。

圆形腮红给人以可爱、温柔的感觉。画法:在正面、笑肌最高的地方,以打圆的方式,由内往外,渐渐晕开,制造自然的红晕感,如图 6-56 所示。

长条形腮红扩散形腮红则给人自然、柔和的感觉。长条形腮红按方向分为横向、纵向、和斜向。横向有拉宽的效果，纵向有拉长的效果，斜向有瘦脸的效果。

斜形：可以加强面部的立体感。制造立体、小脸感选择偏咖啡色系的修容。画法：由颧骨下方往太阳穴的方向，以椭圆形的方式斜刷，如图 6-57 所示。

横刷：适合瘦长脸、窄型脸沿着颧骨往外刷，选择较浅的颜色来修饰，制造膨胀效果，让瘦长偏窄的脸蛋看起来饱满圆润，如图 6-58 所示。

双色：营造名媛或小公主气质以橘色系打在颧骨下方，再使用粉红色打在颧骨上方，就给人柔和甜美，如图 6-59 所示。

图 6-56　圆形腮红

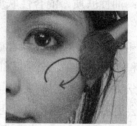

图 6-57　斜形腮红

图 6-58　横刷腮红

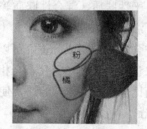

图 6-59　双色腮红

9.2.4　腮红的修饰方法

1. 腮红颜色的选择

常用的腮红色：橙红、棕红、朱红、砖红、玫瑰红、粉红、 桃红。腮红颜色还要与唇膏色搭配，与服装色彩协调呼应，也要根据场合选择腮红的颜色。

2. 基本修饰方法

（1）涂腮红时，做一个微笑的表情，使脸颊上的肌肉隆起，在脸颊上肌肉隆起中心点，涂上胭脂，随颧骨方向朝耳根涂抹，然后再与颧骨下面部糅合在一起。

（2）腮红涂抹时要注意色彩不高于耳际最高点，不低于嘴角延长线，离鼻翼要有两指宽的距离。

（3）腮红涂抹时的技巧为：轻扫、适量、对色、落点、修型。标准涂敷法：涂腮红不可低于鼻尖。于眼球外侧为基准向外扫向太阳穴下方的发际线，也就是用大胭脂刷沾些胭脂，微笑，以找出颧骨的位置，然后将胭脂轻轻向上斜刷，再用棉片抹去过量的胭脂。

3. 具体步骤

步骤一：在手背调整腮红粉的量。

如果直接沾了粉就涂，就会发现腮红不但不易控制，往往会变得色泽太浓，即时补救压上粉饼也会浊浊的，先轻敲弹几下粉刷，让粉末掉落一点再使用。

步骤二：以脸颊的中心点开始。

大约在黑眼珠的下方、与鼻翼水平线的交叉处，从这里开始修容的话，最重的颜色就会落到脸颊最凸出的地方，粉嫩的好气色自然流露出来。

步骤三：腮红横向刷拭较佳。

像笔杆标识的水平线一样，往耳朵延伸去就是腮红刷移动的路线，力道越往后面越轻，从颧骨最高处开始，以刷具斜面沿着颧骨下方一直到耳旁。

步骤四：往脸颊中心返回。

从后面往脸颊中心返回，用刷毛的扁平侧面刷回来，像这样重复来回刷拭几遍，才会让腮红颜色与形状自然有层次，切记一定都要以颧骨中心颜色最重。

步骤五：用指腹加强按压腮红。

有画腮红的地方用指腹再轻微按摩，目的是让粉末与肌肤更佳服帖密合，同时让腮红的范围晕染得不明显，对消除腮红不均匀的现象也有帮助。

4. 各种脸型腮红的涂法

（1）标准脸型。相对于其他脸型，标准脸型的画法比较简单，适合标准脸型的腮红可刷成椭圆形，就是腮红不超过眼中及鼻子下方，由颧骨向太阳穴处向外向上刷，这样能烘托出椭圆形脸的柔美。

（2）长脸型。脸型长的女性在涂腮红的时候，要横向握腮红刷，平行扫在脸颊两侧，不能刷至低于鼻梁处。注意涂抹适量，尽量不要变成高原红。

（3）圆脸型。圆脸型在画腮红时，应用直线条增加脸部的修长感，将腮红以斜线的画法，由颧骨下方到太阳穴的位置打出斜线状的腮红，是修饰圆脸型和表现成熟味道的关键。

（4）方脸型。在腮红的使用上，必须以圆线条来增加脸部的柔和感，选用椭圆形腮红刷，将腮红以画圆的方式，从外眼眶、太阳穴然后连接到苹果肌的最顶点处。

（5）倒三角脸型。腮红的晕染位置不宜过高，可从比较突出的部位往颧骨侧斜刷，以减轻腮部的宽阔感。

（6）菱形脸型。晕染腮红时应注意晕染不宜过长。将腮红从耳际稍上处往颧骨方向斜刷，颜色不宜太红。

知识点 10　修妆与补妆

定妆、修妆均为化妆造型后为保证妆容的持久性而做了维护和修补工作，其目标就是为了让新娘一直保持清新美丽的形象。

10.1　修妆与补妆

虽然有了定妆这个步骤，但是任何妆都不可能持续一整天，通常的定妆产品只能保持 3～4 个小时的妆容，所以为了进一步保持妆容的完整无瑕还需要进行修妆与补妆。尤其是作为婚礼化妆师跟妆时更应该注意修妆补妆的技巧。

修妆与补妆的步骤如下：

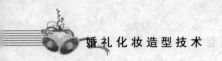

（1）清除汗渍。用面巾纸轻轻擦掉汗渍。不要太用力，不然会破坏底妆。

（2）吸去油脂。用吸油纸轻轻按压，吸去面部油脂，尤其是 T 字区。同样要轻柔，用力拉扯，只会让毛孔变得更粗大。

（3）刷去残渣。用一把干净的小刷子刷掉脱落的睫毛膏残渣，或用棉签蘸取化妆水或乳液擦掉晕开的眼部彩妆。

（4）蜜粉定妆。用蜜粉轻拍整个脸颊，尤其注意眼部周围。

（5）完美补色。最后用睫毛膏重新刷一遍睫毛，补上腮红和唇膏，重新恢复神采奕奕。

10.2 修妆与补妆的技巧

10.2.1 油脂、汗渍、残妆的清除技巧

如果不想在补妆以后又很快的出现脱妆、花妆的现象，那么补妆前一定要先将面部的油渍、汗渍和残妆清理干净。

方法：先用面纸巾轻轻贴于脸部，在额头、鼻翼和嘴周处可以适当的借力按压。这样能避免擦拭后出现妆容不均匀的现象。用吸油纸按同样的步骤，带走面部的油脂和脱掉的妆容和浮粉。

如果没有带吸油纸也可以用普通的面纸巾加上保湿喷雾应急，操作步骤为：先将面纸巾贴于面部，然后将保湿喷雾喷在面纸巾上，喷雾的量是微微打湿了面纸巾，然后用双手轻轻按压，力度要均匀。重点如 T 字区、额头、下巴要适度的加重力度。注意，纸巾一定是能罩住整个面部，否则直接喷到脸上就会导致花妆。

10.2.2 底妆的补妆技巧

补粉时，用微湿的海绵进行补粉能令底妆更加持久，用轻压的方式沾粉，然后依次从额头、下巴、鼻子以及嘴角、发鬓和人中这些极易被忽视的部位都要顾及到，涂抹均匀直至新粉和旧妆充分地融合。

方法：选择一款干湿两用的粉饼最适合，这样底妆更持久。当然，如果是普通粉饼，可以用海绵蘸取少量的乳液，然后沾上适量的粉，以轻轻按压的方式涂抹于 T 字区。这样就不容易脱妆，而且能保证滋润度。

10.2.3 腮红的补妆技巧

要想让妆容亮丽起来，仅补底妆是远远不够的，还必须补腮红，这样才不至于令妆容显得苍白无力。

方法：用腮红刷沾上少许的腮红轻轻扫在苹果肌处即可。注意：补妆时选择的腮红最好是色差不要太大，用颜色比原腮红略淡的最佳。注意补腮红的时候一定是用腮红刷从苹果肌处往斜上方处刷，力度由微重逐渐减轻，这样不仅能打造出轮廓感，而且妆容会很自然。

10.2.4 眼妆的补妆技巧

做好残妆清理的工作后，对于眼妆，还需要再次处理。睫毛膏如果晕染了，不要用干燥的棉

签棒进行擦拭，因为干燥的棉签棒易损伤眼部的肌肤，但是如果用水擦拭又会使晕染的情况更为严重。所以要用棉签棒蘸取少量的保湿啫喱或者是乳液、护手霜之类的滋润产品进行擦拭。

方法：清理完毕后，稍稍的补上粉底后再补眼影。用眼影棒取适量的眼影，用手指轻轻揩一揩后再画上去，避免补妆后眼妆太过厚重。

10.2.5　唇妆的补妆技巧

如果唇妆保持的比较好的话，只需要简单的用粉底或遮瑕膏微微遮盖住原色，然后为双唇上色，上色完毕后用嘴唇轻轻地抿住面纸，这样唇妆足够轻薄，能延长其持久度。

方法：重新加重口红也是补妆的一个重点，注意要使用比之前红色再深一点的口红，因为之前使用的口红，已经让唇部边缘轮廓有了破损和延伸，所以说要用更深一点的口红进行覆盖和弥补。

【教学项目】

任务 1　认识肌肤实训

在学习了相关理论知识的基础上，通过认识肌肤的模拟实训练习，能够使大家更加熟悉肌肤的基本常识，掌握保养肌肤的基本手段。

活动 1　讲解实训要求

教师讲解实训课教学目的和教学内容
（1）化妆对象面部特征分析。
（2）婚礼化妆师清洁双手，化妆对象清洁皮肤。
（3）涂擦安瓶、化妆水和护肤乳液，做好妆前保养。

活动 2　教师示范

（1）抽选一名学生做模特，对其进行面部特征分析。
（2）抽选一名学生做模特，教师模拟婚礼化妆师，演示化妆前的准备过程。

活动 3　学生训练、教师巡查

（1）学生按照两人一组，分为婚礼化妆师和模特，练习化妆前的准备流程，然后互换角色，相互点评。
（2）教师随时巡查、指导学生。

活动 4　实训检测评估

教师通过实训检测评估表评估学生的实训练习成果，具体表格内容如表6-4所示。

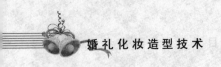

表6-4　认识肌肤实训检测表

课　程	婚礼化妆与造型设计	班　级	级婚庆班			
实操项目	认识肌肤	姓　名				
考评教师		实操时间：	年　月　日			
考核项目	考核内容	分　值	自评分 （20%）	互评分 （30%）	教师评分 （50%）	实得分
化妆对象面部 特征分析	化妆对象的脸型、五官特点、 肤质及肤色分析是否到位	30				
婚礼化妆师手 部清洁工作	手部清洁是否到位，是否为化 妆对象固定住头发，并在衣领处 围上纸巾或布块	20				
化妆对象面部 清洁工作	化妆对象面部清洁工作是否 到位，方法是否得当	30				
化妆对象的面 部保养工作	安瓶、化妆水、护肤乳液的涂 抹顺序和涂抹方法是否正确	20				
总　　分						

任务 2　皮肤、脸型、面部基本比例和面部立体结构实训

在学习了相关理论知识的基础上，通过对皮肤、脸型、面部基本比例和面部立体结构的模拟实训练习，能够使大家更加熟悉皮肤、脸型、面部基本比例和面部立体结构的基本常识。

活动 1　讲解实训要求

教师讲解实训课教学目的和教学内容
（1）化妆对象皮肤特征分析。
（2）化妆对象脸型特征分析。
（3）化妆对象面部基本比例特征分析。
（4）化妆对象面部立体结构特征分析。

活动 2　教师示范

（1）抽选一名学生做模特，对其进行面部特征分析。
（2）抽选一名学生做模特，教师模拟婚礼化妆师，化妆对象皮肤、脸型、面部基本比例和面部立体结构特征。

活动 3　学生训练、教师巡查

（1）学生按照两人一组，分为婚礼化妆师和模特，指出化妆对象的肤色、肤质特点，同时对脸部及五官进行测量，并根据数据分析总结出其余五位同学的脸型、面部比例特征。然后互换角色，相互点评。

（2）教师随时巡查、指导学生。

活动 4　实训检测评估

教师通过实训检测评估表评估学生的实训练习成果，具体表格内容如表 6-5 所示。

表 6-5　皮肤、脸型、面部基本比例和面部立体结构实训检测表

课　程	婚礼化妆与造型设计	班　级	级婚庆　班			
实操项目	皮肤、脸型、面部基本比例和面部立体结构实训	姓　名				
考评教师		实操时间	年　月　日			
考核项目	考核内容	分　值	自评分（20%）	互评分（30%）	教师评分（50%）	实得分
皮　肤	完美肤色、肤质的标准 是否正确指出小组成员的肤色和肤质	20				
脸　型	标准脸型的特点 是否正确指出小组成员的脸型	30				
面部比例	三庭五眼 五官与脸部的关系特点 是否正确指出小组成员的面部比例特点	30				
面部立体结构	决定面部立体结构的因素 是否正确指出小组成员面部立体结构的特点	20				
总　分						

任务 3　洁肤润肤和底色修饰实训

在学习了相关理论知识的基础上，通过洁肤、润肤模拟实训练习，能够使大家掌握洁肤润肤的手法和打底对面部平面、立体修饰的手法和技巧。

活动 1　讲解实训要求

教师讲解实训课教学目的和教学内容
（1）洁肤润肤的手法。
（2）打底对面部平面、立体修饰的手法和技巧。

活动 2　教师示范

抽选一名学生做模特，模拟婚礼化妆师，对其进行洁肤润肤和打底，并讲解面部平面、立体修饰的手法和技巧。

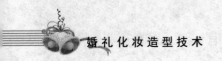

活动3 学生训练、教师巡查

（1）学生按照两人一组，分为婚礼化妆师和模特，通过具体的操作和对练掌握洁肤润肤的手法和打底对面部平面、立体修饰的手法和技巧。然后互换角色，相互点评。

（2）教师随时巡查、指导学生。

活动4 实训检测评估

教师通过实训检测评估表评估学生的实训练习成果，具体表格内容如表6-6所示。

表6-6 洁肤润肤底色修饰实训检测表

课　　程	婚礼化妆与造型设计	班　　级	级婚庆　班			
实操项目	洁肤润肤底色修饰实训	姓　　名				
考评教师		实操时间	20　年　月　日			
考核项目	考核内容	分　　值	自评分（20%）	互评分（30%）	教师评分（50%）	实得分
洁肤	如何根据肤质来选择洁肤产品洁肤正确的程序和手法	20				
润肤	如何根据肤色、肤质来选择润肤产品润肤正确的程序和手法	20				
底色对脸部平面的修饰	如何根据模特的肤色肤质选择合适的粉底，打底对皮肤修饰的正确手法	30				
底色对脸部立体的修饰	如何根据模特的脸型选择阴影和高光色；打底对各种脸型立体修饰的正确位置和手法	30				
总　　分						

任务4　眉的修饰实训

在学习了相关理论知识的基础上，通过眉的修饰模拟实训练习，能够使大家掌握眉的修理和修饰手法和技巧。

活动1 讲解实训要求

教师讲解实训课教学目的和教学内容

（1）眉的修理的手法和技巧。

（2）眉的修饰的手法和技巧。

活动2 教师示范

抽选一名学生做模特，模拟婚礼化妆师，对其进行眉的修理和修饰，并讲解修饰的手法和技巧。

活动 3　学生训练、教师巡查

（1）学生按照两人一组，分为婚礼化妆师和模特，通过具体的操作和对练对练掌握眉的修剪技巧。通过具体的操作和对练掌握眉部描画及矫正的方法。然后互换角色，相互点评。

（2）教师随时巡查、指导学生。

活动 4　实训检测评估

教师通过实训检测评估表评估学生的实训练习成果，具体表格内容如表 6-7 所示。

表 6-7　眉的修饰实训检测表

课　程	婚礼化妆与造型设计	班　级	级婚庆　班			
实操项目	眉的修饰实训	姓　名				
考评教师		实操时间	年　月　日			
考核项目	考核内容	分　值	自评分（20%）	互评分（30%）	教师评分（50%）	实得分
眉的标准	准确指出标准眉形的位置	10				
眉的修剪	根据模特的脸型和眉毛的具体情况进行修剪	30				
眉的描画	根据模特的脸型和眉毛的具体情况依据美学审美依据对眉毛进行描画	30				
不完善眉型的矫正	掌握各种不完善眉型的矫正技巧	30				
总　　分						

任务 5　眼的修饰实训

在学习了相关理论知识的基础上，通过眼的修饰模拟实训练习，能够使大家掌握掌握标准眼型；眼线、眼影、美目贴、假睫毛和睫毛膏对眼睛的修饰；各种不完美眼型的矫正技巧。

活动 1　讲解实训要求

教师讲解实训课教学目的和教学内容

（1）标准眼型。

（2）眼线、眼影、美目贴、假睫毛和睫毛膏对眼睛的修饰。

（3）各种不完美眼型的矫正技巧。

活动 2　教师示范

抽选一名学生做模特，模拟婚礼化妆师，对其进行眼线、眼影、美目贴、假睫毛和睫毛膏对眼睛的修饰，并讲解各种不完美眼型的矫正技巧。

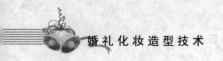

活动 3 学生训练、教师巡查

（1）学生按照两人一组，分为婚礼化妆师和模特，通过具体的操作和对练对练标准眼型；眼线、眼影、美目贴、假睫毛和睫毛膏对眼睛的修饰；各种不完美眼型的矫正技巧。然后互换角色，相互点评。

（2）教师随时巡查、指导学生。

活动 4 实训检测评估

教师通过实训检测评估表评估学生的实训练习成果，具体如表 6-8 所示。

表 6-8 眼的修饰实训检测表

课 程	婚礼化妆与造型设计		班 级	级婚庆班			
实操项目	眼的修饰实训		姓 名				
考评教师			实操时间	年 月 日			
考核项目	考核内容	分 值	自评分（20%）	互评分（30%）	教师评分（50%）	实得分	
标准眼型	准确指出标准眼型的位置和形状	10					
眼线对眼型的修饰	掌握眼线笔、眼线液、眼线膏对眼睛的修饰方法	20					
眼影对眼型的修饰	掌握眼影色彩的选择以及眼影的平涂法、晕染法和结构法的修饰手法	20					
美目贴对眼型的修饰	掌握美目贴对眼型的修饰技巧	10					
假睫毛对眼型的修饰	掌握假睫毛对眼型的修饰技巧	10					
睫毛膏对眼型的修饰	掌握睫毛膏对眼型的修饰技巧	10					
不完美眼型的修饰	掌握眼线、眼影、美目贴、假睫毛和睫毛膏对不完美眼型的矫正	20					
总 分							

任务6 鼻的修饰实训

在学习了相关理论知识的基础上，通过鼻的修饰模拟实训练习，能够使大家掌握标准鼻型、对鼻部的修饰、对不完美鼻部的矫正技巧。

活动 1 讲解实训要求

教师讲解实训课教学目的和教学内容

（1）标准鼻型。

（2）对鼻部的修饰技巧。

（3）对各种不完美鼻部的矫正技巧。

活动 2 教师示范

抽选一名学生做模特，模拟婚礼化妆师，对其进行鼻部的修饰、对不完美鼻部的修饰，并讲解各种不完美鼻型的矫正技巧。

活动 3 学生训练、教师巡查

（1）学生按照两人一组，分为婚礼化妆师和模特，通过具体的操作和对练掌握标准鼻型、对鼻部的修饰、对不完美鼻部的矫正技巧。然后互换角色，相互点评。

（2）教师随时巡查、指导学生。

活动 4 实训检测评估

教师通过实训检测评估表评估学生的实训练习成果，具体表格内容如表6-9所示。

表 6-9 鼻的修饰实训检测表

课　　程	婚礼化妆与造型设计	班　　级	级婚庆　班			
实操项目		姓　　名				
考评教师	鼻的修饰实训	实操时间	年　月　日			
考核项目	考核内容	分　值	自评分（20%）	互评分（30%）	教师评分（50%）	实得分
标准鼻型	准确指出标准鼻型的位置和形状	20				
鼻部的修饰	掌握鼻部修饰的方法	40				
不完美鼻部的矫正	掌握不完美鼻部的矫正技巧	40				
总　　分						

任务 7　唇的修饰实训

在学习了相关理论知识的基础上，通过唇的修饰模拟实训练习，能够使大家掌握标准唇型、对唇部的修饰、对不完美唇部的矫正技巧。

活动 1 讲解实训要求

教师讲解实训课教学目的和教学内容

（1）标准唇型。

（2）对唇部的修饰技巧。

（3）对各种不完美唇部的矫正技巧。

活动 2 教师示范

抽选一名学生做模特，模拟婚礼化妆师，对其进行唇部的修饰、对不完美唇部的修饰，并讲解各种不完美唇型的矫正技巧。

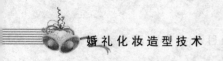

活动 3　学生训练、教师巡查

（1）学生按照两人一组，分为婚礼化妆师和模特，通过具体的操作和对练掌握标准唇型、对唇部的修饰、对不完美唇部的矫正技巧。然后互换角色，相互点评。

（2）教师随时巡查，指导学生。

活动 4　实训检测评估

教师通过实训检测评估表评估学生的实训练习成果，具体表格内容如表 6-10 所示。

表 6-10　唇的修饰实训检测表

课　程	婚礼化妆与造型设计	班　级		级婚庆班		
实操项目	唇的修饰实训	姓　名				
考评教师		实操时间		年　月　日		
考核项目	考核内容	分　值	自评分（20%）	互评分（30%）	教师评分（50%）	实得分
标准唇型	准确指出标准唇型的位置和形状	20				
唇部的修饰	掌握唇部修饰的方法	40				
不完美唇部的矫正	掌握不完美唇部的矫正技巧	40				
总　分						

任务 8　面部修饰和修妆、补妆实训

在学习了相关理论知识的基础上，通过面部修饰（腮红）和修妆、补妆的修饰模拟实训练习，能够使大家掌握掌握面部的修饰（腮红）、修妆和补妆技巧。

活动 1　讲解实训要求

教师讲解实训课教学目的和教学内容

（1）面部（腮红）的修饰。

（2）对面部的修妆技巧。

（3）对面部的补妆技巧。

活动 2　教师示范

抽选一名学生做模特，模拟婚礼化妆师，对其进行对面部的修饰（腮红）、修妆和补妆，并讲解面部的修饰、修妆和补妆技巧。

活动 3　学生训练、教师巡查

（1）学生按照两人一组，分为婚礼化妆师和模特，通过具体的操作和对练掌握面部的修饰（腮红）、修妆和补妆技巧。然后互换角色，相互点评。

（2）教师随时巡查、指导学生。

活动 4 实训检测评估

教师通过实训检测评估表评估学生的实训练习成果，具体表格内容如表 6-11 所示。

表 6-11 面部修饰和修妆补妆实训检测表

课　程	婚礼化妆与造型设计	班　级	级婚庆　班			
实操项目	面部修饰和修妆补妆实训	姓　名				
考评教师		实操时间	年　月　日			
考核项目	考核内容	分　值	自评分（20%）	互评分（30%）	教师评分（50%）	实得分
面部的修饰（腮红）	掌握腮红的修饰方法和技巧	40				
面部的修妆	掌握面部修妆的程序和方法	40				
面部的补妆	掌握面部补妆的程序和方法	20				
总　　分						

项 目 小 结

1. 人们在日常生活中对外形容貌的打扮均要遵循基本的审美依据，这个审美依据包括对皮肤的肤色和肤质的标准界定，五种不同肤质的特征、保养与化妆要领，七种脸型的特征和印象，面部的黄金比例，"三庭五眼"面部美学概念，眼睛、眉毛、鼻子和嘴唇与脸部的比例关系，面部立体结构特点。这些审美依据是化妆的基础，也是面部修饰与矫正的标准。

2. 化妆最终的整体形象须统一和谐，这就要求婚礼化妆师在化妆前和模特有个充分的沟通和观察，了解其个性、气质、形象条件、年龄、化妆目的、出入场合等因素，并根据扬长避短、自然真实、突出个性、整体协调的原则设计适合其特征的化妆造型。

3. 洁肤润肤是化妆步骤的第一步，效果的好坏将直接影响底色对肤色的修饰效果，润滋水嫩的肌底是让粉底能够打造出轻、薄、透效果的重要因素。底色对皮肤的修饰要根据模特的肤色和肤质来选择粉底颜色和粉底质地，底色对脸型的修饰则根据深色缩小后退，浅色扩大突出的素描手法打造立体标准的脸型。

4. 眉毛、眼睛、鼻子、嘴唇、面颊均是化妆修饰矫正的部位，五个部位的结构比例和位置介绍给修饰矫正提供了标准和依据，对五个部位基本的修饰程序、方法以有对不完善部位的矫正技巧均做了详细的讲解；对婚纱新娘和摄影新娘化妆修饰的不同之处也做了说明。

5. 定妆、修妆、补妆和跟妆是化妆最后的几个步骤，也是妆面持久完整的一个有力保证，主要掌握它们的作用、程序、方法、流程和形式。

核 心 概 念

面部比例　三庭五眼　皮肤及五官的标准依据　七种脸型　五种肤质

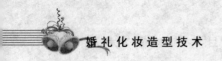

能 力 检 测

1. 什么是"三庭五眼"？
2. 简述五官之间的关系。
3. 简述如何运用绘画化妆的技法来修饰脸型。
4. 简述眉毛与脸部的比例关系以及七种脸型适合的眉型
5. 简述眼影有哪些修饰技法以及缺陷眼型的矫正技法。
6. 简述面颊有哪些修饰技法以及不同脸型面颊的修饰方法。
7. 简述眼妆的流程。

项目 7 不同妆型特点与化妆技法

【学习目标】

通过本项目的学习，应能够：

1. 掌握生活淡妆和生活时尚妆的化妆特点、造型手法和化妆技巧；
2. 掌握宴会妆的化妆特点、造型手法和化妆技巧；
3. 了解生活淡妆、生活时尚妆和宴会妆的分类。

【项目概览】

生活淡妆、生活时尚妆、宴会妆的化妆技巧是婚礼化妆师必须了解和掌握的重要内容，核心目标是了解这几类妆的妆面特点、表现方法和基本化妆技巧。为了实现本目标，需要完成两项任务。第一，生活淡妆和生活时尚妆的实操练习；第二，宴会妆的实操练习。

【核心技能】

- 生活淡妆的表现方式和技巧；
- 生活时尚妆的表现方式方式和技巧；
- 宴会妆的表现方式和技巧。

【理论知识】

知识点 1　生活淡妆

生活淡妆是日常运用最多的一种妆容，不仅日常交际需要用到，一些单位招聘、报考也都特意强调要求化生活淡妆。

1.1　生活淡妆的妆面特点

生活淡妆又称日妆，用于人一般的日常生活和工作，表现在自然光和柔和的灯光下。它是通过恰到好处的方法，强调突出面容本来所具有的自然美。妆色清淡典雅，自然协调，是对面容的轻微修饰与润色。

生活淡妆有以下几个特点：

（1）手法简洁，应用于自然光线条件之中。

（2）对轮廓、凹凸结构、五官等的修饰变化不能太过夸张，以清晰、自然、少人工雕琢的化

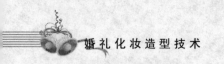

妆痕迹为佳。在原有容貌的基础上，适当地修饰、调整、掩盖一些缺点，总体使人感觉自然，与形象整体和谐。

（3）用色简洁，在与原有肤色近似的基础上，用淡雅、自然、柔和的色彩适当美化人们的面部。唇色可以适当采用略微夸张艳丽的色彩。

（4）化妆程序可根据需要灵活多变，不需要根据化妆基本步骤来化妆。

1.2 生活淡妆的常用色彩搭配

生活淡妆在色彩搭配上，一般常用表 7-1 所示的几种颜色进行搭配。

表 7-1 生活妆的常用色彩搭配

眼　影	腮　红	口　红
咖啡+米色	砖色	浅豆沙
咖啡+橘黄	咖啡	淡橘黄
深灰+暗红	暗红	豆沙、暗橘
蓝+咖啡	砖红	暗红、紫红
蓝粉+灰	粉红	粉红

1.3 生活淡妆的表现方法

生活淡妆的表现目的是让一个人的面容更加精神。因此婚礼化妆师要侧重五官的某一部分，如选择眼睛夸张，或嘴唇突出，或眉形漂亮。具体表现主要通过以下化妆技法进行表现。

1.3.1 护肤

洁面后，喷洒一些收敛化妆水，弹拍于整个面部及颈部，使皮肤吸收。然后涂擦营养霜或乳液并进行简单的皮肤按摩。

1.3.2 皮肤的修饰

皮肤的修饰主要采用涂粉底和施散粉。

1. 涂粉底修饰

在粉底的选择上，从肤质来看，干性皮肤宜选择粉底霜，油性皮肤宜选择粉底液或粉饼；从肤色来看，红脸膛或微细血管外露的皮肤用淡绿色粉底，黄灰皮肤选择粉红色粉底，偏黑的皮肤用颜色略深的粉底色。

在妆效上，以薄透、自然妆效为主，注重持久度与保湿度。含有保湿成分的粉底液可以使肌肤看起来更饱满、有光泽。若肌肤很干，可在上粉底时在粉底液中加入少许保湿液，使粉底的妆效显得更加薄透，也更与肌肤服帖。

在涂抹粉底时，先五点点涂，即在两颊、额头、鼻头、下巴五处点上粉底液，然后用海绵或指腹以圆圈方式向四周推匀，建议容易出油的 T 字部位以按压方式上妆，针对面部瑕疵，只需要在打完底妆后，用遮瑕膏在瑕疵部位稍加遮盖，然后用少量的蜜粉底妆即可。

从涂抹粉底的方式看，粉底涂敷得要薄而均匀，展示皮肤的自然光泽，尤其是有皱折的皮肤部位，厚厚的粉底反而会使皱折显得更为严重。如果肤色较理想，也可不使用粉底。

2. 蜜粉定妆

蜜粉定妆即施散粉。这样可避免粉底的油光感，使底色自然柔和。粉质要细而透明，扑粉要薄而均匀。

1.3.3　眼的修饰

生活淡妆讲究的是自然，因此眼部是修饰的重点，应该仔细处理。

1. 眼影

从眼影的色彩搭配到涂抹方法都追求简单，以求自然真实。

（1）眼影的色彩。生活淡妆眼影的色彩运用要柔和，色彩搭配要简洁。要根据服饰的色彩以及皮肤的色调而定。一般选择中性色彩或略冷的眼影色。常用的色彩主要有浅棕色、粉紫色、蓝灰色、珊瑚色、白色、米白色、粉白色等。注意：肿眼泡或眼袋下垂者，眼影色忌用红色。

（2）眼影的涂抹方法。生活淡妆手法要简洁，一般采用平涂晕染法。

2. 眼线

从眼线的颜色来看，生活淡妆一般选用黑色或深棕色。上下眼线应该细致而自然。从眼线的画法来看，用棕色或黑色眼线笔在靠近睫毛的眼皮边缘轻轻画一道眼线，以突出眼睛的神采。上眼线线条要细，紧贴睫毛根部描画，不能为了改变眼型而将眼线拉得过长或挑得过高。下眼线的描画要浅淡，一般描画到从外眼角起的 1/3 部位或 1/2 部位。从生活淡妆来讲下眼线可以不画。

注意：画完眼线后，可用棉花棒或小刷子轻画过，使眼线显得自然大方，也可以直接用眼影粉代替眼线笔轻轻勾画。

3. 睫毛

生活淡妆在修饰睫毛时，应该用自然型睫毛膏修饰。如果用增密和拉长效果的睫毛膏都要画得自然一些。从选用睫毛膏的颜色来看，一般用黑色和深棕色睫毛膏比较多。生活淡妆不宜粘贴假睫毛。

1.3.4　鼻的修饰

鼻的修饰主要是画鼻侧影和提亮鼻梁两种方式。

生活淡妆一般不画鼻侧影。如果鼻部有特殊需要修饰者，可以选择浅棕色描绘鼻侧影。画法上，过渡一定要柔和，修饰要浅淡自然，不能为了矫正鼻形而使用较深的阴影色，否则会使面部显得不洁净和有生硬感。如果鼻梁挺拔，也可不画鼻侧影。

生活淡妆通常只用提亮鼻梁的方法修饰鼻部。颜色上可用米白色等提亮色来提高鼻梁，明暗对比要偏弱，效果自然。

注意：鼻的修饰一定要自然无痕。

1.3.5　眉的修饰

生活淡妆眉的修饰要浅淡、自然。在画法上，可用灰色眉笔或棕色眉笔顺着眉毛的长势轻轻

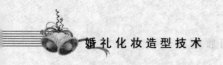
描画，再用眉刷晕开。或者用棕色、灰色眼影粉涂在眉毛部位，显得自然柔美。要画出线条组合，不要画一条粗线。

1.3.6　脸颊的修饰

脸颊的修饰主要手法是涂腮红。生活淡妆腮红可以不涂，也可在两侧颧骨部位淡淡涂一点腮红，并向四周匀开，使脸色红润，显示出白里透红的自然美。

从颜色来看，通常使用纯度较低、明度较高的颜色。例如：浅粉红、浅橘红、浅褐色、浅棕红色等。过渡要自然、和谐。

1.3.7　唇的修饰

唇的修饰就是画唇。用唇笔蘸唇膏勾出唇轮廓，略做造型调整，填充整个唇部，然后用纸巾吸掉唇面的油光，效果会更加自然。作为生活淡妆也可以不画唇线，直接用唇膏或唇彩涂抹。

从唇膏的色彩来看，唇膏的颜色的选择要与整体服饰、妆型以及眼影、腮红的风格色彩相协调，同时，不同年龄和不同肤色的人选用唇膏的色彩也有所不同。表 7-2 所示为不同唇膏的色彩搭配和表现效果。

表 7-2　唇膏的色彩搭配和表现效果

唇膏颜色	色彩效果	使用对象
粉红色、米红色	色彩娇艳	皮肤白皙的年轻女子
玫瑰红、赭红色	色彩妩媚	成熟的中、青年女子
橙红色、荧光红色	效果极富表现力	活泼、性格开朗的女子
棕红色、褐红色	色彩稳重、自然	年龄偏大的女性或男士

1.3.8　整体效果检查

画好妆后，要对整个妆型进行检查、调整，以达到理想效果。

要在自然光线下检查化妆的整体效果，并调整、整理发型（特别是额前的碎发），选择着装等。生活淡妆实用性强，一般女性都可以掌握。对婚礼化妆师来讲，虽然是最基础的妆型，但必须细致、认真的完成。

1.4　不同年龄女性的生活淡妆要点

美的形象是丰富多彩的，不同年龄的女性有不同的特点。对不同年龄女性的生活化妆，必须要掌握各年龄段女性拥有的"美之精华"。少女的活泼美，中年人的成熟美，老年人的慈祥美，都有其各自的特点，在化妆时，也都有不同的表现形式。

1.4.1　少女的化妆

16～25 岁的女生一般被称为少女阶段。柔嫩光滑、充满弹性、白里透红是少女肌肤的特点，体现肌肤本身的质感，以盎然的青春活力取胜是少女妆的重点。所以，画出个完美的底妆，塑造出好的肌肤，青春少女妆就成功了一大半。

清新、甜美、亮丽是风华正茂的少女妆的基本要求。少女妆的妆容特点在于展示、突出这一年龄段的青春朝气，重点强调自然天成之美。图 7-1 所示为一款少女妆容。

（a）少女妆妆前　　　　　　　　　　　　　　（b）少女妆妆后

图 7-1　少女妆

1. 少女妆的基本表现手法

（1）底妆的修饰。上妆前，粉底选色很重要，要在自然光下找出一种接近肤色的、较薄的、液状的粉底，或是干湿两用粉底。

化妆时，先在海绵上蘸些化妆水，再把粉底直接倒在海绵上，利用海绵推开粉底，这样会比直接用手推均匀得多，会是一种薄薄的感觉。

抹开之后，再扑上一层薄薄的蜜粉，不仅有助于固定妆容，而且更能凸显出少女般透亮的肤色。

（2）眉部的修饰。对于少女妆的眉部修饰，最好保持原有眉形，亦可稍作修整，使眉形看来更加清爽秀丽。对于清新自然的少女妆来说，用眉笔化妆痕迹会过于明显，建议用眉刷修饰眉部。用眉刷将比自然颜色浅一号的眉粉轻轻刷在眉毛的尾部，只需要按照原有的眉形淡淡描画，不必刻意修饰。画完之后，可以在眉骨下方拍上一些白色亮粉，注意一定不要拍太多。白色能突出眉骨，使整个脸也显得立体起来。

（3）眼部的修饰。对于少女妆来讲，眼部修饰不要像别的妆容一样，对眼部大肆渲染。少女妆对眼部妆容的要求是明亮清澈，一般只用 1～2 种色彩。色彩要自然，不要过于夸张，应与服饰色彩同系列。皮肤白皙的少女很适合使用鲜艳亮丽的颜色系列，如黄色、橙色等。

（4）睫毛的修饰。睫毛也是明亮眼妆的关键。在刷睫毛时，上睫毛可刷深一点颜色的睫毛膏，下睫毛可用浅一点颜色的睫毛膏，这样的搭配组合，会让眼睛看来更加明亮有神。

为了让妆容看起来清新、自然，眼线可以不画。

（5）面颊的修饰。腮红可以修饰脸颊轮廓，体现健康肤色，或者体现可爱、阳光的妆容。即使追求最干净透明的少女妆效果，也要涂腮红。从腮红修饰手法来看，可以用粉红色的胭脂来修饰脸色与脸型。方法是用大号粉刷，将胭脂打在两侧脸颊，刷子越大，刷出的颜色越自然。为了体现肌肤质感，还可以涂抹润肤液并轻拍面颊，创造无痕妆容。

（6）唇部的修饰。少女妆的唇部无需刻意修饰，不需要画唇线，也可以不用唇膏，单用唇彩即可。唇彩的化妆很简单，选择一款光泽度很高的透明或者粉色唇彩，制造出一种水润的裸妆效果即可。

每一个妆容都要有个突出的重点，少女妆也不例外。少女妆的化妆重点是底色修饰、

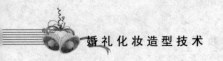

眉部修饰、睫毛修饰和腮红修饰。

2. 两种少女妆的妆容介绍

从少女妆的不同修饰手法来看，少女妆还可以分为不同的妆容，这里主要介绍两种妆容：可爱妆容和日系少女妆。

（1）可爱妆容。可爱妆容主要体现在眼影、胭脂和唇彩的化妆手法。

一般的亚洲女孩子都能用蓝色、绿色眼影，只要在眼尾的位置加上咖啡金色眼影就可减少眼睑浮肿感。唇妆上，适合选择橙色调唇彩，有珠光效果的较好，能营造水润丰盈感觉。具体化妆步骤如下：

① 在整个眼窝涂上粉绿色眼影。

② 以粉蓝色眼影画下眼线，带有闪粉的眼影可以令眼睛看来更明亮。粉蓝色与粉绿色两者颜色差异大，配合眼妆混合使用，会看上去非常可爱。

③ 在上眼睑近眼尾位置涂上咖啡金色眼影，加强眼形轮廓。

④ 扫上橙色胭脂，颧骨位置可以加深颜色，打造出近似小麦色的肤色，给人一种健康感觉。橙色胭脂适合肤色较深人士使用，肤色白皙的少女可以选择偏红的橙色胭脂。

⑤ 最后涂上橙色唇彩，如果唇形不饱满，想令唇形更立体，不妨在唇部中央多加些唇彩。

（2）日系少女妆。日系少女妆以少女的不同特点为刻画重点，打造不同的清新少女妆。

① 突出脸部的立体感的少女妆。如果少女的脸部轮廓非常完美，五官凹凸有致，脸颊非常紧致立体，突出脸部的立体感就是上妆的重点，基本上不需要太过浓妆艳抹就已经可以突显出整个气质造型。

② 清透无暇少女妆。如果少女有清透无暇、吹弹可破的好肌肤，妆感就需要画得淡如素颜，打造两颊的光泽感是重点。整个妆容要体现淡淡的隐形粉质感。

③ 细节感的精致眼妆少女妆。以细节感的精致眼妆来展现美丽印象，不论是睫毛、眼线还是眼影，只要抓住一个要点，用眼妆平衡整体风格即可。

④ 咖啡色又带点棕色系的眉毛少女妆。咖啡色又带点棕色系的眉毛不仅能让整个妆容显得更加精神，还能使眼睛显得非常的明亮。同时用浓郁的眼线加上完美无瑕的底妆显出淑女的气质，使得妆容更加完美。

⑤ 浓黑的全框式眼线少女妆。用浓黑的全框式眼线让眼部轮廓深邃，再画上花瓣唇形，弱化眼影，给妆容一点留白，给人以神秘感。

3. 少女妆的禁忌

在画少女妆时需要注意以下禁忌：

（1）不宜面部搽香水。搽了香水的部位经太阳光线照射会产生红肿刺痛，严重的还会造成皮炎，留下印痕。

（2）不宜拔掉所有眉毛而画眉。为画眉而拔掉所有眉毛，会给人一种光秃的造型感。从医学观点看，拔眉不仅会损害生理功能，而且会破坏毛囊，还会因化妆涂料的刺激导致局部感染。

（3）不宜多用口红。口红中的油脂能渗入人体皮肤，而且有吸附空气中的尘埃、各种金属分子和病原微生物等副作用。通过唾液的分解，各种有害病菌就可乘机进入口腔，容易引起"口唇过敏症"。

（4）不宜只用一种粉底。粉底的颜色比脸部的肤色过深或过浅，都会破坏少女的容貌，因此，应该多备几种粉底，随四季肤色的改变而不断调整。

（5）不宜眼圈重涂眼影粉。在热天或汗水多时，汗水会将眼影冲入眼内，损害视觉器官，如再用手揉，更易将细菌带入眼内，染上沙眼或红眼病。

（6）不宜把面膜涂在眉和睫毛上。面膜粘在眉毛和睫毛上，除去时容易将眉毛和睫毛一起拔掉。

1.4.2 青年女性的化妆

25～35 岁的女性一般被称为青年女性阶段。清雅、优美是青年女性的化妆要求。青年女性既保持少女时的青春，又在经历了生活、学习、工作后添加了几分雅致的成熟之美。但女性到了这一时期，皮肤已经不如少女时期红润和有光泽，要表现出青年女性超凡脱俗的气质和风度，就需要掌握化妆的技巧。

具体化妆时，应视青年女性容貌不同情况强调优点，掩饰缺点。同时，要特别注意，依据化妆对象的不同长相、气质特点，用自然本色的淡妆是化妆的重点。

青年女性化妆的原则：一是白天化妆讲究整体淡雅，晚间化妆则可以稍微浓重一些；二是在色彩运用上，配色要用同色系色彩，保持色彩和谐。

具体化妆表现手法如下：

（1）由于年龄增长脸上可能出现斑点，故粉底可以偏厚一点。

（2）眼影色彩的层次不宜过多，颜色要明快，眼影圆润。

（3）眉毛尽量采用画平、直粗等显年轻的眉毛。

（4）用亚光感的唇膏加唇冻、唇彩，体现年轻时尚。

（5）如果脸上骨感明显，就要用高光补凹部，特别要遮盖眼袋。

青年女性化妆时应注意：不要浓妆艳抹，也切忌模仿少女妆，应重点展现青春雅致、成熟之美的风姿。

1.4.3 中年女性的化妆

35～55 岁的女性一般被称为中年女性阶段。端庄、稳重的典雅型妆容是中年女性化妆的宗旨。由于中年正是葆青春延缓衰老的关键时期，这一时期的女性除了要特别注意皮肤保养，还应该巧妙地借助化妆手法使皮肤显得年轻。

中年女性的皮肤状况已慢慢变差，肤色和肤质、脸型的特点如下：

（1）面部皮肤缺少光泽、较松弛，不像少女的皮肤那样柔润光洁。

（2）略有细细的皱纹，皮肤弹性稍差。

（3）皮肤有些发黄，出现了色斑。

（4）脸型发福或偏瘦，前者脸部易有横肉出现，后者脸上后明显的凹凸感。

（5）随着年龄的增长中年女性的眼角与嘴角也会出现下垂，眼下也出现眼袋。

虽然中年女性出现了衰老现象，但中年人独有的稳重、高雅、成熟的魅力却是青年人所无法比拟的。这也正是中年女性化妆要把握的关键。

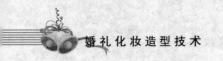

中年女性的化妆具体表现手法如下：

（1）中年女性化妆必须采用粉底，以改善肤色及增强皮肤光泽。若要掩饰细小的皱纹，也可以采用比粉底略厚一些的粉条，粉条的遮盖力较强，涂抹粉条时要轻轻拍打，使皮肤与粉条结合自然充分。

（2）中年女性的眉毛一定要修整，不要任其生长，眉形可略挑一些、细一些，尽量避免眉尾下垂，因为眉毛下垂会给人以疲惫的感觉。具体眉形应根据个人情况而定。在色彩上不要将眉毛描得太黑，可用灰色、深棕色淡淡描出。

（3）眼影及腮红可适当浓些，眼影色可选咖啡色、灰色及偏暖的色系。

（4）唇膏可选用浓重的红色系或接近唇色的颜色，最好用唇线笔描出唇线，体现中年女性的优雅气质。

总之，中年女性的生活淡妆重在掩饰。通过化妆技术刻画优美的线条和轮廓，使中年女性在保持典雅气质的基础上，突出自然、优雅之美。用精致的妆容配合色彩漂亮、款式新颖的服装，加上大方潇洒的发型，就更显神采奕奕，也保持了独特的青春活力。

1.4.4　老年女性的化妆

55 岁以上的女性一般称为老年女性。这一阶段的女性最重要的是保养好皮肤，多用滋润剂来补充皮肤中日渐减少的水分，以保持皮肤弹性和丰润。

老年女性的妆面要点：要给人以柔和、端庄、高贵、雅致、慈祥等感觉，如图 7-2 所示。

图 7-2　老年妆

具体表现手法如下：

1. 肤色的修饰

基础底色的选择要自然，不宜过白。切忌粉底过浓过厚，否则会出现更多的褶皱，显出皮肤的衰老。化妆时，粉底要薄，如皮肤上有斑，可用遮瑕膏进行遮盖，作局部处理。另外，由于皮肤松弛，在颌部涂少许阴影，起到提拉收缩作用。半透明蜜粉定妆，要用大粉刷均匀地将蜜粉遍及整个脸、颈、耳朵等部位。

2. 眼、眉的修饰

由于老年女性眼睑较厚，眼部化妆要特别谨慎。不要使用亮丽的眼影，眼影选用深色亚光、低纯度、低明度的颜色，小面积涂抹在上眼睑褶皱痕处。头发灰白及白色的女性，宜选用蓝灰色系的眼影更为合适。上眼睑的眼线一般由于上眼睑下垂而看不到，可酌情粘贴双眼皮胶带，提拉松弛的上眼睑。上眼线宜用灰色、深棕色、黑色等深色，在贴近睫毛根处勾画，不宜过粗或上挑，尽量自然为主。下眼睑的眼线最好不画，这样能使眼睛看起来柔和自然、富有神采。睫毛膏可选用深棕色、黑色。年龄较大的女性不要粘贴假睫毛。

眉毛的形状要自然，不宜过重、过挑、过粗。若有眉毛脱落，可用灰色眉笔一根一根填补，再用眉粉刷出眉型。因年龄关系眉毛都会有些下垂，在修眉和刷眉型时注意要把下垂的眉尾略上提一点即可。

3. 腮红和口红

腮红的选择上，可选用一些柔和的中性色，如豆沙红、浅棕红、肉粉色等，既可修饰轮廓，又可使面色看起来红润、自然、健康。在口红的选择上应避免色彩鲜艳的唇膏，会使人看起来轻桃而不庄重。可选用纯度低一些的颜色，如自然的肉红色系、棕红色、紫红色、低明度的橘色系等。老年人的嘴唇没有年轻时饱满，涂口红时容易溢出，所以要先用唇线笔画出有丰润感的轮廓，然后再涂口红。

4. 发型与服饰

由于面部肌肉下垂，在发型上就要慎重选择。向下走向的烫发会使面部的下垂感更强，显得衰老而憔悴。宜选择向上走向的盘发（有向上提拉面部肌肉的作用）或利落的短发，会使人显得有精神且高雅年轻。还应定时给头发控油，如经常洗头。中老年人头发干枯，可将护肤用橄榄油放在热水中片刻，然后擦在头发上，用保鲜膜包起来，过 30 分钟后再按常规方法洗头，应使用有滋润作用的洗发水和护发素，以保持头发滋润光泽。在服饰的选择上，正装以柔和的高雅色调为主，如银灰色、蓝色系、淡青色、低纯度彩色来表现高贵、庄重雅致。休闲装、运动装可大胆采用鲜艳的颜色表现活力和年轻的心态。总之，老年女性的日妆以淡雅为佳，要注意色彩浓度，多选择中性、柔和的色调，并尽量减少敷于脸上的化妆品的数量，这样化出的妆更显淡雅适宜。

1.4.5　不同年龄女性生活淡妆的具体修饰方法

不同年龄女性生活淡妆有不同的修饰方法，具体修饰方法如表 7-3 所示。

表 7-3　不同年龄女性生活淡妆具体修饰方法

类别 项目	少　女	青年女性	中年女性	老年女性
皮肤 修饰	涂上薄薄的透明粉底； 用少量的蜜粉定妆	可用接近肤色的粉底液和两用粉饼，稍有遮盖性； 定妆粉用透明和粉底色一致的颜色，令皮肤色泽更柔和自然	选用接近自然肤色、偏油性的粉底，沿皱纹延展方向均匀薄涂，注意遮眼袋； 用质地好的蜜粉扑面，可掩饰皱纹降低皮肤亮度； 可在脸颊稍用影色修饰轮廓提升脸型	选用接近自然肤色、偏油性的粉底，沿皱纹延展方向均匀薄涂，注意遮眼袋； 用质地好的蜜粉扑面，可掩饰皱纹降低皮肤亮度； 可在脸颊稍用影色修饰轮廓提升脸型
眼部 修饰	薄施柔和的浅粉色眼影； 画细眼线后晕开； 睫毛涂自然黑色睫毛膏，下睫毛晕染	眼影依肤色、服装色等合理搭配，为展现透明亮丽的眼睛，选用偏灰、偏粉色系； 睫毛膏可用有拉长、增密效果的黑色或棕色睫毛膏，强调明亮双眼	用棕色、棕红色、紫灰色、蓝灰色眼影； 勾画黑褐色眼线，强调眼神和矫正下垂的眼型； 必要时可用美目贴将下垂眼皮贴上去； 涂刷有增长增密效果的黑色睫毛膏	眼影不可选用油质的或带有闪光的眼影粉； 眼线要顺畅清新； 睫毛用自然型睫毛膏
眉部 修饰	不刻意修正与装饰，保持原有的秀气； 如眉型不理想，只需除去零乱或过多的眉毛； 如果眉毛太稀疏，可用褐色眉笔或眉粉添补	配合发色画出柔和的眉毛； 眉毛尽量采用画平、直、粗等显年轻的眉毛	画眉时以棕色打底，后用灰色或黑色描眉，使眉毛显得提拔有力	眉毛的形状要自然，不宜过重、过挑、过粗。 若有眉毛脱落，可用灰色眉笔一根一根填补，再用眉粉刷出眉型

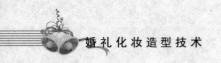

续表

类别 项目	少　女	青年女性	中年女性	老年女性
脸颊 修饰	双颊扫以淡淡的粉红或橙色腮红，表现丰润鲜嫩、热烈活泼的容颜	腮红色调宜与自然肤色相近，斜打腮红突出知性感；混合蜜粉涂染效果更为自然	腮红宜选用与妆色相配的胭脂，斜向施打	适当涂些腮红，可营造健康之美
唇部 修饰	涂上粉红色、橙色等富有明朗朝气色彩的唇膏或唇彩	选健康、自然、有滋润效果的口红，轻抹上色，唇色若隐若现是重点	施以棕红色、自然红、偏灰的玫瑰红等中性唇膏	选用颜色自然的口红，也可为搭配服装色彩用鲜艳的口红，可以提神

1.5　职业妆的表现要点

职业妆是运用于职业场合的化妆，也属于生活淡妆的一种。

职业妆与宴会妆的亮丽、美艳，舞台妆的浓郁、夸张，婚礼妆的清纯、柔美，时尚妆的流行、前卫不同，这类妆容强调的是职业场合和职业特征，如图 7-3 所示。

职业妆已成为一种礼仪习惯，完美职业女士形象、内外兼修女性美、恰到好处的职业妆对职业女性必不可少，典雅而不高傲，时尚而不张扬，成为职场中的一道亮丽风景。职业妆包括教育职业妆、公关职业妆、护士职业妆、外企白领妆、传播媒介妆等。

图 7-3　职业妆

1.5.1　职业妆的妆容特点

职业妆主要体现职业女性精明干练、简洁庄重、精致动人、自然优雅、仿若天生的特质。妆面要简洁明朗、线条清晰、大方高尚，具有鲜明的时代感，避免浓妆艳抹。既要给人深刻印象，又不能显得脂粉气太浓。要求着妆者化妆后要自然、真实。总之，职业妆就是要清淡而又传神，要恰到好处地强化展现女性光彩与自信魅力。

1.5.2　职业妆的表现方法

1. 护肤

洁面后喷洒收敛性化妆水，弹拍于整个面部及颈部，使皮肤吸收，然后涂擦营养霜或乳液，进行简单的皮肤按摩。

2. 皮肤的修饰

精致的粉底是职业妆最突出的特征之一，因为精细匀称的粉底能塑造出明星般的妆容气质。在护肤后，用手指蘸取少量化妆水在面部拍打，然后趁着面部湿润，用粉扑将膏霜质粉底抹匀，用基础色的粉底打一遍底，再用暗影色粉底在鼻翼、两颊处晕染出立体感。为取得更好的效果，也可以先用彩色修容霜修饰肤色。例如，绿色修容霜可修饰泛红的肤色，紫色修容霜可以使发黄肤色白皙透明，但要少量使用。用高光色提亮 T 字区和颧骨上方，可以使肤色更为明亮。

3. 眼的修饰

眼的修饰要以自然为主，不宜太明显。在工作场合，闪亮、自然的眼妆，柔和的眼线，能使眼睛看起来生动、有神、明亮，添加了女性的知性魅力。

（1）眼影。职业妆的眼影通常隐藏于粗黑的眼线之下，并不明显。眼影色多用粉、棕色系或烟灰色、紫棕色配象牙白或米色，用尖头小眼影刷蘸取适量轻涂于眼线周围 1～3 mm 处，再补一层定妆粉，以创造出整个眼部略微凹陷的立体感。眼影并不十分明显，使妆面看起来非常干净，职业妆的最大特点就是妆面干净。

（2）眼线。通常用黑色或深灰、深棕色眼线笔画出略粗的上眼线，下眼线从外眼角向内描画至 2/3 或 1/2 部位，要细而清晰。眼线应有若隐若现的效果，描画的太重会显得生硬。用眼线笔描绘眼线可与眼影重叠，营造出"隐形眼线"的风格，呈现知性之美，这种画法还可以防止眼妆变花。

（3）睫毛。职业妆通常使用深褐色或黑色睫毛膏，加深眼睛的明亮感。用睫毛梳将黏在一起的睫毛梳开，使睫毛更为细致。

4. 眉的修饰

职业妆的眉形要修饰整齐，除去杂乱多余的眉毛，但不宜过细。可以保持自身原有的自然略粗的眉型。用棕色或灰色眼影粉打底，再用深棕色眉笔一根一根地描画，眉形宜平，眉峰略突起，眉尾要短一些，强调职业女性的知性魅力。如果眉色偏浓重，可以选用橙棕色睫毛膏重复涂抹，使之变淡；也可用透明睫毛膏刷染固定眉型。

5. 鼻的修饰

一般情况下，职业妆不需要修饰鼻部。当需要修饰鼻部时，通常选择浅棕色轻轻晕染鼻梁两侧，否则会显得失真。鼻梁上用象牙白或米白色提亮，明暗过渡要自然柔和。

6. 脸颊的修饰

修饰脸颊时，应斜向施以腮红，用色要自然，例如棕红、灰红、浅红等。一般情况下，腮红在职业妆中并不十分明显，职业妆中用腮红通常是很轻微的装饰，且隐藏于粉底与定妆粉之间，通常不用大号腮红刷，而只是使用中号的眼影排刷，根据不同脸型的需要，在关键部位一刷带过，绝不过分渲染。在冷艳之余给人以干练的印象，更加符合职业女性形象。

7. 唇的修饰

用唇线笔勾勒清晰的轮廓，唇峰略有棱角，采用传统的唇膏，厚重但同时强调女性化的娇唇质感，从上到下，每一条唇纹都被浓郁的色彩深深填满，可用棕红色系及暗紫红色系，会显得更智慧、女人味十足。而画若隐若现的唇线，要随着唇膏的色彩变化，隐身于唇膏之内。

8. 整体效果检查

职业妆要刚柔相济、端庄得体，有浓郁的都市气息，在整体修饰上，既包含职场的严肃冷艳感，又不失女性的娟秀多姿，所以，把握修饰度是关键。

各种颜色的职业装及简洁的休闲装都可以作为职业妆容的搭配服装。而配饰方面，精致的铂金、珍珠及宝石饰品都可以让人看上去优雅别致，而造型过于夸张的饰品则不适合与此款妆容配合。

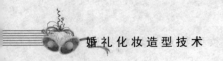

不同职业的职业妆有不同的修饰重点，教育职业妆要求有为人师表的风范，严肃、自然，口红要浅淡。公关职业妆可采用暖色系妆面，使人感觉有亲近感。护士职业妆可采用冷色系妆面，使病人感觉冷静、舒缓、安全、可信。外企白领妆可完全采用韩式妆画法，细腻、光彩、亮丽。传播媒介妆底妆可稍许浓重一些，着重处理眼睛的勾画。

知识点 2 生活时尚妆

生活时尚妆是指具有鲜明时代感、社会性，能反映社会流行大趋势的年轻妆型。时尚妆是时尚的产物，是对社会审美观的反映，是人们在一定时间和地域环境内表现出对时尚信息和对美的个性追求的途径之一。

生活时尚妆与日常生活妆（日妆）相同之处都属于生活妆的范畴。不同之处在于日常生活妆色彩单纯干净，含灰度高，浓度低；生活时尚妆色彩有变化，明度高，色彩饱和，体现个人风尚。从生活时尚妆的要求来看，追求自然、皮肤通透的感觉。

2.1 生活时尚妆的妆面特点

从生活时尚妆的特点来看，生活时尚妆和日妆差不多，区别是时尚妆的眼影、唇、发型比日妆更为夸张，色彩更加艳丽。

生活时尚妆的妆面特点有以下几个方面：

（1）强调的是前卫、流行的特点。所以，生活时尚妆反映的是人们在生活中对美的认识，不断推陈出新的妆容给人们的生活带来更多的活力与情趣。

（2）造型夸张却不脱离美感，随意却不脱离生活。

（3）具有相对自由的表现手法，富有个性。表现效果强烈且具有当下流行的风格。

（4）是年轻人所喜爱的妆型。生活时尚妆主要体现在年轻人的生活妆中。

（5）妆型变化取决于社会时尚的变化。前卫、时尚的社会时尚信息特点会在化妆效果中比较夸张地体现出来。

（6）具有一定的生命周期。生活时尚妆在一定时间流行在另一段时间就可能不流行，这种生命周期有一定变化规律的。

2.2 生活时尚妆的表现方法

2.2.1 生活时尚妆的造型要点

在进行生活时尚妆的化妆造型时，需要注意以下几个方面：

（1）关注时尚流行元素。作为婚礼化妆师要对流行现象进行仔细分析，生活时尚包括对整体造型的每一处细节刻画，包括妆容、发型、服饰、配饰等都有流行元素。婚礼化妆师要通过整体造型显示出流行和活力，体现出特色时尚情调。

（2）要将时尚要素与化妆对象的自身特点完美融合。如果婚礼化妆师一味追求"时尚"而忽略了"适合"，就会使造型显得造作。真正的时尚既反映在化妆对象的外部仪容装饰，也渗透了其内在气质。

（3）流行色的运用是生活时尚妆的重要表现手段。流行色的使用是体现时尚妆的关键，用色一定是当下的流行色。色调多为引人注目的色彩，体现独特的青春气息，用色丰富却不杂乱，或亮或暗，或艳或灰，都反映强烈的流行气息。妆色组合要清晰、明朗。

（4）善于运用新的化妆材料、新的化妆工具也是生活时尚妆的重要体现。化妆材料不断多变的质地效果和新工具的出现，为流行妆容的表现提供了更大的空间，婚礼化妆师要不断分析、观察，并灵活运用于生活时尚妆的化妆造型中。

2.2.2　生活时尚妆的修饰要点

1. 护肤

洁面后，喷收敛化妆水，弹拍于整个面部和颈部，使皮肤充分吸收。涂擦营养霜或乳液，并进行简单的皮肤按摩。

2. 底色修饰

底色修饰应根据化妆对象的形象和风格选择粉底。或选深色或浅色粉底；或选薄或厚的粉底；或选或润或干的粉底；或选闪亮或粉润的粉底，都要根据时尚流行元素来选择。按照五点打法用手扑打，用量依据个人面部大小。

3. 眼的修饰

生活时尚妆眼部的修饰是重点，丰富的色彩能展现时尚。

（1）眼影。眼影的时尚感主要体现在流行色的运用上。例如珠光、金属感、油质感等。

（2）眼线。上下眼线的描绘范围和形态，也应视当前的流行趋势而定。眼线色可以反映时尚色，例如黑色、深褐色、深紫色、蓝色或绿色等。质地上有流行的珠光效果、金属颗粒等。

（3）睫毛。一般采用与眼线同色的睫毛膏，一般有黑色、棕色，还有蓝色、绿色、紫色、红色等。从效果来看有产生朦胧效果的妆感，或含亮颗粒效果的睫毛膏。还可以采用局部粘假睫毛的妆容效果。

总之，在眼部装饰时要注意，流行没有定势，眼部的眼影、眼线、睫毛的形色都应当随着流行而变化，当然，再多的变化也不能脱离美的基本要求。

4. 鼻的修饰

生活时尚妆鼻部的修饰不是重点，一般主要强调自然修饰效果。

5. 眉的修饰

生活时尚妆进行眉的修饰时，眉的形状、色彩、质地的变化要根据化妆对象的原有眉形和流行风格而定，可以根据时尚元素进行略微夸张的处理。

必须注意的是无论采取何种方式进行眉的修饰，或弱化或强调，或弯或平，或细或粗，都要和面部的其他修饰相协调。

例如，要表现妩媚的风格，可以增加眉形弧度；要显示纯情个性，则可以选用平粗的眉形；要表现野性特征，可以让眉根立起或成簇状。又如，眉色可以由传统的黑、棕色向部分彩色晕染。为增加妆色的闪光感，还可以用金属亮颗粒刷染眉毛。

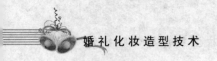

6. 脸颊的修饰

生活时尚妆腮红的色彩变化也是时尚的体现。腮红的色彩也比较丰富，主要采用红色、橙色、玫瑰红色、珊瑚红色、粉紫色、紫褐色等，也可以两到三种色彩同时运用。同时，腮红的部位和腮红的浓淡程度也是重要的流行元素，例如中心浅腮红。

7. 唇的修饰

唇的修饰也体现了时尚元素。

在唇形的修饰上，可以强调轮廓，也可以弱化轮廓；可以自然，也可以饱满。

唇膏的色彩和质地也是时尚妆的重点体现。常用的色彩有橙红色、粉红色、荧光粉色、银白色、粉紫色、蓝紫色、粉绿色、金色等。

在根据不同化妆表现风格选择不同颜色唇膏时，必须注意要与眼影、腮红的色彩相协调。

同时，多样的唇膏质地效果也反映了时尚流行元素，例如粉气质地、滋润质地、珠光质地。

8. 整体效果检查

在对上述部位修饰完毕后，就要观察整体妆型，并进行修正和完善。同时，还要注意由于生活时尚妆用色鲜明、造型个性夸张，妆型必须要与服饰、发式、配饰的整体装饰意境相协调。

2.3 两种不同风格的生活时尚妆

生活时尚妆的表现手法主要可以采用两种手法，一种是以皮肤元素作为刻画重点，例如透明妆和古铜妆；另一种是以色彩表现作为刻画重点，例如糖果妆。

2.3.1 以皮肤元素作为刻画重点

以皮肤元素作为刻画重点，主要体现在底妆效果上。从底妆效果的流行趋势来看，底妆效果表现越来越多变，深或浅，厚或薄，亮光或亚光都成为重要的时尚流行元素。同时，粉底的种类也是日新月异。婚礼化妆师必须要时刻关注时尚的最新动态。

一般来讲，以皮肤元素作为刻画重点的生活时尚妆，主要在底色修饰上，其他部位的修饰不能刻意夸张。

以皮肤元素作为刻画重点的妆型主要有两种：透明妆和古铜妆。

1. 透明妆

透明妆，顾名思义整个妆容晶莹剔透，无瑕疵并且底妆无厚重感，仿佛没有画过妆一样，没有明显的着妆痕迹，但是看起来要比素颜时候精致了许多。而透明妆的首要基础就是漂亮的肌肤和高贵的气质。在妆感上，强调真我风采，保留本身容貌特质，明艳的眼妆和红唇都淡出，取代的是大地色系和近乎裸唇的自然唇色，舒适透气，给人以鲜明的时代感，如图7-4所示。

透明妆适合的对象是容貌条件好，能紧跟时代潮流的时尚女性。

（a）化妆前　　　　　　　　　　（b）化妆后

图 7-4　透明妆

首先，透明妆的底妆很重要，如果没有一个好的粉底，完美的肌肤是做不到的。在上底妆之前，一定要做一个妆前补水面膜或者打足化妆水，让肌肤水润，这样才能让底妆更贴合自然，营造出水润通透的妆容。

打造裸妆，粉底的选择非常重要，粉底液要具备适度遮盖力的丝薄效果；比素肌质感更自然，缔造生动的光泽与透明感；不易脱落的防水配方更可保持整天的妆容整洁。用干海绵将粉底轻擦在脸或身体上，待稍干后再用面纸稍微吸干多余的粉底液，再扑上适量蜜粉即可，可以展现出自然健康肌肤的良好效果。

眼妆的部分要看个人喜好和眼睛形状进行调整和刻画。眼影色的选择要柔和一点的。眼线要贴合本身眼形的轮廓，睫毛膏尽量不要选择浓密型，最好选择纤长的，让睫毛根根分明，让人感觉清爽、舒服自然。

嘴唇先用无色润唇膏打底，把嘴唇的唇线用粉底遮盖一下，不用画唇线，再选择一款打底用的自然色唇膏，最后上一层提亮的唇蜜（唇彩）。

2. 古铜妆

古铜妆又称为小麦妆，是通过自然的小麦色皮肤体现健康美，散发阳光与沙滩的明朗气息，充满了异域风情。

古铜妆适合于活泼、帅气而热情的女性，特别适合天然肤色较深的化妆对象。

古铜妆在妆型质感上，既可以突出粉质感，也可以追求透亮、轻柔的效果。

"小麦色肌肤"是最传统的古铜妆化法，最适合中间肤色的人。但如果化不好就会像被阳光烤焦了似的，所以要从底妆入手，营造出健康妆感。在画古铜妆时要注意两点，一是粉底色号的选择，二是皮肤的光泽感。

画好古铜妆必须掌握以下三个法则：

（1）均匀是小麦色肌肤的关键。肤色太白皙和太深的人都不适合用古铜色底妆来营造阳光感的妆效。偏黄的中间肤色，用古铜妆可以凸显活力健康的感觉。对于中间肤色在选粉底时也要分色号。如果是中间偏白肤色，要选择偏黄或偏桃色的粉底；如果是中间偏暗的肤色，要选择偏红的粉底；而恰好皮肤是标准的古铜色，那么金色系的粉底就刚刚好。

用液态粉底可以使肌肤更具光泽感，因为古铜色的阳光妆最讲求的就是光泽感，所以用液体粉底为最佳。

（2）闪亮让麦肌摆脱暗哑。想让肌肤泛出自然健康的光泽，塑造出肌肤的明亮度很关键。闪光蜜粉可以让小麦色肌肤出彩。现在市面上的蜜粉中，有很多都带有闪光颗粒，在阳光或灯光的照射下，能让肌肤呈现出动人的光彩。化了古铜底妆后，选一款闪亮蜜粉才让肤色更出彩。局部高光可强化肤色亮泽度，也可以尝试从鼻梁一直延伸到鼻尖、下巴处，刷上高光，当阳光洒在脸上时，会让整张脸更有立体感，妆效也更通透自然。

可以选择偏橘金的古铜色眼影当作腮红用，塑造出阳光吻过脸颊的感觉。偏橘的沙滩色、珊瑚色也可以使用。

3. 具体修饰方法

古铜妆具体修饰方法和与透明妆型的比较如表 7-4 所示。

表 7-4　透明妆和古铜妆的妆型比较

类别 项目	透　明　妆	古　铜　妆
皮肤 修饰	用接近本人肤色的粉底液薄涂均匀，达到清晰透明的效果；用透明含有荧光效果的蜜粉定妆；用浅珠光白亮粉提亮面部突出部位	用透明度高的浅棕色作为粉底，薄涂均匀，使肌肤有光泽感；用少量含有金色亮粉的蜜粉定妆；用淡金黄色的亮粉提亮；营造出健康的古铜肤色
眼部 修饰	用肉色、浅粉色、米色、浅珠光色系眼影晕染眼部；用棕色眼线笔描眼线，用棉签涂抹眼线稍加柔和；在内眼角处和下眼线内侧处用珍珠白色眼线笔勾画，可使眼睛增大。睫毛膏涂抹要自然，不能看出明显痕迹	用深浅不同的眼影使眼部层次分明，比如用棕色从眼窝晕染至双眼睑，在双眼睑中间薄施粉金色；或用不同明亮眼影产生立体感，如用金橙色从近鼻梁处向外晕开，后在眼尾处用相近色金黄色、金绿色清扫，下眼睑靠眼尾 1/3 部分使用金褐色眼影，内眼角处用明亮的浅金色绕抹；用白色眼线笔画内眼线，眼线要清晰突出，衬托眼神；用深棕色、黑色或带有金属感的深色睫毛膏
眉部 修饰	不需要用眉笔修饰眉毛，越自然越好；用透明睫毛膏固定眉形；可用深驼黄色眉笔补眉	眉毛略粗，有蓬松感；先以褐色眉笔描画，再以褐色或酒红色眉膏刷染
脸颊 修饰	用浅粉色腮红轻扫脸颊，表现自然红润	脸颊尽量不使用偏粉色的颜色，要用略带珠光的橙色系腮红清扫，展露出健康的面色
唇部 修饰	唇部饰以薄薄的浅色唇彩	选用带有珠光感的透明唇蜜，展现透明效果

2.3.2　以色彩表现作为刻画重点

色彩永远是化妆造型的重要手段，用丰富色彩搭配原理表现妆容特色是婚礼化妆师常用的化妆手法。当然，运用色彩要注意流行色的生命周期和一定的变化规律。

用色彩表现运用于妆容往往会强调其质感变化，从而塑造不同的妆容，例如民族感、季节感等主题的塑造。水果妆就是运用色彩表现作为刻画重点的妆型之一。

所谓水果妆，顾名思义就是整个妆面运用水果般缤纷的色彩和清透的质感，营造出绚烂迷人的视觉效果。

五彩缤纷的水果妆显露出新鲜的活力与娇柔的美态，给人一种很强的色彩感。打造水果妆的重点包括：清透的粉底和腮红，眉型要自然简单，睫毛纤长而卷翘，最重要的就是灿烂的眼影。如天鹅绒般的质地、娇艳如浆果般的色彩是水果妆的特色，体现粉嫩、甜美的诱惑时尚。

春天早已成为时尚世界中最朝气蓬勃的时节。在春季各种时尚发布会此起彼落，时尚的 T 台演绎的春季流行元素，都为水果妆的妆型打造提供了时尚元素。

水果妆的表现手法如下：

（1）妆容主色调。水果一样绚丽多彩的色彩确定了整个妆容的主色调。

（2）皮肤的修饰。要营造轻盈透明的肌肤。用手指或海绵将粉底液轻轻涂在脸部，然后用透明散粉定妆，让粉底与肌肤完全地贴合。

（3）眼的修饰。浅浅的柠檬黄、粉粉的草莓红、嫩嫩的苹果绿、淡淡的葡萄紫都是眼影粉色彩的选择。以不同的眼型确定眼影描画的方法，可以在眼角和眉骨处刷上银白色珠光亮粉，增加明亮度和立体感。纤长、卷翘和干净的睫毛也是水果妆的特征，不要有睫毛粘连破坏整体效果。眼线以黑色、棕色、蓝色、绿色为主。

（4）眉的修饰。眉型修饰不需要刻意描画。眉色浅或者眉毛稀少的人可用眉刷蘸取棕色或浅灰色眉粉，顺自然眉型淡淡描绘。

（5）唇的修饰。清新水果妆越自然就越美丽，不要画唇线，要用闪亮的、带有光泽感的唇彩或唇冻表现嘴唇。

（6）脸颊的修饰。腮红要浅，要像水果般的透彻。从眼尾下方到颧骨处扫上腮红，再用银白色亮粉轻轻带过，增添光泽感。

知识点 3　宴会妆

随着人际往来的日益频繁，人们参加各种正式或非正式的宴会机会也越来越多。一般正式的宴会、晚会往往要求参会人员着"盛装"或"正式礼服"出席。这些晚宴、自助酒会还会有舞会、联欢等节目，内容丰富、环节奢华、气氛热烈，因此到场的嘉宾都将以最隆重的姿态出现，与身份气质环境相符的华美元素都被展现出来。化妆也不例外，与自然、真实、本色为美的生活淡妆相比，宴会妆的化妆截然不同。需要精心的设计和光彩照人的妆容才能适合这种氛围，如图 7-5 所示。

图 7-5　宴会妆

3.1　宴会妆的妆面特点

所谓宴会妆又称为晚妆、晚宴妆，是人们出席各种宴会、晚会时所设计的妆型。

宴会妆是彩妆的一种，它是指用粉底、蜜粉、口红、眼影、胭脂等有颜色的化妆品进行化妆造型，因为一般是为进行夜生活而化的妆型，因此被称为晚妆。晚妆能改变个人形象，使自己的脸更漂亮，更令人关注。化妆浓重而立体是晚妆的最大特点。

宴会妆（晚妆）的历史可以追溯到欧洲文艺复兴时期。14 世纪中期，以意大利为中心，受到文艺复兴的影响，对女性的错误认识开始发生了转变，又开始流行化妆。随着艺术的发展、资本主义的出现、殖民地的开拓、个人主义和享乐主义的多样化，男性和女性中都流行夸张的化妆和打扮，特别是上流社会的贵族们几乎把所有的精力都放在外貌打扮上。化妆成为社交中必备的因素，浓妆体现出强烈的道德主义的解放，这时出现了现代晚妆的萌芽。

此后经历了巴洛克时期（17 世纪）、洛可可时期（18 世纪），由于欧洲女性地位的提高，女性

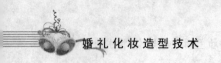

在社交中的作用日益显现。当时欧洲特别是法国上流社会流行沙龙，而沙龙一般都是由名人（多半是名媛贵妇）把客厅变成社交场所，同时多半选择的时间为晚上，所以适合名媛贵妇们晚间聚会的化妆技法得到了充分的重视和发展。到了近代（19世纪）由于化学技术的发展，化妆品种类的丰富，晚妆作为女性社交交际的重要组成部分又有了一次长足的进展和繁荣。

中国现代的晚妆主要是从欧洲的宫廷妆、宴会妆演变而来，中国真正意义的现代晚妆主要出现在民国时期，此时中国女性开始活跃于社交舞台，以大上海为地域代表，结合旗袍、波纹刘海、烫发、红唇等要素而形成的中西结合的晚妆风格。改革开放后，受港台及西方影响晚妆才逐渐得以充分的发展和完善。

宴会妆与日妆相比，具有如下三个方面特点：

（1）妆色浓艳。由于晚间社交活动一般都在灯光下进行，且灯光多柔和、朦胧，晚宴妆不易暴露出化妆痕迹，反而能更加突出化妆效果。如果妆色清淡，就显不出化妆效果。因此，晚宴妆应化得浓艳些，眼影色彩尽可能丰富漂亮，眉毛、眼形、唇形也可作些适当的修饰，使其更加光彩迷人。

（2）引人注目。晚间化妆，一般是出于应酬的需要，处在一种特定的环境中，给化妆创造了一种愉悦的心境和良好的氛围条件，能使人产生一种梦幻般的感觉，这是施展个人化妆技能的极好时机。因此，化晚宴妆时可在不超越所允许的范围内，充分发挥婚礼化妆师的想象力，把化妆对象打扮得更加漂亮，更引人注目。

（3）清晰明丽。由于晚间灯光比白天弱，因此妆面要化得比白天清晰、明亮些，否则就达不到化妆效果。

3.2 宴会妆的色彩搭配

宴会妆的特点是浓艳、明晰、色彩丰富，一般色彩搭配主要体现在眼影、口红和腮红上，具体常用色彩搭配如表 7-5 所示。

表 7-5 宴会妆的常用色彩搭配

眼　影	口　红	腮　红
深蓝色+砖红色	豆沙红	砖红
浅蓝色+黑色	紫红、暗红	深砖红
粉红色+紫红色	桃红、粉红	桃红、紫红
酒红色+黑色	桃红	酒红

3.3 宴会妆的表现方法

宴会妆的妆容效果应该是色彩与整体形象色调相协调。用色要艳而不俗，丰富而不繁杂，主色调明确，与服饰相呼应。用色略显浓重，不宜过于鲜艳。

宴会妆的造型要略显夸张，五官与眉的轮廓要做适当调整，描画要清晰，凹凸结构明显。要在化妆对象原有的容貌基础上，适当进行修饰、塑造。特别是眼部唇部的造型要体现个性，体现整体形象风格。

晚宴妆的妆效要华丽、浓艳、引人注目。

化妆对象的年龄、气质、长相等因素也是妆面定位的主要依据。宴会妆在妆容上还要与饰物、发型、服装相协调。晚会妆还要和得体的举止、良好的谈吐、优美的姿态融合在一起，才能展现职业形象以外的柔美轻盈，给人以高雅、甜美、时尚的感觉。

宴会妆的表现方法一般分以下几步：

3.3.1　护肤

洁面后，喷收敛化妆水，弹拍于整个面部和颈部，使皮肤充分吸收。涂擦营养霜或乳液，并进行简单的皮肤按摩。

3.3.2　皮肤的修饰

修饰皮肤时，要先涂遮瑕膏或矫正肤色的粉底霜，然后选择遮盖性强的粉条、粉底膏、粉底霜，使皮肤细腻而有光泽。

在涂粉底时可以多涂几层，并用手轻按，增强皮肤与粉底的亲和力。同时，要注意将裸露部分的胸、肩、背、臂等部位均匀涂敷。

用阴影色和提亮色粉底修饰脸型和立体结构，使整个脸型体现娇媚的效果。

最后用透明的蜜粉固定粉底，也可以用珠光效果的蜜粉，使皮肤亮丽光彩，但不要太多。

注意，粉底色不要太白或太红，要根据化妆对象的肤色决定。可以略深一些，以接近肤色偏红润感为自然。

3.3.3　眼的修饰

眼的修饰是宴会妆的化妆重点，主要通过以下方式来修饰。

1. 眼影

要根据服装的颜色选择适当的眼影。色调要富于变化，并可增加荧光粉的点缀。为强调眼影的凹凸结构，色彩明暗对比强烈一些。例如，在上眼睑部位涂眼影，并用眼影在眉骨与上眼睑之间涂出分界线，再用淡色和虹彩色眼影，使眉骨部分的色彩亮丽起来。为使妆色显得艳丽，可采用色彩纯度较高的颜色。晚宴妆常用的眼影色调组合如表 7-6 所示。

表 7-6　晚宴妆常用的色调组合

表 现 妆 效	色 彩 组 合
色泽艳丽、华美	玫瑰红色、紫色、蓝色、银白色
热情、富有活力	橙红色、鹅黄色、米白色
典雅、高贵	珊瑚红色、紫色、蓝灰色、粉白色
神秘、冷艳、脱俗	蓝色、紫色、银白色
华丽、热烈	米红色、棕色、淡黄色

2. 眼线

眼线主要描画上下眼线，颜色要深。因为深色的眼线在夜间更能衬托出眼睛的明亮和深邃。上眼线可适当加粗，眼尾略上扬并加粗；下眼线内眼角略细，眼尾略粗。但须注意上下眼线的眼尾不要相交，

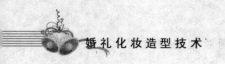

这样会使眼睛显得狭小。在下眼睑高出的地方用蓝色的眼影或眼线笔涂上几笔，可以营造凹凸感。

3. 睫毛

将睫毛夹卷翘后涂染睫毛膏，可以采用防水加长睫毛膏，可以分两次涂上睫毛膏，这样可以使睫毛显得浓密一些。

如果自身睫毛细、疏、短，可以粘假睫毛，但一定注意要与自身的睫毛要融为一体，宜选用自然型的假睫毛，使眼睛富有神采但无造作之感。

3.3.4 鼻的修饰

鼻的修饰主要强调自然的效果，可以根据脸型或鼻型的需要进行修饰。可以选择浅棕色或灰紫色修饰鼻两侧阴影，用米白色或白色提亮鼻梁，强调立体感。暗色与亮色的对比运用可以强些，但过渡一定要柔和。

3.3.5 眉的修饰

眉的修饰可在洁面后护肤前、皮肤干爽时做好。修饰时，应该除去散乱的多余眉毛，修出基本眉形。宴会妆眉色艳丽，可用羊毛刷蘸上棕红色、棕色眉粉涂刷在眉毛上，再用黑色眉笔描画，描画后用眉刷将眉色晕开，眉形要整齐，可以适当夸张，但要与脸型相适合。

3.3.6 脸颊的修饰

脸颊的修饰要选择与服饰和眼影色协调的腮红。可以根据脸型的需求，使用略有夸张的晕染，色彩纯度要偏高。常用的颜色主要有玫瑰红色、珊瑚红色、桃红色、棕红色等。

可以在颧骨凸起处，涂上浅色的虹彩光腮红；在颧骨凹陷处，涂上深色的不泛光腮红。为了在夜间显得更有光泽，还可以在颧骨凸起处原来涂有浅色虹彩腮红的上面，再加一层白金色的眼影，使其增加亮度。

3.3.7 唇的修饰

唇型需要配合脸型修饰，修饰时可用唇线笔勾勒唇轮廓，选择与眼影色、腮红色相协调的较浓艳的唇膏涂满唇面，并在唇中间的高光部位涂上增亮唇膏、唇彩或唇油，既可增加唇部的光彩，还可以使唇部具有立体感。通常选择的色彩主要有玫瑰红色、珊瑚红色、橙红色、紫红色、赭红色等。

3.3.8 整体效果检查

整体修饰完成后，检查妆型。主要检查妆型是否对称、协调。

可以用淡色的眼影在鼻子、颧骨和下颌处，进行最后的轮廓描绘；用白色眼影修饰双颊的顶端、鼻梁和下巴。最后用虹彩透明的蜜粉定妆，再用粉刷整理。经过上述几道程序后，艳丽的晚妆便基本完成。

3.3.9 发型与服饰

发型与服饰要庄重高雅，要与妆面整体效果一致，使女性在正式的社交晚宴中展现端庄高雅的个性魅力。要注重一些细节，如指甲涂成与唇膏同系列的颜色，整体感觉和谐而精致。礼服和华丽的首饰是最好的选择，喷洒香水也是妆型的重要环节。

3.4　不同气质宴会妆表现要点

宴会本身的主题、形式、环境因素为宴会妆的妆型定位提供了具体的依据与限制。在如今人们越来越重视个人形象的现代社会，特别是在社交场合中，女性往往希望一改职场中的严谨形象，给人以妩媚动人、光彩亮丽的感觉。

宴会妆根据化妆风格的不同，可以体现不同的魅力和风采，或娇艳、或优雅、或古典、或时尚、或可爱，形式丰富多彩，在宴会中闪耀光彩，赏心悦目。

从宴会妆的不同造型风格和反映的气质，可以分为浪漫型宴会妆、优雅型宴会妆、美艳型宴会妆、古典型宴会妆等。

3.4.1　浪漫型宴会妆

浪漫型宴会妆整体妆效优雅、华丽、高贵，给人以柔美、浪漫、温和感，是使用艳丽色彩与优美曲线打造的妆型。例如：以从浓到淡的玫瑰红或紫色为主色调，点缀少许浅蓝和浅金色，体现轻盈、浪漫的气息。

浪漫型宴会妆适用于性格柔美、情感丰富、年轻的女性，如图 7-6 所示。

浪漫型晚宴妆的具体表现方法如下：

1. 皮肤的修饰

浪漫型宴会妆粉底以浅淡为宜，色泽要明快，质地要滋润，面部结构要柔和、自然，脸型轮廓柔顺。

图 7-6　浪漫型宴会妆

2. 眼的修饰

浪漫型宴会妆眼影色彩较丰富，但色彩变化对比要偏弱，层次柔和。眼影色要与服装相协调。例如，上眼睑用浅金色晕染内眼角，用玫瑰红或紫色涂抹上眼睑由内向外眼角延伸晕染，逐步变浓。下眼睑紧挨睫毛根处，用浅蓝、浅玫瑰红和浅紫色眼影轻涂；用珠光白色眼影在眉梢下方描画；用紫色或酒红色弧线优美的眼线轻轻晕染外缘，使眼线自然融入眼部；再用珍珠白眼线笔于下眼线内侧勾画。睫毛修饰通常使用黑色、紫色或酒红色的睫毛膏。

3. 眉的修饰

浪漫型宴会妆眉毛依据脸型修饰成自然弧形，可以使用褐色系，展现柔和、朦胧感。

4. 脸颊的修饰

浪漫型宴会妆在脸颊修饰时，可以选用明艳或柔和的色调进行修饰，过渡要柔和。配合眼影色彩，可以在双颊处涂抹少许玫瑰色腮红，显现华丽、高贵的气质。

5. 唇的修饰

浪漫型宴会妆在唇的修饰时，以色彩明艳为主，例如粉红色、桃红色、橙红色等。还可用酒

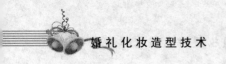

红色唇膏，点上透明的唇彩效果更为娇艳。如果用唇线笔画出细腻且强调弧度的唇线，唇的造型更为饱满、圆润，显示出成熟、妩媚的气质。

浪漫型宴会妆在发型造型上，头发宜蓬松、自然。可以从额发、鬓角稍稍梳出几缕，使之自然飘洒在脸颊旁。

浪漫型宴会妆的妆容不但适用于各种晚宴场合，也可以使人展现出多变的风情。

3.4.2 优雅型宴会妆

优雅型宴会妆的造型格调含蓄、精致，整体效果高贵、雅致、华丽，适用于出席舞会、晚宴等活动，如图7-7所示。在妆容上要刻意打造出高雅、大方、娟秀、娇丽的形象，必须与特定场合的气氛相融合，达到情、景、人交融的理想效果。

图7-7　优雅型宴会妆

优雅型宴会妆具体表现方法如下：

1. 皮肤的修饰

优雅型宴会妆在粉底的选择时，要选遮盖性较好的产品，使妆容显得更加清爽。可以用暗影色和提亮色强调立体感，使面部自然、结构清晰、起伏有致、层次丰富、同时适当收敛脸型。

2. 眼的修饰

优雅型宴会妆在眼部修饰时，应注意色彩饱满但不落俗套，轮廓清晰。化妆时根据眼妆色彩和肤色，选择冷暖不同的色调妆型。如果想打造暖色妆可选用棕色、明黄、橙红、金色等为主色调。如果想打造冷色妆可选用蓝色、蓝灰、紫色、蓝紫色、银色等为主色调。采用不同的色调可以塑造不同的妆容，也会有不同的效果，暖色调会显得成熟些，而冷色调会显得清纯些。

为了使处于动态中的人显得明艳夺目，可以用珍珠系眼影。上眼睑和鼻根凹陷处可涂上棕色，尤其眼窝处要涂得更深一些。要想充分运用灯光的效果，可在画完眼线后，沿上下眼线涂抹上金属亮色颗粒，或用棉签轻蘸彩色珠光粉涂抹，可以使眼睛清澈明亮。

注意：在眼妆中睫毛的修饰非常关键，特别要加强眼尾部位，必要时可粘假睫毛。

3. 眉的修饰

优雅型宴会妆眉的修饰也是修饰重点。要精心描画眉毛，眉型倾向弧度较大，线条明确。从色彩来看，用褐色的眉笔画出眉型，然后晕染轮廓线，使其更为自然。

4. 脸颊的修饰

优雅型宴会妆在修饰脸颊时，采取斜向涂染艳色腮红，两侧腮红要略深，强调脸颊的收敛、立体、提升效果，在色调上要注意与眼影相协调。

5. 唇的修饰

优雅型宴会妆在修饰唇部时，口红色调要明快、清爽、润泽、富有魅力。可用亮光质感的唇膏涂饰在高光部位。

在发型上，选择刻意造型的高贵盘发，加上精致的发饰品，洋溢着温婉的女性美。

3.4.3　美艳型宴会妆

美艳型宴会妆主要通过鲜艳夺目的颜色体现女性的娇媚、性感仪容。用优美动人的曲线，洁白滋润的肌肤，表现出成熟娇艳之美。

美艳型宴会妆具体表现方法如下：

在化妆时，整体妆型要艳丽，用色的饱和度要高。要重点强调眉、眼线、唇廓等处的流畅曲线，并施以宝石般鲜艳的色彩，眼部是美艳型晚宴妆的修饰重点。

睫毛膏可用深黑色，可以起到强烈对比的效果。眉可以用偏欧式或用弯挑型眉型。唇的色彩是美艳型宴会妆的重点，要用饱和度较高的红色唇膏或唇彩，比如玫瑰红、大红、中国红，根据不同肤色搭配出高贵的唇妆效果，唇型要饱满，富有魅力。

美艳型宴会妆在服装搭配上，可以配以华丽的艳色服装和配饰。在发型上，波浪式的披肩卷发是最合适的发型，显得更加楚楚动人。

3.4.4　古典型宴会妆

古典型宴会妆具有东方古典美温和、娟秀的特点，如图7-8 所示。适合于拥有白净的肌肤，鸭蛋形脸庞，小巧的嘴唇和苗条的身材的女性。

古典型宴会妆主要表现手法如下：

粉底采用偏白颜色系列。打造的五官线条要柔和。眼影用淡色点缀。眉色用黑色、灰色或黑绿色晕染。眉毛一定要细，切忌粗浓。唇色可浅淡也可深亮。

服饰要突出典雅、古典。发型要整齐、规则。

总之，古典型宴会妆妆色既要古典化，又不能是净妆；既要表现古典美，又不能脱离时代感。

图 7-8　古典型宴会妆

【教学项目】

任务1　生活淡妆和生活时尚妆实训

生活淡妆又称日妆，是人们日常生活和工作的妆型，既可以在自然光下也可以在柔和的灯光下。它是通过强调面容本来所具有的自然美，进行恰到好处的修饰。妆色清淡典雅，自然协调，是对面容的轻微修饰与润色。而生活时尚妆是指具有鲜明时代感、社会性，反映社会流行大趋势的年轻妆型。生活时尚妆主要可以采用两种表现手法，一是以皮肤元素作为刻画重点，例如透明妆和古铜妆；二是以色彩表现作为刻画重点，例如糖果妆。

生活时尚妆与生活淡妆（日妆）相同之处是都属于生活妆的范畴。不同之处在于生活淡妆色彩单纯干净，含灰度高，浓度低；生活时尚妆色彩有变化，明度高，色彩饱和，追求风尚。

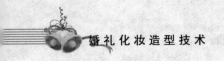

活动 I 讲解实训要求

1. 教师讲解实训课教学内容、教学目的

（1）实训课程主要由学生两人一组，按照生活淡妆和生活时尚妆的表现手法，完成生活淡妆和生活时尚妆两个妆型。

（2）每个妆型实操用时为 1 个课时。时尚妆可以从透明妆、古铜妆和糖果妆中选择一种妆型进行实操。

（3）通过实操使学生掌握生活淡妆和生活时尚妆的基本特点、造型手法，并区别两种妆型的不同。

2. 生活淡妆的基本要求

（1）自然。

（2）适度。

（3）协调。

（4）隐蔽。

3. 生活时尚妆的基本要求

（1）自然。

（2）时尚。

（3）色彩明度高。

（4）协调。

4. 生活淡妆和生活时尚妆面部修饰的基本操作过程

（1）底色修饰。

（2）眼部修饰。

（3）眉部修饰。

（4）脸颊修饰。

（5）鼻部修饰。

（6）唇部修饰。

（7）整体效果检查。

活动 2 教师示范

（1）教师模拟婚礼化妆师，演示生活淡妆和生活时尚妆的化妆过程。

（2）抽选一名学生做模特，配合老师进行生活淡妆和生活时尚妆的化妆演示。

活动 3 学生训练、教师巡查

（1）学生按照两人一组，分为婚礼化妆师和模特，练习化生活淡妆、生活时尚妆，然后互换角色，相互点评。

（2）教师随时巡查，指导学生。

活动 4 实训检测评估

教师通过实训检测评估学生的实训练习成果，具体表格内容如表 7-7 和表 7-8 所示。

表7-7　生活淡妆实训检测表

课　程	婚礼化妆与造型设计		班　级	级婚庆班		
实操项目	生活淡妆		姓　名			
考评教师			实操时间	年　月　日		
考核项目	考核内容	分　值	自评分（20%）	互评分（30%）	教师评分（50%）	实得分
洁　面	皮肤清洁、干净	5				
护　肤	润肤、保湿，使皮肤达到最佳状态	5				
打粉底	粉底颜色自然，涂抹均匀、帖服、透气。打完后肤色统一，有光泽，有质感	10				
画眼线	线条清晰、细腻，若隐若现	10				
画眼影	晕染均匀，色彩淡雅	30				
描眉形	晕染自然、清淡	20				
刷腮红	用色自然、轻薄	10				
涂唇彩	自然、清晰、淡雅	10				
总　分						

表7-8　生活时尚妆实训检测表

课　程	婚礼化妆与造型设计		班　级	级婚庆班		
实操项目	生活时尚妆		姓　名			
考评教师			实操时间	年　月　日		
考核项目	考核内容	分　值	自评分（20%）	互评分（30%）	教师评分（50%）	实得分
洁　面	皮肤清洁、干净	5				
护　肤	润肤、保湿，使皮肤达到最佳状态	5				
打粉底	粉底颜色自然，涂抹均匀、帖服、透气。打完后肤色统一，有光泽，有质感。色泽符合妆型	10				
画眼线	线条清晰、细腻，有特色。体现时尚，符合妆型	10				
画眼影	晕染均匀，色彩明度高。体现时尚，符合妆型	30				
描眉形	晕染自然、或明显或清淡，符合妆型	20				
刷腮红	用色自然、轻薄或艳丽	10				
涂唇彩	自然、清晰、淡雅或艳丽，符合妆型	10				
总　分						

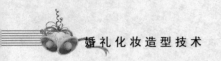

任务2 宴会妆实训

宴会妆又称为晚妆、晚宴妆，是人们出席各种宴会、晚会时所设计的妆型。晚妆能改变个人形象，使化妆者的脸庞更亮丽、更明艳、更令人关注。妆容较浓且立体感十足是宴会妆的最大特点。

从宴会妆的不同造型风格和反映的不同气质，可以分为浪漫型宴会妆、优雅型宴会妆、美艳型宴会妆、古典型宴会妆等。

活动1 讲解实训要求

1. 教师讲解实训课教学内容、教学目的

实训课程主要由学生两人一组按照宴会妆的表现手法，选择宴会妆四种妆型的其中一种完成实操。宴会妆的妆型的实操用时2课时。可以从浪漫型宴会妆、优雅型宴会妆、美艳型宴会妆、古典型宴会妆中选择一种妆型进行实操。

通过实操使学生掌握宴会妆的基本特点、造型手法，并区别四种妆型的不同。

2. 宴会妆的基本要求

（1）妆色浓艳。

（2）引人注目。

（3）清晰明丽。

3. 宴会妆面部修饰的基本操作过程

（1）底色修饰。

（2）眼部修饰。

（3）眉部修饰。

（4）脸颊修饰。

（5）鼻部修饰。

（6）唇部修饰。

（7）整体效果检查。

活动2 教师示范

（1）教师模拟婚礼化妆师，演示宴会妆的化妆过程。

（2）抽选一名学生做模特，配合老师进行宴会妆的化妆演示。

活动3 学生训练、教师巡查

（1）学生按照两人一组，分为婚礼化妆师和模特，练习化宴会妆，然后互换角色，相互点评。

（2）教师随时巡查，指导学生。

活动4 实训检测评估

教师通过实训检测评估表评估学生的实训练习的成果，具体表格内容如表7-9所示。

表 7-9　宴会妆实训检测表

课　程	婚礼化妆与造型设计		班　级	级婚庆　班			
实操项目	宴会妆		姓　名				
考评教师			实操时间	年　月　日			
考核项目	考核内容		分　值	自评分 （20%）	互评分 （30%）	教师评分 （50%）	实得分
洁　面	皮肤清洁、干净		5				
护　肤	润肤、保湿，使皮肤达到最佳状态		5				
打粉底	粉底颜色自然，涂抹均匀、帖服、透气。打完后肤色统一，有光泽，有质感，色泽符合妆型		10				
画眼线	线条清晰、细腻，有特色，符合妆型		10				
画眼影	晕染均匀，色彩明度高，符合妆型		30				
描眉形	晕染自然、或明显或清淡，符合妆型		20				
刷腮红	用色自然、轻薄或艳丽，符合妆型		10				
涂唇彩	自然、清晰、淡雅或艳丽，符合妆型		10				
总　　分							

项 目 小 结

1. 生活淡妆又称日妆，用于人一般的日常生活和工作，表现在自然光和柔和的灯光下。它是通过恰到好处的方法，强调突出面容本来所具有的自然美。妆色清淡典雅，自然协调，是对面容的轻微修饰与润色。生活淡妆有以下几个特点：

（1）手法简洁，应用于自然光线条件之中。

（2）对轮廓、凹凸结构、五官等的修饰变化不能太过夸张，以清晰、自然、少人工雕琢的化妆痕迹为佳。

（3）用色简洁。

（4）化妆程序可根据需要灵活多变。生活淡妆可以分为少女妆、青年妆、中年妆和老年妆等妆型。

2. 生活时尚妆是指具有鲜明时代感、社会性，能反映社会流行大趋势的年轻妆型。时尚妆是时尚的产物，是对社会审美观的反映，是人们在一定时间和地域环境内，表现出对时尚信息和对美的个性追求的途径之一。生活时尚妆的表现手法主要可以采用两种手法，一是以皮肤元素作为刻画重点，例如透明妆和古铜妆；二是以色彩表现作为刻画重点，例如糖果妆。

3. 生活时尚妆的妆面特点有以下几个方面：

（1）强调的是前卫、流行的特点。

（2）造型夸张却不脱离美感，随意却不脱离生活。

（3）具有相对自由的表现手法，富有个性。

（4）是年轻人所喜爱的妆型。

（5）妆型变化取决于社会时尚的变化。

（6）具有一定的生命周期。

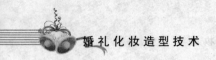

4. 生活时尚妆与生活淡妆（日妆）相同之处是都属于生活妆的范畴。不同之处在于生活淡妆色彩单纯干净，含灰度高，浓度低；生活时尚妆色彩有变化，明度高，色彩饱和，体现个人风尚。

5. 所谓宴会妆又称为晚妆、晚宴妆，是人们出席各种宴会、晚会时所设计的妆型。晚妆能改变个人形象，使化妆者的脸庞更亮丽、更明艳，更令人关注。化妆浓重而立体是宴会妆的最大特点。宴会妆与日妆相比，具有如下三个方面特点：

（1）妆色浓艳。

（2）引人注目。

（3）清晰明丽。

6. 宴会妆根据化妆风格的不同，可以体现不同的魅力和风采，或娇艳、或优雅、或古典、或时尚、或可爱，形式丰富多彩，可以在宴会中闪耀光彩，赏心悦目。从宴会妆的不同造型风格所反映的不同气质，可以分为浪漫型宴会妆、优雅型宴会妆、美艳型宴会妆、古典型宴会妆等。

核 心 概 念

生活淡妆　职业妆　生活时尚妆　透明妆　古铜妆　糖果妆　宴会妆

能 力 检 测

1. 什么是生活淡妆？它的表现手法有哪些？
2. 什么是生活时尚妆？它有哪些分类？它的表现手法有哪些？
3. 什么是宴会妆？它的表现手法有哪些？

项目 8 婚礼妆的化妆技巧

【学习目标】

通过本项目的学习，应能够：
1. 掌握婚礼妆的特点和要求；
2. 掌握新娘妆的特点和要求；
3. 掌握新娘妆的化妆步骤和技巧；
4. 掌握新郎妆的化妆步骤和技巧。

【项目概览】

婚礼妆的化妆技巧是婚礼化妆师必须了解和掌握的非常重要的内容,核心目标是了解婚礼妆的妆面特点、表现方法和基本化妆技巧。为了实现本目标，需要完成两项任务。第一，新娘妆的实操练习；第二，新郎妆的实操练习。

【核心技能】

- 新娘妆的表现方式和技巧；
- 新郎妆的表现方式和技巧。

【理论知识】

知识点 1 婚礼妆的妆面特点

婚礼是人们极为珍视的重要仪式，婚礼妆也是新娘一生中最美丽、最难忘的修饰妆容。由于举行婚礼的季节、地区、气候不同，人们穿着服装的质地各有差异，因此，婚礼妆没有统一的模式，要根据季节和服饰的变化，运用不同的色彩和妆型。

结婚是人生的一件大喜事，人们非常重视服饰的穿着，尤其是新娘的服饰更是讲究，在不同的地区有着不同的习俗。在婚礼当天，西方的习俗是新娘身着白色连裙装，裙长坠地，头戴白色花环，象征着纯洁和吉祥。新郎身着深色西服，佩戴领带，象征沉稳和可靠。按西方惯例，初婚新娘穿白色婚纱，再婚新娘穿淡色婚纱。在我国，按照中式婚礼习俗，新郎身着长袍马褂，以深色或红色为主要色调；新娘为大红凤冠霞帔，胸戴红花，寓意红红火火，吉祥如意。现代社会目前流行的是中西合璧式的婚礼，新郎多为深色或灰色西装，新娘身着白色婚纱、彩色婚纱、旗袍或西装套裙等。新娘的饰物以细腻精致为时尚，还有配套的耳饰、颈饰、首饰。头饰根据服装选

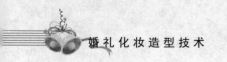

择，可以选择简单的发卡，穿婚纱时头饰多选择鲜花或干花（见图 8-1），穿旗袍则选择发冠、头簪（见图8-2）。总之，婚礼妆应根据季节、风俗、服饰的不同，化妆风格也有所不同。

图 8-1　现代新娘妆

图 8-2　中式新娘妆

1.1　婚礼妆的妆面特点

从狭义上讲，婚礼妆主要包括新娘妆和新郎妆。从广义上讲伴娘、伴郎以及新人家人的妆型也可以称为婚礼妆。本部分探讨的婚礼妆就是从狭义上讲的仅指新娘妆和新郎妆。

1.1.1　婚礼妆的特点

（1）婚礼妆的主要特点是喜庆、典雅，一般以暖色和偏暖色调为主。但是随着人们对婚礼理念的更新和婚纱的普遍应用，也经常使用一些柔和的冷色化妆。

（2）妆型给人以端庄、典雅、大方之美感，妆色浓度介于浓妆和淡妆之间。

（3）传统新娘妆用色常以偏暖色为主，现代新娘妆妆型圆润、柔和，充分展示女性的端庄、娇媚和纯洁。新郎妆以不露痕迹为宜，适当修饰的妆型带有棱角，妆色自然，展示男性的英俊潇洒。

（4）新娘妆与新郎妆要和谐，刚柔并济。新娘妆和新郎妆最好同时化妆、整理，这样会更加协调、完美。

1.1.2　婚礼妆的注意事项与要求

（1）婚礼妆色彩与服饰色彩要协调。

（2）婚礼妆色浓淡与季节、服装质地、款式要协调。

（3）妆面要洁净，牢固性强，有整体感。

（4）妆色要协调。新娘妆妆型要圆润柔和，充分展示女性婀娜的柔美；新郎妆妆型要略带棱角，妆色自然，展示男性的阳刚之气。

（5）给新娘化妆时，要尽量多地使用美容化妆手段，除了要精心设计、细心化妆修饰外，发型的梳理、服饰的选择、饰物的搭配也要协调，让青春、俊美、娇柔、华丽、清纯、甜美相得益彰，使之光彩照人。

1.1.3　婚礼化妆师的基本素质和工作程序

婚礼妆中婚礼化妆师应具备的基本素质有：高超的技艺、良好的服务态度和高度的色彩敏感度。一个出色的婚礼化妆师不仅可以确保每对新人的妆型与婚礼的格调协调一致，而且可以确保新娘成为人们关注的焦点，不致让伴娘或其他宾客抢了风头。

从婚礼化妆师的工作程序来看，首先，婚礼化妆师应确定新人肤色的色调，以免由于未分清冷暖色调，而使妆型陷入误区。随后，婚礼化妆师为新人展示所适合的色调，并根据新人所喜爱的色调浓度和妆型进行调整，保证新人婚礼当天的妆扮最为炫丽、动人。最后，婚礼化妆师进行试妆，完成后为新人拍摄一张数码照片，并作为记录保存。

婚礼化妆师在婚礼当天的化妆应在摄影师到达前 15 分钟化妆完毕，有经验的婚礼化妆师通常会在鲜花送达前 15～20 分钟完成妆扮。

1.1.4　镜头前新娘妆化妆技巧

婚礼照片是存留这一生中最美丽时刻的重要方式。婚礼化妆师在为新人化妆时，要考虑到照片的平面特点，在化妆时要特别注意造型技巧。

1. 应对照片平面图像的化妆技巧

与肉眼看到的立体图像不同，照相机只能生成平面的图像，这样就很容易夸大人的某些面部缺陷。例如大脸庞会显得更大，小眼睛会显得更小。较小或者较深的眼睛会因为微笑而在相片上变成一条缝。

婚礼化妆师的应对技巧：从亚洲人来讲，天生一张轮廓分明的脸的人很少，加上拍照会将人的脸更加平面化。所以，婚礼化妆师在为新人造型的重点是通过对各种颜色的精确运用，凸现优美的面部轮廓。塑造出大大的眼睛，高颧骨，挺拔的下颌以及匀称的嘴唇，这样，才能从照片中看到美丽、惊艳的新娘。

2. 应对照片色彩差别的化妆技巧

胶片对颜色的感觉也与人眼有很大差别，它对红色和蓝色非常敏感。胶片常常会强化皮肤上的红斑，使红润的脸色更加突出，还能将眼袋变得很明显。因此，在照片上，任何含有红色调的斑点都会非常明显。

婚礼化妆师的应对技巧：婚礼化妆师使用遮盖霜和粉底来掩盖新娘皮肤上的色素沉淀。将不透明的粉底均匀涂抹，可以制造皮肤的完美效果。蜜粉也是不可缺少的，用它来固定粉底，同时止住汗水。应当注意的是汗珠可能会反射闪光灯的光线而在照片上形成黑白的斑点。

3. 应对黑白照片的化妆技巧

在黑白照片中，胶片只使用黑白以及介乎其中的各种深深浅浅的灰色来记录各种颜色。如果要拍照黑白照片，婚礼化妆师要有一些应对技巧：如果要拍黑白照片，婚礼化妆师在化妆时主要考虑的不是着妆的色彩而是色彩的深浅程度。尤其是需要强调或者淡化脸的不同部位。例如，紫色的口红在黑白照片里表现出来的是黑色，而红色则表现出来的是中度的灰色。优秀的婚礼化妆师应懂得巧妙使用阴影粉来塑造脸部的轮廓，并且制造某种戏剧化的效果。

4. 自然光线下的化妆技巧

自然光也就是阳光，是所有光线中最纯粹也是最粗糙的光线。与之对应，新娘的妆容就应该非常柔和，选择较淡的颜色，尽量使新娘看起来自然。深色和明亮的颜色都不适合在自然光之下，它们只会让新娘看起来显得比实际年龄苍老。

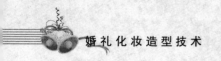

5. 荧光灯下的化妆技巧

荧光灯就是家里或者大商场通常使用的日光灯或节能灯，这是一种冷光线。这种冷光是以绿色为基调的，因此婚礼化妆师在为新娘化妆时，应该选择暖色调的色彩，尤其是眼影和口红的颜色一定要用暖色调。

6. 白炽光下的化妆技巧

白炽光是饭店或者宾馆大堂常见的光线，主要来自白炽灯。这种光线的特点是略显昏暗，光线柔和，并且以红色为基调。所以，婚礼化妆师在为新娘选择色彩时，要选择鲜亮丰富的色彩，起到突出的作用。

知识点 2　新娘妆的表现方法

新娘妆是专门为新娘打造的妆型。由于新娘妆是一种近距离的妆型，着重于自然和柔美，妆色的浓淡介于浓妆和淡妆之间，为了突出喜庆的气氛，妆色可以走暖色调和偏暖的色调，充分体现新娘的健康美、自然美、端庄美。

2.1　新娘的气质类型

在为新娘做造型前，婚礼化妆师首先要判断新娘属于哪一种气质类型，根据气质类型才能进行整体妆型的造型设计。一般来讲，新娘的气质可以分为以下三种类型。

2.1.1　乖巧文静型

乖巧文静的新娘比较内向，言语不多且语调柔和，举手投足之间拥有一种温婉浪漫的气质。因此，妆容也以浪漫的粉色系来烘托气质，轻轻涂抹一层粉红、粉蓝、粉绿等淡粉色即可。

2.1.2　活泼时尚型

活泼又时尚的新娘一出场就要有惊艳四座的效果，浑身上下都充满了朝气和时代气息，其爽朗的笑容能感染每个人。其妆容色彩要明快大胆，造型上讲究时下流行的动感和自然风格，红唇、浅紫色晕染都是最时尚的尝试。

2.1.3　古典优雅型

古典型的新娘，眉眼间蕴含着古韵，举止大方得体，优雅从容，谈笑时顾盼生姿。这样的新娘妆容要求和谐沉稳，色调是接近肤色的棕色系，不宜太张扬，但在眼线、唇线等勾勒时要突出古典气质。

2.2　新娘妆的整体构想

婚礼新娘妆的特点是要给人以喜庆、端庄、雅致、娇柔的美感。发型、妆面较精致，因为要被来宾近距离观赏，一般不宜用假发等夸张饰物。晚宴时要变换3～4套造型，如中式造型、晚宴造型、礼服造型等，需要婚礼化妆师灵活运用技巧，快速根据服装变换发型及妆面，使每个造型完美而又富于变化，表现新娘不同角度及个性的美感。

2.2.1　整体构想

根据婚礼流程安排，主要有仪式和婚宴两大环节，针对两个环节，新娘妆的造型整体构想要点主要有以下三点：

（1）典礼仪式上的新娘妆一般以婚纱造型为主，婚宴环节新娘妆的造型主要以中式晚宴妆或西式晚宴妆的造型为主。

（2）造型之前要与新娘沟通，了解其性格特点、职业、年龄以及礼服套数和样式等其他特殊要求。要尊重新娘个人意愿，然后仔细观察分析新娘自身条件，结合专业知识共同设计妆面造型。

（3）在进行新娘妆的妆面造型设计时，首先要进行整体风格定位。如通过观察分析把新娘定位在庄重、典雅、高贵的风格上，那么在饰品、礼服的选择上都要统一风格。妆面、发型的设计也要靠近主题，使整体风格统一协调，力求完美。其次，还要考虑快速变换妆面、发型的方便性，使新娘的每个造型都光彩照人。

2.2.2　新娘妆容的基本要求

在打造新娘妆容时应当遵循新娘本身的特征，遵循基本要求。

1. 清透似无妆的皮肤

粉底一定要均匀和透明。一般水润的粉底都能改善肤色，并且看上去比较透亮、水润，同时还要选择质地轻薄但遮盖力强的粉底，才能打造新娘清透似无妆的皮肤。在选择粉底颜色时，要先在脖子的皮肤上试一下，挑选最合适的颜色。

2. 干净眼妆和浓密睫毛

新娘妆的眼妆不要五颜六色的。带珠光或闪亮因子的粉色或者白色都是比较合适新娘妆的色彩。睫毛可以略微夸张一点，刷得浓密卷翘，让双眼看上去特别有神。

3. 性感诱人的双唇

新娘妆唇部修饰的重点在于丰润和亮泽，一定要先使用唇膏，因为唇膏着色比较好，时间也持久。颜色可以尝试比较明艳的，暗哑的颜色不适合新娘。

此外，为新娘化妆还要充分考虑到每个人的个性。在新娘妆容中，眼影要干净，重点可以放在唇部，凸显唇部。在眉线上，不能用褐色或者黑色，使用深棕色最佳，手法上要轻。睫毛化妆上，不适宜用过假过粗的假睫毛，要使用接近生活的自然型假睫毛，效果自然。

【导入阅读】

展现新娘的 3 大甜美诱惑的妆型

1. 盈润粉妆

用能根据肤色、黑斑、晦暗、黑眼圈和痘痕等巧妙地遮盖、修饰的遮瑕粉底 4 色自由组合，微妙地调整修饰肤色。

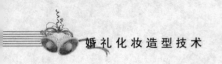

用橙黄色珠光的粉底霜也能将感觉灰暗的肤色修饰得更明亮，并拥有更自然的光泽和立体感。再用有水灵触感配合大量的保湿成分的亮颜粉底霜，保持肌肤的盈润。然后，取适量柔光焕颜腮红，在手背调节用量后，以颧骨最高点为中心，均匀晕染，以微妙的阴影效果塑造紧致、立体的脸型。

2. 曼妙眼神

运用眼影刷在眼尾以扇形晕染玫瑰红色，之后将眼影色在紧挨睫毛根部的眼尾处线状延展开，缔造立体感。最后利用明亮色在眉骨下方及眼头处晕染，创造出明亮性感的眼部效果。用液体眼线笔自眼梢开始沿着睫毛根部描绘线条，眼尾的线条可适当地画得略粗一些。用睫毛夹夹出卷翘的睫毛之后，从睫毛根部开始向上细致地刷上卷翘型睫毛膏，让睫毛看起来显得更卷翘浓密。刷下睫毛时，可利用毛刷的曲线背部进行涂刷。先用附带的眉刷对眉毛进行整理，之后，使用纤致眉笔描绘出清晰的眉形。

3. 饱和唇色

用柔晰唇线笔顺畅地勾勒出理想的唇型线条，并向内侧轻轻晕染开。用水漾光润唇膏适合唇部轮廓不明晰或气色不佳时使用，能自然地修饰唇部。用唇膏在唇线内侧充分地均匀涂展，最后可以用唇釉或唇彩演绎透明立体感，如同给唇部注入胶原蛋白般形成丰润的"量感唇"。

（资料来源：作者根据相关资料整理）

2.3 新娘妆的化妆步骤及表现方法

新娘是婚礼中的主角，要用细腻精致的化妆来体现新娘的温柔、美丽，如图 8-3 所示。

图 8-3 新娘妆的表现方法

2.3.1 护肤

洁面后用收敛性化妆水，拍于整个面部及颈部，使皮肤充分吸收。涂抹润肤品，进行简单的皮肤按摩，增强化妆品与皮肤的亲和力。在夏季，要特别选用可以控油的护肤品，防止肌肤出油，使彩妆脱妆机会减少。另外，可以备有吸油纸，在皮肤泛油光时，既可吸油又不会破坏彩妆。

2.3.2 皮肤的修饰

新娘妆面一般强调洁白、细腻。用比新娘自身肤色浅一号的粉底为基础色调整肤色肤质，用少量暗影色和高光色略加修饰脸型，着重遮盖瑕疵，底色不可厚重，否则笑时会出现面部褶皱。婚纱、礼服等婚礼服装的设计一般会裸露大片肌肤，裸露部位皮肤也要用粉底修饰，使之与面部肤色协调无色差。具体步骤如下：

（1）打粉底。打粉底时发际、唇部、鼻角、嘴角、脖子等处应均匀擦拭。粉底颜色可比肤色稍微浅一点，但不可太白，以粉红色为佳。

（2）脸型修饰。深色粉底具修饰脸型的作用，脸型方宽的新娘，可将深色粉膏涂抹于脸颊两旁，脸型较长者可着重涂抹于额头及下巴处。

（3）瑕疵修饰。浅色粉底擦拭于黑眼圈及额头处可加强脸部的明亮度，使五官更立体。对于斑点、疤痕、鼻梁阴影均要细心修饰。想要遮盖黑眼圈或黑斑时，先用盖斑膏轻轻点在欲遮盖处，再用粉扑抹匀即可。

（4）蜜粉定妆。先以粉饼轻轻薄薄施一层，再以透明蜜粉轻轻抹上一层，使粉底更固定。蜜粉可选择透明感较好的、使脸部看起来更亮的产品。

2.3.3　眼的修饰

根据礼服主色调设计眼部妆容，如礼服色彩跳跃性较大，就采用自然色眼影，例如米色、棕色、金棕色、灰色等，使之穿任何色调的礼服都不会出现不协调的问题。这样的设计大大节约了换妆时间，也不会出现变换眼影色弄脏妆面的仓促与尴尬。只是根据服装色彩与风格的不同，加重或减淡色彩即可。主要强调眉型、眼型的精致与神采。传统新娘妆喜欢用粉红色、珊瑚色眼影，弊端是易使眼睛显肿，缺乏时尚感，不易表现眼部神采。可在睫毛的处理上多下一些功夫，因与宾客近距离接触，不宜粘贴全假睫毛，可粘贴局部或单簇假睫毛，再反复多涂几遍睫毛膏，使眼部妆容更加自然。

眼部修饰的具体步骤如下：

（1）眼皮修饰。眼皮不明显或一单一双者，可以用美目贴进行修饰。

（2）眼影。均匀刷上具有喜气感的眼影，表现柔美及立体感。眼影可选择较喜气的米粉色、紫色、蓝色等色系，皮肤较黑的新娘用橘红、金色、咖啡色系使五官看起来更柔和。

（3）眼线。描绘出眼线，再以眼线液强调眼妆。在画眼影时，先用眼线笔描完后，为使眼线不易脱妆且更具立体感，可用眼线液再描一次。

（4）睫毛。将睫毛夹翘，刷翘，再戴上自然型的假睫毛，但要注意不宜粘贴全假睫毛，可粘贴局部或单簇假睫毛，使眼睛更立体。

2.3.4　眉的修饰

新娘的眉部应当始终保持整洁与清爽。

婚礼化妆师应在婚礼前日将新娘眉形修整好，若没有修饰，则应用剃刀修饰，注意一定不要用眉钳修整，防止产生局部刺激现象。眉的修饰的具体步骤如下：

（1）刷出基本眉形。先用眉刷蘸灰色或咖啡色眼影粉刷出自然柔和的基本眉形。

（2）描眉形。用咖啡色眉笔或黑色眉笔顺眉毛长势描画眉形。

（3）晕开颜色。用眉刷将颜色晕开。

（4）固定眉形。画完眉毛后，用紫色、蓝色、咖啡色系的睫毛膏轻轻刷在眉上，固定眉形，还可以使眉毛看起来更加生动。

注意，眉型不可过挑或强调眉峰，会使新娘显得缺乏温柔感，眉型柔和自然符合脸型即可，如图 8-4 所示。

图 8-4　新娘妆的眉眼修饰

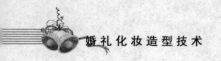
2.3.5 鼻的修饰

修饰鼻部就是涂染鼻侧影和提亮鼻梁。涂染鼻侧影，要配合脸型比例，呈现顺畅、自然、立体而匀称的效果。选用浅棕色或浅褐色修饰鼻两侧阴影，用象牙白提亮鼻梁。

2.3.6 脸颊的修饰

腮红比日妆妆面要浓重一些，体现新娘喜庆、娇羞、白里透红的肤色特点，营造婚礼气氛。通常选用明亮的玫瑰红色、红色、橙红色的胭脂晕染。

腮红则沿着颧骨往下画，脸型长者，往鼻中方向画；脸型短者，往嘴角方向画。色调过渡要柔和、自然，从而体现新娘的娇羞、甜美。

最后，以腮红余粉涂刷整个脸颊，修饰脸型，使新娘妆更柔和且喜气。

2.3.7 唇的修饰

口红的描画上要表现嘴角上扬，如图8-5所示，使新娘看起来一直在微笑。

口红要与服装、妆面色调统一，例如大红礼服可配大红唇膏，不喜欢红色太浓艳可在唇中间点大红色，然后涂透明唇彩，效果明艳。

因唇部活动较多，容易脱妆，可用纸巾吸掉一层表面油脂，再涂一层口红，反复涂两至三次，可使唇部妆面持久。

具体唇膏颜色要依新娘的肤色、唇型而定。皮肤白皙者，可选用鲜红、玫瑰红；肤色较黑者或嘴型大者，则不宜浅色唇膏。

图8-5 上翘唇

在修饰唇形时，先用唇线笔描出唇型，再涂上唇膏，最后可上一层亮光唇油，使嘴唇看起来娇艳欲滴。

2.3.8 整体检查修饰

化妆结束后，可以在距离新娘稍远处观察，检查妆色是否对称协调，并进行适当调整。

2.3.9 发型与服饰

根据服饰变换发型，如白纱造型，一般以盘发为主，装饰鲜花、皇冠、钻饰等饰物，展现新娘纯洁高贵的形象。穿中式礼服发型则以发髻为主，配以金、玉饰品，展现新娘传统贤淑的一面。

最后喷洒香水也是新娘妆的一个步骤。

2.3.10 指甲的修饰

先上一层指甲保护油，颜色选择以自然高雅并能配合新娘整体彩妆色彩为原则。

【导入阅读】

保持靓丽持久的婚礼妆的技巧

穿上轻盈美丽的婚纱，以最靓丽的姿态展示给所有的人，这是每一个将要做新娘的女孩心中的渴望。可是千万别以为结婚是件轻松的事情，别的且不说，单单是举行婚礼的那一天就够准新娘们为之忙碌上不少日子了。要想到所有的细节，所有的程序都不能忽视，特别是化妆，因为这一天你要成为最美丽的女人。

化妆并不是什么难事，难就难在如何在整个婚礼过程中保持自己的靓丽形象不被破坏。想象一下，你要在婚礼上和你心爱的男人拥抱、被亲朋好友簇拥、接受他们各种方式的祝贺、向他们敬烟敬酒等，所有这些活动和仪式都有可能会破坏你原本化好的新娘妆。

聪明的新娘一定会提前做好准备。下面就来介绍几招化妆小窍门，使你在婚礼上可以尽情而为也不会破坏自己的化妆。

1. 皮肤护理

最好在婚礼前几个月你就要注意保养自己的皮肤了。除了要认真做脸部护理外，还要多喝水，以补充皮肤水分，避免长时间直接日晒，另外，你要按以下步骤为将来最重要的那天做好准备。

（1）每天使用润唇膏，这样可以滋润你的嘴唇，修复由于嘴唇干燥、裂痕造成的颜色不均匀等。

（2）如果是油性皮肤，更要注意护理。你可以用适合自己皮肤性质的洗面奶洗脸和非油性护肤品改善皮肤情况。

（3）在婚礼前数月就要开始为选用合适的化妆用品做准备了。一定要耐心挑选试验，选出最适合自己肤色的化妆品。至少最晚在婚礼举行前一个月必须选定自己要用的产品，这样如果你对某种产品过敏或有不良反应还可以有时间更换。

（4）在婚礼举行前一周做最后一次面部护理，如果你平时很少做面部护理的话，那么建议你在举行婚礼前一个月不要轻易做这种护理。

2. 整体化妆

经过数月保养，皮肤一定会变得细腻而有光泽。在接下来的化妆过程中，对临时易出现的妆容状况有以下一些窍门应对。

（1）在开始化妆前 20 分钟涂抹润肤用品，这样化妆时就不会花妆。

（2）如果你预计在婚礼上会哭出来的话，就在你的眼下涂一些遮瑕膏，要用那种含有油脂的遮瑕膏。

（3）如果你害怕粉底容易退色，可以加一些油，这听起来有点滑稽，但确实有效。

（4）最后再往脸上打粉。

3. 巧化腮红

双颊的化妆也大有学问，为了在婚礼上保持双颊红润，可以采用如下招数：

（1）使用粉质的腮红，因为粉质腮红更容易持久保持靓丽的色彩。

（2）也可以使用胭脂，但要注意涂胭脂时一定要尽快涂匀。

4. 点睛之妆

眼睛是心灵的窗户，所以眼睛化妆很重要。由于在婚礼这一天双眼很可能会流出幸福的泪水，所以在给眼睛化妆时要进行如下操作：

（1）先给眼睛涂上眼影或一点粉。

（2）使用防水的睫毛膏，要一层一层的涂，涂完一层后晾干几秒后再继续涂下一层。

（3）如果婚礼过程中因情绪激动哭泣，下睫毛可以不涂睫毛膏，这样能在一定程度上防止花妆。

（4）用睫毛夹卷曲睫毛，对提神眼睛也是很有效的方法。

5. 百媚红唇

在婚礼上，除了幸福地流泪以外，要做的最多的事情就是接吻。所以你一定要使用一种不褪色的口红，还有就是化唇妆时使用下面这些小窍门，在婚礼上就可以让双唇持久光彩动人。

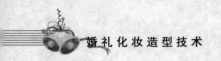
（1）涂口红前不要用唇膏，如果非要用唇膏的话，应在至少化妆前一小时使用。

（2）在嘴唇上涂一点粉底，这样就更容易着色。

（3）用唇线笔勾画出嘴唇的轮廓，然后再涂口红。

（4）用唇刷把口红涂到嘴唇上。

（5）如果想要嘴唇晶莹鲜亮持久，可以选用唇彩，例如宝石红色。

（6）要注意在婚礼前几天保持嘴唇的湿润，因为唇彩可能会使嘴唇干燥。

（资料来源：作者根据相关资料整理）

2.4 完美新娘妆与脸型

由于新娘的脸型不同，在为新娘设计妆型时必须考虑新娘的脸型，以设计适用新娘的妆型。

2.4.1 长脸新娘

（1）新娘妆容。这类的新娘妆眉峰不能画太高，顺着自然弧度即可，平缓拉长一点即可，唇型要力求丰满，这样脸型会显得较为圆润。

（2）新娘发型。在脸部两侧做发型，以增加脸的宽度，修整过长的脸型，同时刘海可以在很大程度上将脸型变短。

2.4.2 圆脸新娘

（1）新娘妆容。打造新娘妆时眉峰要带出弧形，眉尾则略高于眉头，可以减少圆润的感觉；唇部则加宽嘴角，让唇形看起来狭长。

（2）新娘发型。将所有头发向上盘起，使发型清爽干净，因为与其披散头发来掩饰脸型，不如增加头发的高度来拉长脸型，而且减少了散发的累赘，会感觉脸型比实际的小一点。

2.4.3 方脸新娘

（1）新娘妆容。这种新娘的新娘妆眉型要有圆润的弧度，眉尾向发鬓稍稍拉长，以缓和下颌线条，双唇则用唇笔描边，但不要超出唇线，以免让下颌角看起来更广。

（2）新娘发型。长卷发披在肩头及额角，用柔软卷曲的弧线修饰脸型。

2.4.4 菱形脸新娘

（1）新娘妆容。菱形脸的新娘妆注意眉毛的颜色不要太重，眉峰不要高，眉尾也不要长，否则会让额头显得不够饱满。下唇的颜色要比上唇深，显得比上唇饱满，唇形平缓。

（2）新娘发型。利用刘海遮住额头，两鬓要蓬松，以增加额头的宽度，脸型变成倒三角形。

2.5 新娘妆的注意事项

2.5.1 新娘妆的"三不要"

1. 不要把新娘扮成像其他的人一样

不要看到报刊杂志上的美丽新娘，而想把新娘扮成像她们一样，尤其要避免过于浓厚的妆容。

鲜蓝色的眼影、过红的腮红都是不自然的新娘妆，最好的新娘化妆效果是像出水芙蓉一样清新、自然。

2. 不要把唇膏和指甲油粘到婚纱上

当婚礼化妆师给新娘化好妆后，在穿婚纱时，要小心地用化妆纸盖住面部，再穿婚纱。指甲油最好在婚礼前几天就涂好。

3. 不要让牙齿粘上唇膏

新娘出场婚礼仪式前婚礼化妆师一定要检查一下新娘的牙齿是否清洁，如果牙齿粘上了唇膏一定要及时抹去。如果过一会儿又出现，就说明唇膏太油，要用化妆纸轻轻地粘去多余的唇油。

2.5.2　新娘妆的"四大忌"

1. 防止千人一面的大白脸

保持皮肤的自然质地，哪怕是长满雀斑也是生动自然的。所以，婚礼化妆师在为新娘化妆时一定不能将粉底涂覆的太厚，出现大白脸，看不出新娘的原来模样。

2. 防止过于浓重的腮红

虽然婚礼讲究喜庆，但纯净、自然才是婚礼妆的要点。所以，要避免过于浓重的腮红。

3. 谨慎用太前卫的金属色

金属色虽然可以打造与众不同的妆型，但在婚礼妆中只可以在眼睑处少量地使用，不能大面积使用，否则灯光照射后新娘就变成火眼金睛了。

4. 谨慎用哑光的银色唇

在婚礼暗哑的灯光下，如果用哑光色的银色唇色，新娘就变成了"僵尸新娘"了，故一定要小心避免为新娘打造哑光色的银色唇型。

2.6　婚礼化妆师如何处理新娘的问题肌肤

如果在结婚前一天或者当日婚礼化妆师发现的肌肤问题，那就可以采用一些巧妙的急救方法。

2.6.1　攻克熊猫眼

熊猫眼就是眼睛周围黑黑的一圈，让人看起来很疲倦和没精神，就算是抹上厚厚的粉底，还是不能掩饰黑黑的眼圈。

化妆补救：结婚当日，婚礼化妆师则可涂上颜色比肤色浅的遮瑕霜，有效地把黑眼圈遮盖。抹匀遮瑕霜后轻轻按摩直至遮瑕产品完全渗透，然后再用化妆刷扫上透明干粉。在眉骨后 1/3 处扫上透明干粉，能增加眼睛的神采。

2.6.2　攻克小痘痘

新娘在结婚前长出很多小痘痘，就要采用化妆补救措施。

化妆补救：要成功将痘痘遮盖，化好新娘妆后，用棉花棒沾上与肤色同色调的粉底液，轻轻点上长青春痘的位置，再轻轻拍少许碎粉即可。一定要用遮瑕扫来遮瑕，这样有利于填补凹凸的

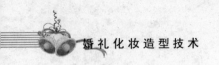

疤痕, 比用手指涂抹效果更好更服帖。

2.6.3　攻克眼袋

新娘由于连续好几天没有睡好觉, 不仅出现了黑眼圈, 眼睛下面还可能出现了眼袋, 让整个人看上去会显老好几岁。

化妆补救: 选择比皮肤稍白且粉质极其细腻的粉底霜, 在婚礼现场强烈的阳光或灯光下, 会有更佳的光线折射作用, 超白粉底有很好的遮盖功效。

2.6.4　攻克暗哑肌肤

一脸晦暗的肌肤会影响新娘娇美的容颜和好心情。

化妆补救: 选择适合新娘肤色的粉底。选择正确的粉底可以让新娘像没化妆一样自然, 不但可以均匀肤色, 而且是上其他彩妆的基础妆底。无论是霜状、液状还是粉饼状的粉底, 都要从脸部中央往外推匀, 这样才会使白皙显得自然。

2.7　婚礼上新娘补妆技巧

新娘在化完妆以后非常美丽, 但是在很多时候往往婚礼还没有正式举行, 美丽的新娘妆就已经晕染或者花妆, 这样不仅破坏了新娘的美丽优雅的形象, 更重要的是, 破坏了大家的好兴致。为了避免新娘在婚礼花妆时手足无措, 特意总结了几招简单的补妆技巧。

2.7.1　眼影粉粘在下眼睑

新娘经常遇到的情形是眼影粉粘在下眼睑, 在婚礼过程中遇到这种情况时, 不要用手指去抹这些粉渣。婚礼化妆师应该用一支软刷从脸颊侧面向上快速轻扫, 然后薄薄地涂上一层遮瑕膏。

2.7.2　妆面出油

很多新人觉得画完妆之后, 妆面有点脏兮兮的。这是因为很多新娘的皮肤很容易出油, 空气中的灰尘也就很容易黏在上面, 看起来不美观, 花妆。婚礼化妆师遇到这种情况, 要在出油的部分先用吸油纸吸干净油脂, 然后轻轻擦上少量粉底或轻扫一点修颜粉, 重新修补妆面, 提亮肤色, 也可以喷点温泉水喷雾。此外上粉底之前先仔细地抹好日霜, 用特殊的妆前乳等新产品打底, 能让妆容更持久。

2.7.3　唇色脱妆

在举办婚礼过程中, 尤其是在吃饭的时候, 新娘唇膏的颜色几乎掉光了, 但唇线还残留着。婚礼化妆师要随时关注新娘的唇色, 当发现新娘唇色脱妆, 可以先抹上滋润的润唇膏或多功能乳霜, 把唇线的颜色从边缘抹到整个唇部。唇线笔不要只勾画唇的轮廓, 整个唇部都用唇线笔涂一遍。这样就算唇膏的颜色掉了, 也不会尴尬。

【导入阅读】

婚礼妆的 15 个秘诀

下面介绍新娘妆的一些化妆窍门，仅供参考。

（1）在上完粉底之后、施粉之前，使用蜜粉棒。这会让新娘的妆容持久，并且使脸颊白里透红。

（2）在涂口红之前，用唇线笔在整个唇部涂一层，以使口红更为持久，而且一旦口红褪色，它也会平均地褪去，而不会在唇部边缘留下一圈印记。

（3）在唇部中央涂一层唇彩，使嘴唇显得更为丰满。

（4）在颧骨上部涂一层发光的产品，增强面部的光彩度。

（5）使用防水睫毛膏，并且避免把睫毛膏涂到睫毛的根部，或者只涂一点点。

（6）化好妆后一定要扑粉，可以帮助掩盖瑕疵。

（7）避免使用黑色或颜色较深的眼线，因为这样会使照片上新娘的眼睛显得比平常小。建议选择烟灰色或杏色的眼线，它们会使新娘的眼部色彩更为柔和，并且使眼睛更加明媚动人。

（8）最好使用浅色和发光的眼影，这样可以避免眼睛显得小。

（9）新娘脸颊上的红晕是最动人的，蔷薇色的腮红能为新娘带来更好的效果。

（10）不要在婚礼之前做美容，要让的面部皮肤在重大场合之前休息 5 天。

（11）在肩部适量地撒一些发光的化妆品，这能带来意想不到的效果。

（12）在眼眶的边缘处粘上几根假睫毛，这会令眼睛显然更大、更有神。但是，一定要使用防水的眼部黏合剂。

（13）如果新娘的皮肤属于油性，在施粉底之前不要涂任何保湿霜。

（14）选择妆容时，最好采用经典彩妆，而不要去追随潮流，因为潮流过后，照片上的式样就会显得陈旧。

（15）告诫新娘要保持好心情，以最好姿态出现在婚礼上，不要刻意去学他人。

（资料来源：作者根据相关资料整理）

知识点 3　新郎妆的表现方法

给新郎化妆的目的是与新娘整体协调统一，强调阳刚精神。新郎妆通常以淡妆为主，也可以只对局部进行适当的修饰。给男性化妆的重点是以增强皮肤的光泽、质感为本。修饰的部位主要是眉形和嘴唇。

3.1　新郎妆的修饰步骤和表现方法

3.1.1　洁肤

婚礼前应做皮肤护理，清除老化角质和黑头等。

3.1.2　护肤

洁面后，用收敛性化妆水弹拍于整个面部。被皮肤吸收后，涂润肤霜或乳液进行简单的按摩，

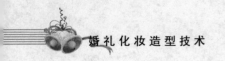

使皮肤血液循环加快，表皮细胞活跃，显出皮肤的自然光泽。

3.1.3　皮肤的修饰

新郎妆皮肤的修饰主要是涂粉底。选透气性强的粉底液，薄薄涂一层，用量越少越好，避免脂粉气。色调要与肤色相协调。

3.1.4　眼的修饰

在新郎妆中一般眼部不修饰。必要时可用橄榄色或咖啡色的眼影粉稍微晕染，强调眼部凹凸层次。眼线要自然若隐若现。

3.1.5　眉的修饰

眉形修饰是新郎妆的修饰重点。可用深棕色或灰黑色眉笔顺眉毛长势，一根根描画，或用眉刷蘸眉粉，刷出眉形。眉形要粗犷，配合脸型。

3.1.6　鼻的修饰

一般新郎妆对鼻部不进行修饰。必要时可用棕色晕染鼻侧影，并用高光色提亮鼻梁。强调鼻子的立体感，转折略带棱角。

3.1.7　脸颊的修饰

脸颊修饰一般不是新郎妆的修饰部位。但是，如果面色较差，可以在颧骨处稍刷棕红色。

3.1.8　唇的修饰

唇部修饰是新郎妆的修饰重点，涂唇膏时，用化妆唇刷蘸唇膏，勾出唇轮廓，不要单独用唇线笔勾画唇线。选择紫棕色或红棕色唇膏，涂满唇膏后，用纸巾吸去表面油质，减少油光感，使唇色显得健康而自然，或可以只用润唇膏修饰。

3.1.9　整体效果检查

婚礼化妆师完成上述修饰后，要站得稍远些，看妆型、妆色是否协调对称。最后整理发型，喷洒男士香水。

3.2　新郎妆的注意事项与要求

新郎化妆要化的清晰、自然，即要保留新郎的自然美，又体现一种修饰美。通过化妆，要使新郎的气质与内在美都完美地表现出来，要达到这样的效果，最好请专业的婚礼化妆师，并注意以下几个问题：

（1）妆色要协调。新郎妆的妆型要略带棱角，妆色自然，展示男性的阳刚之气。

（2）新郎妆要化得自然，不留任何痕迹。其作用主要是起修饰功能。

（3）新郎过淡的眉毛可在眉线内轻划几笔，断眉用眉笔衔接上，不要过于修饰。

（4）如果新郎是过于白细的面部，也可以用极浅淡的红色加以弥补。

（5）如果新郎脸上有痘痘，可以用遮瑕膏遮盖一下。

【教学项目】

任务1　新娘妆实训

新娘妆是专门为新娘打造的妆型。由于新娘妆是一种近距离的妆型，要着重于自然和柔美，妆色的浓淡介于浓妆和淡妆之间，为了突出喜庆的气氛，妆色可以采用暖色调和偏暖的色调，充分体现新娘的健康美、自然美、端庄美。

活动1　讲解实训要求

1. 教师讲解实训课教学内容、教学目的

（1）实训课程主要由学生两人一组按照新娘妆的表现手法，根据化妆对象设计新娘妆的妆型并完成实操。

（2）新娘妆的妆型实操用2个课时。

（3）通过实操使学生掌握新娘妆的基本特点、造型手法和注意事项。

2. 新娘妆的基本要求

（1）清透似无妆的皮肤。

（2）干净的眼妆和浓密的睫毛。

（3）性感诱人的双唇。

3. 新娘妆面部修饰的基本操作过程

（1）底色修饰。

（2）眼部修饰。

（3）眉部修饰。

（4）脸颊修饰。

（5）鼻部修饰。

（6）唇部修饰。

（7）整体效果检查。

活动2　教师示范

（1）教师模拟婚礼化妆师，演示新娘妆的化妆过程。

（2）抽选一名学生做模特，配合老师进行新娘妆的化妆演示。

活动3　学生训练、教师巡查

（1）学生按照两人一组，分为婚礼化妆师和模特，练习化新娘妆，然后互换角色，相互点评。

（2）教师随时巡查，指导学生。

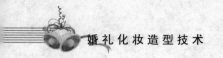

活动 4 实训检测评估

教师通过实训检测评估表评估学生的实训练习的成果，具体表格内容如表 8-1 所示。

表 8-1 新娘妆实训检测表

课　程	婚礼化妆与造型设计		班　级	级婚庆班			
实操项目	新娘妆		姓　名				
考评教师			实操时间	年　月　日			
考核项目	考核内容	分　值	自评分(20%)	互评分(30%)	教师评分(50%)	实得分	
洁　面	皮肤清洁、干净	5					
护　肤	润肤、保湿，使皮肤达到最佳状态	5					
打粉底	粉底颜色自然，涂抹均匀、帖服、透气。打完后肤色统一，有光泽，有质感，色泽符合妆型	10					
画眼线	线条清晰、细腻，有特色，符合妆型	10					
画眼影	晕染均匀，色彩明度高、自然、喜庆，符合妆型	20					
描眉形	晕染自然、或明显或清淡，符合妆型	20					
鼻　形	鼻侧影过渡自然，高光提亮鼻梁	10					
刷腮红	用色自然，符合妆型	10					
涂唇彩	自然、清晰、淡雅或艳丽，符合妆型	10					
总　　分							

任务 2 新郎妆实训

新郎妆是专门为新郎打造的妆型。给新郎化妆的目的是与新娘整体协调统一，强调刚阳精神。新郎妆通常以淡妆为主，也可以只对局部进行适当的修饰。给男性化妆的重点是以增强皮肤的光泽、质感为本，修饰的部位主要是眉形和嘴唇。

活动 1 讲解实训要求

1. 教师讲解实训课教学内容、教学目的

（1）实训课程主要由学生两人一组按照新郎妆的表现手法，根据化妆对象设计新郎妆的妆型并完成实操。

（2）新郎妆的妆型实操 2 个课时。

（3）通过实操使学生掌握新郎妆的基本特点、造型手法和注意事项。

2. 新郎妆的基本要求

（1）干净似无妆的皮肤。

（2）清晰自然的眉毛。

（3）滋润自然的双唇。

3. 新郎妆面部修饰的基本操作过程

（1）底色修饰。

（2）眼部修饰。

（3）眉部修饰。

（4）脸颊修饰。

（5）鼻部修饰。

（6）唇部修饰。

（7）整体效果检查。

活动 2　教师示范

（1）教师模拟婚礼化妆师，演示新郎妆的化妆过程。

（2）抽选一名学生做模特，配合老师进行新郎妆的化妆演示。

活动 3　学生训练、教师巡查

（1）学生按照两人一组，分为婚礼化妆师和模特，练习化新郎妆，然后互换角色，相互点评。

（2）教师随时巡查，指导学生。

活动 4　实训检测评估

教师通过实训检测评估表评估学生的实训练习的成果，具体表格内容如表 8-2 所示。

表 8-2　新郎妆实训检测表

课　程	婚礼化妆与造型设计		班　级	级婚庆班			
实操项目	新郎妆		姓　名				
考评教师			实操时间	年　月　日			
考核项目	考核内容	分　值	自评分（20%）	互评分（30%）	教师评分（50%）	实得分	
洁　面	皮肤清洁、干净	5					
护　肤	润肤、保湿，使皮肤达到最佳状态	5					
打粉底	粉底颜色自然，涂抹均匀、帖服、透气。打完后肤色统一，有光泽、有质感，色泽符合妆型	10					
画眼线	线条清晰、细腻，也可以不画	10					
画眼影	晕染均匀，不突出，符合妆型	20					
描眉形	晕染自然、清淡，符合妆型	20					
鼻　形	鼻侧影过渡自然，高光提亮鼻梁	10					
刷腮红	用色自然，符合妆型	10					
涂唇彩	自然、滋润，符合妆型	10					
总　分							

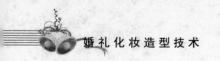
项 目 小 结

1. 从狭义上讲，婚礼妆主要包括新娘妆和新郎妆。从广义上讲伴娘、伴郎以及新人家人的妆型也可以称为婚礼妆。本部分探讨的婚礼妆就是从狭义上讲的仅指新娘妆和新郎妆。婚礼妆的特点：

（1）婚礼妆的主要特点是喜庆、典雅，一般以暖色和偏暖色调为主。但是随着人们对婚礼理念的更新和婚纱的普遍应用，也经常使用一些柔和的冷色化妆。

（2）妆型给人以端庄、典雅、大方之美感，妆色浓度介于浓淡妆之间。

（3）传统新娘妆用色常以偏暖色为主，现代新娘妆妆型圆润、柔和，充分展示女性的端庄、娇媚和纯洁。新郎妆以不露痕迹为宜，适当修饰的妆型带有棱角，妆色自然，展示男性的英俊潇洒。

（4）新娘妆与新郎妆要和谐，刚柔并济。新娘妆和新郎妆最好同时化妆、整理。这样会更加协调、完美。

2. 婚礼新娘妆的特点是要给人以喜庆、端庄、雅致、娇柔的美感。发型、妆面较精致，因为要被来宾近距离观赏，一般不宜用假发等夸张饰物。晚宴时要变换 3～4 套造型，如中式造型、晚宴造型、礼服造型等，需要婚礼化妆师灵活运用技巧，快速根据服装变换发型及妆面，使每个造型完美而又富于变化，表现新娘不同角度及个性的美感。新娘妆的基本要求如下：

（1）清透似无妆的皮肤。

（2）干净的眼妆和浓密的睫毛。

（3）性感诱人的双唇。

3. 新娘妆的"四大忌"：

（1）防止千人一面的大白脸。

（2）防止过于浓重的腮红。

（3）谨慎用太前卫的金属色。

（4）谨慎用亚光的银色唇。

4. 给新郎化妆的目的是与新娘整体协调统一，强调阳刚精神。新郎妆通常以淡妆为主，也可以只对局部进行适当的修饰。给男性化妆的重点是要以增强皮肤的光泽、质感为本，修饰的部位主要是眉形和嘴唇。

核 心 概 念

婚礼妆　新娘妆　新郎妆

能 力 检 测

1. 什么是婚礼妆？它有什么特点？

2. 什么是新娘妆？它有什么特点？

3. 简述新娘妆的修饰步骤和修饰方法。

4. 什么是新郎妆？新郎妆有什么要求？

项目  造型基础知识与婚礼新人造型设计

【学习目标】

通过本项目的学习，应能够：
1. 掌握头发的基本分类与造型工具和产品；
2. 掌握造型与发型的区别和发型基本分类；
3. 头型、脸型、五官、体形对发型的影响；
4. 掌握盘发与束发的基本要求和技巧。

【项目概览】

造型技巧是婚礼化妆师必须了解和掌握的非常重要的内容，核心目标是了解造型的特点、表现方法和基本造型技巧。为了实现本目标，需要完成两项任务。第一，盘发的实操练习；第二，假发运用实操练习。

【核心技能】

● 盘发的表现方式和技巧；
● 假发运用方式和技巧。

【理论知识】

知识点 1　头发的基本常识与造型工具和产品

婚礼化妆是外部形象修饰中的一部分，不能独立存在。化妆令人外部整体形象变化，也与服饰、发型的造型、色彩以及表现风格息息相关。尤其是在婚礼化妆中，新娘的发型设计是新娘化妆造型中不可缺少的重点修饰内容。所以，本部分重点介绍发型方面的基础知识，以培养婚礼化妆师的整体观念和造型能力，提高综合审美素质。

1.1　头发的生长周期、作用及发质

1.1.1　头发的生长周期

头发的生长周期分三个阶段，生长期：一般为 2～6 年；休止期：一般为 2～3 个月；脱落期：

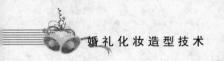

每天正常脱发不超过 100 根。毛发的主要成分是角蛋白。

1.1.2　头发的作用

头发的作用主要有以下几方面：

1. 美容作用

一头乌黑亮丽的秀发，修理得整洁大方、长短适度，呈现在众人面前时，给人一种潇洒飘逸、美的享受。

2. 保护作用

成千上万根头发包裹着头颅，自然形成头部的第一防线。浓密、健康、整洁的头发，能使头部免受外界机械性和细菌的损害，对健康起着重要作用。

3. 感觉作用

头发的感觉比较灵敏，当外界环境对人体有所影响时，不管风吹雨淋，还是日晒火烤，首先感觉到的是头发，由它发出的信息传送到大脑，从而采取多种防护措施。

4. 调节作用

头发能发挥调节体温的作用。

1.1.3　头发的发质

每个人的发质不一样，适合的发型也会不一样。一个高水平的发型设计师能够正确辨认顾客的发质，并根据发质梳理出完美的发型。

1. 中性发质

中性发质为标准发质。发丝粗细适中，不软不硬，既不油腻也不干燥。头发有自然光泽，柔顺，易于梳理，可塑性大，梳理后不易变形，可谓是健康的头发。中性发质的优异性，使其适宜梳理成各种发型。

2. 油性发质

油性发质即头皮皮脂腺分泌旺盛的头发。这种头发的特点是油脂多，易黏附污物，发丝平直且软弱。一般细而密的头发，由于皮脂腺密度大，常为油性发质。此外，精神紧张或用脑过度也可导致头油过多。油性发质由于易脏，头皮屑多，需经常清洗。留长发会带来许多麻烦，因此宜选择短发或中长发。

3. 干性发质

干性发质的特点是缺油干枯、暗淡无光泽、柔韧性差且易于断裂分叉，造型时难以驾驭。干性发质通常是因为护发不当、皮肤碱化所致。头垢过多、不恰当的烫发、染发、洗发等都可导致头发干枯。干性发质应该选择不需要进行热处理的发型，以避免高温、化学药剂对头发的伤害，否则会使头发更加干枯。

4. 受伤发质

受伤发质主要是指干枯、分叉、脆断、变色或鳞状角质受损所导致的头发内层组织解体而容易死亡脱落的头发。对这种头发应该精心护理、保养，不宜经常烫发、染发、吹热风，因为高温和化学药剂会损伤头发的生理构造，从而加剧受伤发质的恶化。

受伤发质应经常修剪，去除开叉的发梢，并用护发用品清洗、护理和保养头发，再配以养发食疗，使受伤的发质逐渐得到改观。

5. 稀软发质

稀软发质缺少弹性，如果梳成蓬松式的发型，很快就会恢复原样。但由于发质比较伏贴，适于留长发，梳成发髻，或应用小号发卷卷头发，做出娇媚的发型。通常这种头发缺乏质量感，可配上一部分假发。

6. 粗硬发质

粗硬发质难卷难做花，稍不留神，整个头发就会像刺猬一样竖起来。因此在整发前应先用油质烫发剂烫一下，使头发不至过硬。在发型设计上，尽量避免复杂。仅用吹风机和梳子就能梳好发型，例如采用半长、向内、向外卷的发型都比较合适。

7. 直而黑发质

直而黑发质宜梳直发，显得飘逸清纯。但直发在显示华丽、活泼、柔和等方面不如卷发。由于这种发质较硬，单靠吹难以达到满意的卷曲效果。如果要做卷发，可先用油性定发剂将头发稍微烫一下，使头发略带点波浪而显蓬松。卷发时最好用大号发卷。发型设计尽量避免复杂的花样，做出简单而华丽高贵的发型。

8. 柔软发质

柔软发质细而软，有一定弹性，往往难以表现一定的发容量，因为柔软的头发比较服帖，适宜剪成俏丽的短发，将刘海斜披在额前，横发向后梳，耳朵露在外面。如果这样梳理不顺，头发容易散乱的话，可将该处的头发削一下。亦可在耳后别一个夹子，就显得活泼俏丽了。

9. 自然卷发质

自然卷发质头发本身细小弯曲，有的呈自然卷花状态，俗称"自来卷"。因此，不需要烫发。只要利用好卷发的自然属性，就能做出各种漂亮的发型。这种发质如果将头发剪短，卷曲度就不太明显，而留长发则会显示出其自然的卷曲美。　这种头发刚修剪过时，某些地方会有些翘。可在洗头之后用毛巾将头发擦干，然后用吹风机吹，用梳子梳顺，并用手指轻压，就能定型。

1.2　发型与化妆的关系

发饰造型是人的外部形象的组成部分，有鲜明的实用性和装饰性，是人们智慧的结晶。发饰造型的变化有一定的规律，却没有固定的模式。在生活中，现代发型不仅是人们外部仪容、仪表的装饰，还展示着人的内在精神世界。得体的发型，不但能衬托美的容貌，还能弥补容貌的缺陷，从而塑造人的整体美感。

一个人的妆型是随着年龄、身份、环境与着妆的不同而不同的，发型也要随之发生变化。例如，一个人的妆型很前卫，涂着淡淡的荧光口红，穿着有涂层的亮光服饰，而发型却是乌黑的齐耳短发，就会大煞风景，如果配上挑染的短碎发再加上湿发效果，才会体现新潮前卫的一面，才会感觉协调。发型很前卫，面容素面朝天，也会让人感到极不协调。所以作为婚礼化妆师应具备整体协调能力，把妆型、发型、服饰都在同一中求变化，才会体现出美。

发型设计除考虑到的头型、脸型、五官及身材以外还必须要注意到顾客的职业特点，发型根据职业的需要在不影响工作的情况下，努力做到最完美的效果。

（1）工作时需戴安全帽的顾客：发型不要做得太复杂，应尽量剪成短发或是长发扎辫子。

（2）运动员学生：由于年龄及运动员的职业特点，发型可做成轻松而活泼的短发型，易梳理。

（3）文秘、公关人员及交际活动繁忙的女顾客：这类顾客社会活动较多，头发最好留长一些，以便能经常变换发型。

（4）教师、机关工作人员：简洁、明快、大方、朴素的发型，表现出淡雅、端庄的感觉。

（5）文艺工作者、服装模特：发型可以做得有突破一点，具有创造性、前卫性。

1.3 发式造型工具与产品

婚礼化妆师在进行发式造型时，要选用正确的造型工具，才能打造出所设计的发式造型。现代不断推出的高科技的电动发型工具，大大提高了头发吹干、卷曲或拉直等效率，婚礼化妆师也要熟悉其特性和使用方法。图9-1所示为一些常用的发式造型工具。

图9-1 发式造型工具

刷子是梳理卷发的必备工具，不但能理顺头发，而且能修整头发、塑造波纹。市场上的刷子品种众多。

1.3.1 滚刷或圆刷

滚刷或圆刷（见图9-2）主要用于蓬松的头发或做发卷。吹风时，也可以用来拉直头发，或保持自然卷发和波浪发。如果要夹紧头发和控制头发，选用活动短毛滚刷；如果做小发卷或中发卷，选用尼龙圆发刷；如果做卷曲发，选用混合短毛瓶状刷或者短毛、中长毛、长毛和超长毛木刷。

图 9-2　滚刷或圆刷

1.3.2　半圆刷

半圆刷（见图 9-3）与蓬松刷的设计原理相同，其发刷上的天然橡胶垫具有抗静电的特点，垫上尼龙圆头齿，不会扯断或损伤头发。因为锯齿较宽，所以吹风时气流可到头发根部，有助于蓬松头发和增强动感，使头发看上去更加柔软丰满。

1.3.3　吹风刷

吹风刷（见图 9-4）是打开干发、湿发上的乱发缠结的理想工具。适用于各种长度的头发和各式发型。宽齿距设计以及通风设计可以使气流直达发根部，加速头发的吹干过程。如果要快速吹干头发，选用洞式发刷；如果要快而柔的吹干头发，则可选用折曲通风式发刷。

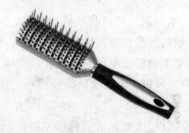

图 9-3　半圆刷　　　　　　　　　　　　　　　　图 9-4　吹风刷

1.3.4　气垫式和平底式短毛刷

气垫式和平底式短毛刷（见图 9-5）是梳妆台上的传统发刷，是梳理长发的理想工具。具有平滑头发，增加光泽、减少静电的功能。可以选择大、中、小号的尼龙纤管猪毛刷、纯毛发刷或尼龙发刷。

（1）梳子。梳子应有锯齿，但齿刃不应锋利。如果想吹直发，可以使用九排梳[见图 9-6（a）]；如果想树立乱发或上润发露，可以选用宽齿发梳[见图 9-6（b）]；如果想分发线时，可以选用尖尾梳[见图 9-6（c）]；如果为了增加发量，可采用尖尾梳逆梳发进行打毛处理[见图 9-6（c）]；修饰头发时，可以选用定型梳。

图 9-5　气垫式和平底式短毛刷

（2）卷发器。卷发器（见图 9-7）规格齐全，是做干发卷和湿发卷的理想工具。卷发器使用简便快捷，无须发卡发夹。

（3）发夹。发夹（见图9-8）是发式造型时的必需品。主要起到固定头发的作用，有各种形式和材质。

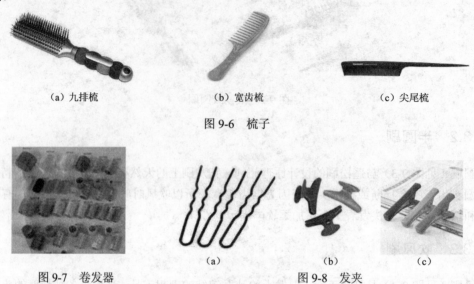

（a）九排梳　　　　　（b）宽齿梳　　　　　（c）尖尾梳

图9-6　梳子

图9-7　卷发器　　　　　　　　　　（a）　　　　　（b）　　　　　（c）

图9-8　发夹

（4）吹风机。吹风机（见图9-9）是塑造发型的重要工具，主要用于头发洗涤后吹干和发型整理。主要分为有声吹风机、无声吹风机及大吹风机（又称烘发机）。

图9-9　吹风机

① 有声吹风机。有声吹风机功率大、风力强，适合于吹粗硬的头发，但噪声大。一般按温度设有大风挡和中风挡，使用时可按头发发质按动风力挡，同时风口可套上扁形或伞形的吹风套，使风力成一条线或一大片。

② 无声吹风机。无声吹风机噪声小。按温度的高低分一、二挡，适合于吹细软的头发或头发定型时用。

③ 大吹风机。大吹风机又称烘发机，主要作用是头发盘卷发圈后套在头上吹干发圈上的头发。另外，常见的还有家用吹风机、红外线吹风机、分离式吹风机等。

（5）电热卷发器。电热卷发器（见图9-10）是卷曲头发的电热棒，通过加热，暂时改变发丝的卷曲度，方便快捷。可以根据发卷的大小选用不同规格的卷发器。

（6）电热定型器。电热定型器（见图9-11）具有拉直头发、定型机改善发质等功能，还可配置不同的夹板，夹出不同卷曲度发丝，如麦穗状。电热定型器的使用特点是效果快速，使用方便。

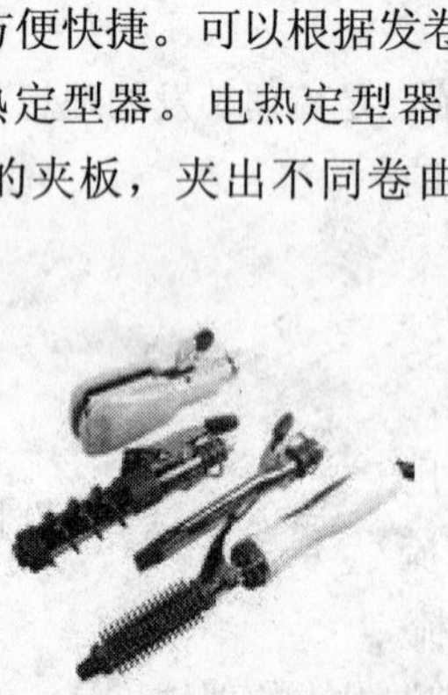

图9-10　电热卷发器

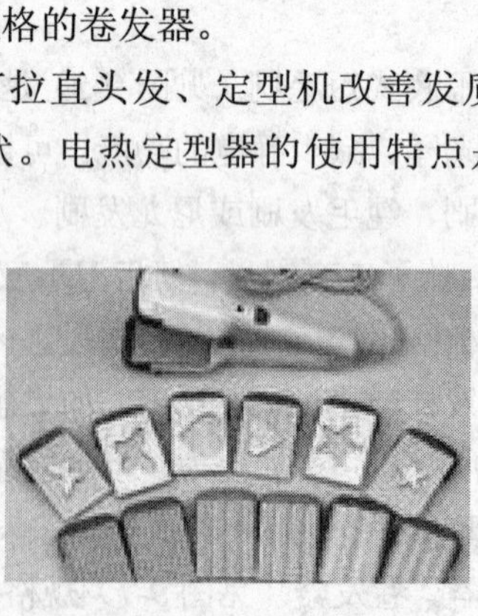

图9-11　电热定型器

1.4　发式产品的选用与使用

随着科学的进步，美发、固发用品越来越多，功能也越来越全面。常用的美发、固发用品如图 9-12 所示。

图 9-12　美发固发用品

（1）发油。液体状，无色，无味，能增加头发的油性，保持头发的亮丽光泽。但是过量使用会使蓬松的头发失去张力。

（2）发蜡。膏状，色泽不一，具有芬芳香味，油性较大，也有一定的黏度，适用于头发造型，可改善头发蓬松的现象，使头发有光泽感，保持发型持久，又有动感和层次感。

（3）发乳。乳状，白色，富含水分，油质少，不但便于造型、增加头发的水分和光泽，还使头发没有油腻感。

（4）发雕。乳状，有黏度，便于头发造型，并使头发具有一定的柔软度和光泽度，有微湿的视觉感，能让秀发充分展示线条美。

（5）啫喱。透明膏状，色泽不一，用于局部造型，起固发保湿定型作用。

（6）发胶。种类较多，有无色、单色和七彩，硬度不一，便于局部造型，起固发作用。根据不同造型效果来选择不同种类的发胶。

（7）摩丝。白色泡沫状，具有芬芳香味，用于局部造型，起固发作用，并能保持头发的湿度和亮度。

1.5　装饰类发饰产品

1.5.1　假发

假发是设计中用于填充完美发型，塑造不同风格、不同时代、不同年龄的工具。

1.5.2　头饰

头饰是发型设计的完美组合，表明头发流行的风格时代，装饰发型。

1.5.3　彩喷

彩喷用于真假色泽统一，丰富发型层次，引领发型潮流。

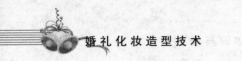

知识点 2　造型与发型

2.1　造型的概念

"造型艺术"原意是指运用一定的物质材料，通过塑造静态的视觉形象来反映社会生活与表现艺术家思想情感。它是一种再现性空间艺术，也是一种静态的视觉艺术，包括建筑、雕塑、绘画、工艺美术、设计、书法、篆刻、插花等种类，通称美术，是对美术在物质材料和手段造型上的把握，即创造形体。

2.1.1　造型艺术在各个领域中的运用

1. 绘画艺术

绘画是造型艺术中最主要的一种艺术形式。它是一门运用线条、色彩和形体等艺术语言、通过构图、造型和设色等艺术手段，在二度空间（即平面）里塑造出静态的视觉形象的艺术，如图 9-13 所示。

2. 雕塑艺术

雕塑是一种重要的造型艺术。雕塑是立体（三度空间）的空间艺术和视觉艺术，它是用一定的物质材料制作出具有实体形象的艺术品，由于制作方法主要是雕刻和塑造两大类，故被称为雕塑，如图 9-14 所示。

图 9-13　绘画艺术

图 9-14　雕塑艺术

3. 摄影艺术

摄影艺术是一种现代的造型艺术。它是摄影师运用照相机作为基本工具，根据创作构思将人物或景物拍摄下来，现经过暗房工艺处理，塑造出的艺术形象，用来反映社会生活与自然现象，并表达作者思想情感的一种艺术样式，如图 9-15 所示。

从上面的几个例子可以看出，虽然是不同的艺术领域，艺术家都会通过线条、形状、颜色和光影的不同组合和变化来创造出艺术作品。这些条件同时也是在进行发型设计创造时所必须考虑的。

图 9-15　摄影艺术

2.1.2　造型艺术的特点

1. 造型性与直观性

造型艺术最基本的特征就是造型性。它是指艺术家运用一定的物质材料，塑造出欣赏者可以通过感官直接感受到的艺术形象。绘画是用线条、色彩（见图 9-16）在二度空间里塑造形象。

摄影是用影调、色调（见图 9-17）在二度空间里创造形象，雕塑则是用泥土、木石在三度空间里创作出具有实在物质性的艺术形象，书法则是通过笔墨、布白、结构、用笔来创造神采，呈现精神气韵。注意线条、色彩、影调、色调等都是发型设计中必不可少的元素。

图 9-16　线条色彩

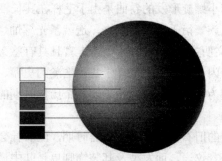

图 9-17　色彩造型

2. 瞬间性与永固性

造型艺术要反映客观现实生活，就必须找到恰当的表现方式，也就是在动和静的交叉点上，抓住客观事物发展变化的某一瞬间形象，将它用物质材料和艺术语言固定下来，这就是造型艺术瞬间性的特点。当然，发型设计中也存在类似的特性，一款设计完成的发型会随着头发的生长以及不同场合的需要等各种因素而慢慢失去完成时的造型。

3. 再现性与表现性

造型艺术的基本特征是再现性空间艺术，再现性自然成为它最重要的审美特点之一。但是，造型艺术同样要表现形象的内在意蕴，表现艺术家的情感，因此，表现性也是造型艺术的一个重要审美特征。在发型设计中，设计师通过特定的发型去再现某些特定时期的文化背景。

2.2　发型的概念

发型（hair style）即头发的形状是人种分类的传统根据之一。头发的长度、颜色和发型都是肉眼所能观察到的，一般分为 5 种类型，即直发、波发、卷发、羊毛状卷发及小螺旋形发。

黄色人种的头发是直而不卷，长而粗，颜色为黑褐色或黑色。一般认为因纽特人（爱斯基摩人）的头发是最硬的。黑色人种的头发是黑褐色或黑色的羊毛卷发以及小螺旋形发，头发是短粗而卷缩的，如非洲的尼格罗人，小螺旋形发则是布须曼人和霍屯督人所特有的。白色人种的头发常见波状发和卷发，颜色从灰白色（斯堪的纳维亚人）到不同程度的褐色一直到黑色（希腊人、南意大利人），偶然还有红色的；在长度上，波状发和卷发处于中等长度。而显微研究的结果表明不同发型所观察到的差异是与肉眼所看到的特征上的差异有关的。直发的横切面是圆的或近乎

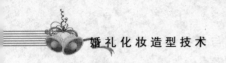

是圆的，髓质通常是存在的；羊毛状及小螺旋形状发的横切面是椭圆形的或波状的，有髓质，髓质被浓密的黑色素颗粒盖住；波状和卷发的横切面是椭圆形的，髓质也经常存在。澳大利亚土著居民的头发虽然是波状的，横切面是椭圆形的，像白色人种一样，但是其头发始终是深褐色或黑色，而且粗，像黑色人种和黄色人种的头发。

用头发值即发杆的最大横径形状或扁平程度来衡量，直发的指数一般变异在 80～100 之间；波发和卷发变异在 60～80 之间；羊毛状发和小螺旋发变异在 60 以下。一般认为发杆的形状是与埋在皮肤内的毛囊的形状有关的，在直发里，毛囊是直的，在波发和卷发里，毛囊是微弯的，而羊毛卷及小螺旋形的毛囊是强烈得弯曲的或呈马刀形。除此以外，还有些其他因素对头发的形状是有影响的，一般认为波发中所看到的卷曲是由于毛杆展平时两边之间不均等造成的，而卷发、羊毛状发和小螺旋形发的卷曲是由于毛杆在其长轴上扭转所造成的，卷曲程度随所扭转程度增大。

中华民族繁衍千百万年以来，造就了光辉灿烂的文化，为世界文明进程作出了巨大的贡献，从而享有"文明古国"的美誉。极为丰富且具有悠久传统的中国历代发式，在整个中国文化发展史上，占据着闪光的一页。徜徉于我国浩瀚的史籍、文物之中，有关发型及其装饰品的记载不计其数。这一切为我们今天研究和了解各个历史时期的不同发式造型及发型演变，提供了极其宝贵的参考资料。

从远古的旧石器时代到新石器时期，随着社会发展和人类生活水平的提高，人们不断开始注视自己的仪容仪表，而发型及其装饰则更是其中最为显著、最为重要的部分，因此，及至春秋战国时期，诸子兴起，百家争鸣，社会思潮趋于活跃，衣冠服饰亦呈百花齐放之态。

秦汉时期，国家统一，内外交流进一步加强，各类发型及其装饰日趋讲究。到中国封建社会的鼎盛时期隋唐年代，政治开明、经济发达、文化繁荣、生活富裕。此时的妇女发型及装饰可谓达到了历史上的登峰造极之势。

自宋明始，社会发展步入低谷，人们的思想渐趋保守，发型及装饰也基本处于停滞状态。

自 1840 年鸦片战争起，中国逐步沦为半殖民地半封建社会，西风渐进，延续二千余年的封建习俗受到了很大的挑战。辛亥革命后，封建统治被一举推翻，各种束缚人们的禁锢被逐步解开，民风民俗也发生了较大的变化，人们的发型妆饰也随之变化和开放。待到清末民国初年，封建社会走向瓦解，西洋文化艺术逐步渗透，民间的发式及装饰受其影响，朝着明快、简洁的方向发展。年轻妇女除部分保留传统的髻式造型外，又在额前覆一绺短发，时称"前刘海"。前刘海，如追踪溯源的话，出自于古代雏发覆额发型。到清光绪庚子年后，则不论是年长年幼都时兴起此种发型了。此发型最显著的特征是前额留一绺短发。因为这一绺短发的不同变化，还在一个不太长的流行时期中，经历了逢一字式、垂钓式、燕尾式直至满天星式的演变过程，因此还被冠之为"美人髻"。

发型的历史变革及其演变的过程，从一个侧面反映了人类社会的政治、经济、文化和一个民族的形象水平。因此说发式在人类发展史上，始终反映着社会的更替与发展，进步与繁荣。

发型在人类生活中占着举足轻重的位置和不可磨灭的功绩。现代生活中的发型，已不仅仅是人类出于劳动、生活以及社交礼仪等方面的需要，而将头发梳理成各类需要的某种样式。现代的发型是人们根据不同的需求和愿望，为了达到特定的效果，体现不同的个性和不同的审美标准。

历史的长河，孕育了中国民间的美发艺术。多少年来，祖国各地涌现出许多民间的优秀美发师。他们针对中国人体特征、发质和审美意识，塑造了当地人们认可的各具特色的代表性形象和表现技巧。但由于保守的思想束缚及和外界接触的封闭，大多没能发扬光大，使之技艺如昙花一现。

如今中国进入了新的世纪，和国际接轨。美发也是一样，应和国际潮流接轨。

2.3　发型的基本分类

2.3.1　女士发型的基本分类

1. 直发类发型

直发类发型，是指没有经过电烫，保持原来的自然的直头发，经过修剪和梳理后形成的各种发型。

2. 卷发类发型

卷发类发型，是指直头发经过电烫后形成卷曲形的头发，通过盘卷和梳理而形成的各种不同形状的发型。

3. 束发类发型

束发类发型，根据不同的操作方法和造型，分为发辫、发髻、扎结等发型。

2.3.2　男士发型的基本类型

男子发型由于留发较短，发型变化不及女子多，但通过修剪、吹风梳理或烫发、梳理，也能梳理出多种多样、美观大方、具有男性魅力的发型。

男子的发型一般是以头发顶部至发际线处的长度为依据，分为短发型、中长发型、长发型、超长发型。短发型，留发较短，发式轮廓线在鬓角处；中长发型，留发适中，发式轮廓线在耳轮以上；长发型，留发较长，发式轮廓线在发际线以上；超长发型，留发很长，发式轮廓线超过发际线。

男子发型分类还可以根据头发曲直形状来分，可以分为直发类发型、卷发类发型、直卷结合类发型。还可根据操作方法来分，如剪发类发型、烫发类发型、部分烫发发型。男子发型分类，一般以留发长短来分较为适宜。

1. 短发类发型

短发类发型基本上是直发经过轧发、剪发来造型，具体发式有平头式、圆头式和平圆式三种。平头式，又称平顶头或小平头。特点是两侧和后部头发较短，从发际线向上轧剪，短发呈波差层次，色调匀称，顶部略长的短发轧剪成都市平形，根据顶部头发长度，又有大平头、小平头之分。圆头式，又称圆顶头或小圆头。特点和平头式相似，但顶部头发呈圆形。平圆式，又称平圆头。特点是吸取平头和圆头两者的特点综合而成，周围头发有层次色调，顶部呈平圆形。游泳式，又称运动式，是在平圆头基础上发展起来的，顶部头发较平圆头为长，周围轮廓上部呈球形，层次较低，色调较深，短发具有长发感觉，适合青年、中年和运动员。

2. 中长发、长发类发型

中长发、长发类这两类发型发式基本相同，只是留发长短有所区别，有的是直发剪吹，有的

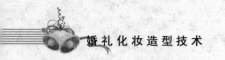

是烫发梳理。具体发式主要有青年式、波浪式、自然式等多种。

（1）自然式，特点是留发中长，顶部头发较长，向前披垂，形成稀疏自然的笔尖形，两侧和后部头发向上轧剪，形成自然坡差层次，整个发型线条柔和，发丝自然平服，简洁大方、自然。

（2）中分式，特点是留发中长，中间分头路，额前头发从头路梳向两侧，发根站立蓬松自然，两侧和后部头发向上轧剪，有一定层次和色调，这是受港台歌星影响而在 20 世纪 80 年代流行的一种发型。

（3）蘑菇式，特点是顶部头发较多较厚，形成蘑菇形轮廓，两侧和后部头发向上轧剪，有自然参差层次。蘑菇形轮廓比女子蘑菇式为小，发式轮廓线也不太明显，也是目前较为流行的男子发型。

（4）奔式，特点是留发较长，边分头路，大边头发呈鸭舌帽形向前冲，两侧头发向后梳，在后部中心会合，线条流畅，造型别致，具有男性健美感。

（5）卷式，是烫发发型，也可用电钳卷烫或圆刷卷吹。留发中长，头发烫成卷曲或半卷曲形，发圈可大可小，卷曲要自然，适合活泼的青年。

（6）中年式，留发中长，可分头路和不分头路，分头路要略高些。发丝向后斜梳，轮廓略为饱满，两侧及后部头发和上轧剪，体现一定的层次和色调，端庄大方，具有整洁感和时代感。

2.4　发型分区

分区就是将头发分成两份以上来设计。要成功地设计一款发型，首先考虑对象的头发、头型、脸型的需要而进行分区、分份，然后用发夹将头发集合成型。发型也可以协助改变脸型的，在做发型前，要将头部的头发分为几个区域，称为发型分区，一般发型分为五个区域，包括刘海区、前发区、后发区、左侧发区、右侧发区，如图 9-18 所示。

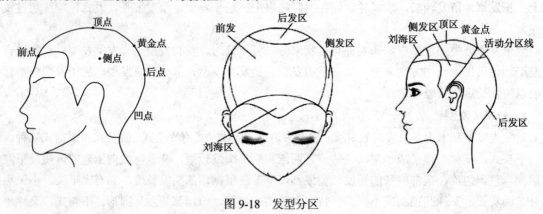

图 9-18　发型分区

1. 前额分区

前额分区是发型设计的表面部分，与动感和质感有重要关系。

2. 头顶分区

头顶分区是环绕脸周边的头发，与脸部的均衡感有很大关系。

3. 颅顶分区

颅顶分区是影响发型动感设计表现的部分。发型轮廓非常重要的部位，头盖骨隆起最大的部位，也是一向整体发型量感最大的部分。

4. 颞骨分区

颞骨分区主要控制量感的部分，不易从表面看到。

5. 颞部分区

颞部分区形成侧头部外轮廓的形状与质感的部分，也是耳前靠近脸部的地方，这个地方面积较宽的话，也有重的感觉印象。此处也是量感调节的重要部分。

6. 颈背部分

颈背部分是形成后脑外轮廓线条与质感的部分。

知识点 3　头型、脸型、五官、体型、职业对发型的影响

在进行发型设计时，必须考虑造型对象的头型、脸型、五官、身材、职业等因素，只有这样才能打造出符合造型对象的发型。

3.1　头型对发型的影响

人的头型大致可以分为大、小、长、尖、圆等几种形状。

3.1.1　头型大

头型大的人，不宜烫发，最好剪成中长或长的直发，也可以剪出层次，刘海不宜梳得过高，最好能盖住一部分前额。

3.1.2　头型小

头发要做得蓬松一些，长发最好烫成蓬松的大花，但头发不宜留得过长。

3.1.3　头型长

由于头型较长，故两边头发应吹得蓬松，头顶部不要吹得过高，应使发型横向发展。

3.1.4　头型尖

头型的上部窄，下部宽，不宜剪平头，宜剪短发烫卷，顶部压平一点，两侧头发向后吹成卷曲状，使头型呈出椭圆形。

3.1.5　头型圆

由于头型圆，刘海处可以吹得高一点，两侧头发向前面吹，不要遮住面部。

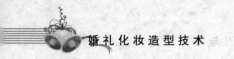

3.2 脸型对发型的影响

发型与脸型的配合十分重要，发型和脸型搭配适当，可以表现此人的性格、气质，而且使人更具有魅力，常见脸型有七种：椭圆形、圆形、长方形、方形、正三角形、倒三角形及菱形。

3.2.1 椭圆脸型

椭圆脸型是一种比较标准的脸型，好多发型均可以适合，并能达到很和谐的效果。

3.2.2 圆脸型

圆圆的脸给人以温柔可爱的感觉，较多发型都能适合，只须稍修饰一下两侧头发向前就可以了，如长、短毛边发型，秀芝发型，不宜做太短的发型。

3.2.3 长方脸型

避免把脸部全部露出，刘海做一排，尽量使两边头发有蓬松感，如长蘑菇发型、短秀芝发型、学生发型，不宜留长直发。

3.2.4 方脸型

方脸型缺乏柔和感，做发型时应注意柔和发型，可留长一点的发型，例如长穗发、长毛边或秀芝发型、长直披发，不宜留短发。

3.2.5 正三角脸型

正三角脸型刘海可削薄一层，垂下，最好剪成齐眉的长度，使它隐隐约约表现额头，用较多的头发修饰腮部，例如学生发型、齐肩发型，不宜留长直发。

3.2.6 倒三角脸型

倒三角脸型做发型时，重点注意额头及下巴，刘海可以做齐一排，头发长度超过下巴 2 厘米为宜，并向内卷曲，增加下巴的宽度。

3.2.7 菱形脸型

菱形脸型颧骨高宽，做发型时，重点考虑颧骨突出的地方，用头发修饰一下前脸颊，把额头头发做蓬松拉宽额头发量，例如毛边发型、短穗发等。

脸型是决定发型的最重要的因素之一，而发型由于其可变性又可以修饰脸型。前者是发型与脸型的协调配合，后者是利用发型来弥补脸型的缺陷。其方法有如下三种：

（1）衬托法。利用两侧鬓发和顶部的一部分块面，改变脸部轮廓，分散原来瘦长或宽胖头型和脸型的视觉。

（2）遮盖法。利用头发来组成合适的线条或块面，以掩盖头面部某些部位的不协调及缺陷。

（3）填充法。利用宽长波形发来填充细长头颈，还可借助发辫、发鬈来填补头面部的不完美之处，或缀以头饰来装饰。

3.3　五官对发型的影响

五官对发型设计的成功与否有着直接影响，五官的缺陷，发型师应设法弥补，例如：高鼻子、低鼻子、大耳朵、小耳朵、宽眼距、窄眼距等。

3.3.1　高鼻子

做发型时，可将头发柔和地梳理在脸型的周围，从侧面看可以减少头发与鼻尖的距离。

3.3.2　低鼻子

应将两侧的头发往后梳，使头发与鼻子距离拉长。

3.3.3　大耳朵

不宜剪平头或太短的发型，应留盖耳长的发型，且要蓬松。

3.3.4　小耳朵

小耳朵不易夹头发，所以太多、太厚的头发不宜夹存耳朵上，长毛边式发型往后梳时应用发饰发夹。

3.3.5　宽眼距

头发应做得蓬松一点，不宜留长直发。

3.3.6　窄眼距

两侧发型可以做成不对称式，若对称的秀芝发型可以将一边的头发搁在面部，另一边的头发搁在耳后。

3.4　体型对发型的影响

3.4.1　瘦长型

身材瘦长的人，多数脸型也是瘦长的，一般颈部较长，应采用两侧蓬松、横向发展的发型，如大波浪。

3.4.2　肥胖型

一般颈较短，头发不宜留长，最好采用略长的短发式样，两鬈要服帖，后发际线应修剪得略尖。

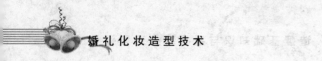

3.4.3　短小型

适合留短发，如留长发，则应在头顶部扎马尾或梳成发髻，尽可能把重心向上移。

3.4.4　高大型

不宜留短发，根据个人脸型嗜好选择中长发。

3.4.5　溜肩型

溜肩型是现代女性不喜欢的身材，发型设计时要弥补这方面的不足，发型要在肩颈部周围形成丰盈的发量，不宜短发。

3.5　职业对发型的影响

发型设计除考虑到的头型、脸型、五官及身材以外还必须要注意到顾客的职业特点，发型设计根据职业的需要在不影响工作的情况下，努力做到最完美的发型效果。

3.5.1　工作时需戴安全帽的顾客

工作时需戴安全帽的顾客发型不要做得太复杂，应尽量剪成短发或是长发扎辫子。

3.5.2　学生或运动员

由于学生及运动员的职业特点，发型可做成轻松而活泼的短发型，易梳理。

3.5.3　文秘、公关人员及交际活动繁忙的女顾客

文秘、公关人员及交际活动繁忙的女顾客由于这类顾客社会活动较多，头发最好留长一些，以便能经常变换发型。

3.5.4　教师、机关工作人员

教师、机关工作人员的发型应简洁、明快、大方，表现出淡雅、端庄的感觉。

3.5.5　文艺工作者、服装模特

文艺工作者、服装模特的发型可以做得突破一点，表现出创造性和前卫性。

知识点 4　盘发与束发

一直以来，人们在塑造发型艺术上花了很大的精力，表现出了极高的智慧。目前，人们都很重视修饰发型，其原因是发式可以做多种变化，正确的塑造可以充分展现出个人的风格与品位。

4.1　做发型的常用手法

4.1.1　倒梳

倒梳也称为打毛，是将发量稀少的发丝与头皮垂直，从发尾梳到发根，使头发堆在发根部位，而产生多发的蓬松感。

从倒梳的方法来看，用左手的食指及中指夹住发片离根部 2/3 处，保持发片宽度，再用梳子从离根部的 1/3 处进行倒梳,第一梳必须用力到梳子不能继续贴近头皮为止（这样发根才会有一定的支撑力），才能进行第二次倒梳,再进行第二次倒梳时应注意：每一梳的力度及距离都应大致相等，接着用相同的手法从发根倒梳至发梢。

倒梳的目的是更好的处理头发，使头发的纹理更加漂亮。倒梳的作用是增加发量、容易固定、便于连接发片弥补头型、削去头发本身的弹性、软化的作用，改变头发的方向,使松散的头发集中，形成发片及区域。

4.1.2　编发

编发，即编辫子。顾名思义，是对头发的编织。是当下时尚女性颇为喜爱的一个妆扮自己的步骤。编发有手编发辫、单双边加发等方式。将局部或整体头发编成三股、五股，两股可直接造型束发。三股辫，最基础的编发手法莫过于三股辫了。这个编发方法最为简单，也是其他编发手法的基础，如图 9-19 所示。四股辫，又称为鱼骨辫方法如下：头发梳顺之后平均分成两半，分别标记为 1 和 2；从 1 和 2 两侧分别取一束头发交叉与 1、2 合并，起初分的 1 和 2 保持不动，不断加股编发的发束都是从 1 和 2 中分离出来的。最后形成的效果就是看上去像小麦穗样子的效果，如图 9-19 所示。很有清新的味道。

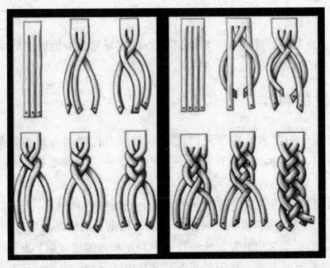

图 9-19　三股辫和四股辫的编发方法

蜈蚣辫，也称蝎子辫。这个手法可以变幻出各种各样的发型，对头发的长短也不是很挑剔，

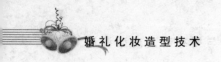

操作也相对简便。方法如下：先分开头发，从侧边取少量头发平均分成三股，按普通麻花辫子的方法编一次，然后再取一股续编上次三股其中的一股合成一股，始终保持三股头发，按此类推，不断按三股先后顺序续接地编，最后加上发饰完成。

双边的蜈蚣辫的编发方法，左边一部分，梳一个从右斜向左侧的蜈蚣辫；另一边头发，也梳一个从右向左侧斜的蜈蚣辫。接着，把两股头发交汇在一起，最后戴上发饰。

4.1.3 扭发

扭发又称为扭绳，将头发扭成螺旋状，再进行固定。将造型区域发重向平行线或弧度，使其分别为扭转设计风格。

4.1.4 扎发

扎发也称为发结，即用橡皮圈将头发或整体或局部束起，或用发卡等将头发束起。最常见的是扎成马尾。

4.1.5 盘发

盘发即将头发盘成发髻，可以演绎出各种不同年龄、不同个性、不同气质女性的万千风情。种类丰富的韩式盘发就为我们展示了俏皮、柔情、坚毅等各种女性特质。盘发流行于韩国、日本、俄罗斯。盘发的方法有很多，其中可以分为韩式盘发、日式盘发、俄罗斯盘发。

盘发在人们的日常生活中都会用到，通过盘发能塑造女性的端庄、古典、艳丽、高雅、自然等不同气质，在影楼中婚礼化妆师在短时间内，运用真发盘发、真假发结合盘发、发型与脸型的搭配，快速塑造完美的造型效果。

4.1.6 卷发

卷发又称为卷筒（直发卷，直式卷筒），或多或少的发量将头发倒梳成形片状，将一起卷在手指上，将卷好的发卷小心地取出摆放，定型。

4.2 盘发、束发的种类

发型设计是一门综合的艺术，它涉及广泛，须掌握多门学科，影响发型设计主要有：头型、脸型、五官、身材、年龄，其次有职业、肤色、着装、个性嗜好、季节、发质、适用性和时代性。

盘（束）发是我国传统发型之一，在各式发型中，有着独特的效果。

发结、发髻和发辫是盘（束）发的三种基本形式。根据人们活动的场合、环境的氛围分，盘（束）发大致可分为：婚礼盘（束）发、晚装盘（束）发和休闲盘（束）发三大类。婚礼盘（束）发和晚装盘（束）发是礼节性发型，休闲盘（束）发是生活发型。当然，还有一些艺术型盘（束）发。发结、发髻、发辫各自可独立成形，也可相互结合成形。

4.2.1　发结

发结实际上是一种束发方法，是用发夹、橡皮圈将头发根部固定，或直接用发带固定来改变头发某一部分的自然垂直形态，对发式起衬托和装饰作用，使其形成更多的发式变化。

发结的不同位置、直卷程度在表现的风格上有很大的差异，与人的身高、脸型、体型等对表现不同年龄女性的性格有直接的关系。

发结的位置，可以在头顶、脑后、后颈部、两侧等，可以根据不同的要求及发结造型需要来定。发结的尾部头发刚好盖住后颈发际线的发结，漂亮又时尚。如果长度超过发际线，则给人轻松休闲感。

扎发的方法主要有以下四种：

（1）一侧扎结。先把头发梳顺，在头顶部挑起一道二八分或三七分的头缝，小边的部分挑起一束成片形的头发梳齐。用发带在头发上打结，结的位置应在大边的耳廓上端，也可用花式发夹代替发带束住头发。这种扎结适用于直发类平直式短发，梳成后的式样活泼。如结的位置低，则显文静。

（2）两侧扎结。两侧扎结与一边扎结方法基本相同，只是中间对分头路，左右两侧耳廓以上各扎一个对称的结，除短发外，卷发类中长发和发辫中的双辫、短辫也都适于此法。这种扎结使人显得天真、活泼。

（3）脑后扎结。这种发结适宜长发或中长发，顶部及两侧头发都向后梳，额前式样按脸型设计。头发全部向后梳拢，将左手的拇指和食指张开成八字形，沿颈脖伸入发梢内，将发梢全部纳入两指，随之将手指自发际线向上托至枕骨位置上，右手拿梳子在两侧及顶部梳理，用发带将全部头发扎成一束，卷曲的发梢从枕骨向下自然垂荡。自然下垂的头发可梳成马尾形、波浪形等各种形状。

（4）顶部扎结。这种发结使人突显个性，但较适宜长发，将四周头发全部梳向顶部，也可稍侧左或右，然后用发带将头发扎成一整束，发梢任其自然下垂。注意后颈发际到发结的部位不可太松散。头发表面若凹凸不平，可用尖尾梳的尖柄，插入整平。

4.2.2　发髻（盘发）

发髻是盘发类的发式。发髻的形状丰富多变，发髻内还可衬以假发。直发和卷发只要有一定的长度均可盘发髻。

盘发是我国传统美发方式之一，在设计技巧创作理念及操作手法上与其他的修剪等技术有较大的差别。盘发又称"来发"，美发师通过利用盘、包、拧、扭、打结做卷、编织等技法，将头发巧妙地结合起来，组成不同款式的发型，最大限度地体现女性的美丽、高贵、典雅的特点。盘发的样式多种多样，可根据场合的不同选择盘发式样。

盘发主要有以下几种类型：

（1）日常生活盘发。日常生活盘发特点简单实用，容易梳理。一般采用各种辫子盘绕成发鬓及简单的拧包等梳理技巧。生活盘发必须符合简单大方、自然漂亮流行的原则，尽量减少琐碎繁杂的设计，只把突出的重点表现出来以显示女性的高雅风韵。

（2）晚宴盘发。晚宴盘发重点突出女性的高雅与华贵，体现现代与古典的美感。由于晚宴盘发用于晚间,因而发式应配以晶莹闪烁、流光溢彩的珠宝等金属饰物。配以不同风格的晚礼服,以烘托女性的雍容与华丽。如设计得体,会光彩照人。一般强调发丝的流向,多采用卷筒、包髻的等手法进行操作,但一定要注意梳理的技巧。

(3)新娘盘发。新娘盘发重点体现新娘的纯洁、娟秀,烘托婚礼的喜庆气氛。因而新娘盘发要求线条明快,突出自然、清秀别致的个性。多以波纹卷筒、发条等技法来表现。再衬以清雅的鲜花、晶莹的头饰、得体的婚纱来表现新娘可人清纯俏丽的甜美感觉。

(4)表演盘发。表演盘发特点是新颖、夸张,充分体现发型师的艺术构思,在设计上适用象征性手法。进行夸张处理是设计重点,多在前发区顶发区,具有线条粗犷立体感强、造型鲜明的特征,体现快而美的舞台造型原则,突出发型的艺术感染力,表演盘发常用于美容美发比赛、流行时尚发型发布会、时装表演等。

发髻主要有以下两种方式:

(1)直发盘髻。先将头发自顶部及两侧向后梳拢,刘海部分头发预先挑出,用橡皮圈把顶部梳齐的头发与垂在后面的头发沿发际线根部束扎在一起,绞拧成股,围住根部束扎的地方,盘成各式发型,用发夹固定,发梢藏在里面,也可留些发梢在外以点缀。

(2)卷发盘髻。卷发的发髻,基本上都是以长发的发梢,盘成几只大型筒圈作为梳理基础。梳理时,先将额前头发挑出,按式样梳好,顶部及两侧梳出需要的花纹,然后在枕骨位置上,把后颈头发并拢,用橡皮圈或头绳扎紧。这时筒圈就集中在一起,再用梳子将其挑开,必要时也可把一只筒圈分为几段,使其排列成圆形,发梢仍向圆心方向卷,把外圆的头发丝纹理顺,即为圆筒髻,也可按前法把头发扎紧后,再将筒圈拆散,分成几股从四周向中间梳成有起伏的波浪形发髻、花瓣形发髻和优美线条图案形发髻,或其他不规则的形状等。

4.2.3 发辫

发辫是束发类发式,是我国民族传统方式,按传统常用的是三股辫,位置一般在耳后两侧和脑后。现在发辫的变化比较多,而且梳辫的位置也可以随意定位。

4.3 假发的运用

假发的形式多样,用来弥补发量的不足,使用方便,是富于变化的造型方法。

4.3.1 假发的作用

(1)增加发量,可在内部做填充,达到预期的高度和宽度。真发包在假发外层,使其变得更饱满。

(2)头发长度有限,造型的外围高度、宽度不够,利用假发衔接,增加高度。

(3)短发做盘发时,可利用假发做整个结构,制造真实效果。

(4)要在短时间内改变发丝的状态时,因条件限制,可利用假发做出不同的风格,达到最后的要求。

(5)假发的发样颜色丰富,可制造特殊效果,配合另类妆、时尚妆等达到协调统一。使另类妆更夸张,时尚妆更具魅力。

4.3.2　真假发的衔接

（1）颜色：唯美妆的真假发颜色要选一致，上下结合要协调真实、自然。

（2）另类妆：利用真发与假发颜色的不同，形成反差，制造特殊效果。

（3）若表现在唯美基础上略具个性的效果，假发的颜色多种多样，不受限制。

4.3.3　常用的假发种类

（1）发棒：软发棒、毛毛虫。作用：修饰发型，填充整体造型、基底、垫发、垂发、丫角。

（2）发排：常用假发覆盖真发来修饰发型，较整齐，光滑，拍照时可产生明显的光泽效果。

（3）大小假发卷：代替打卷的效果，具有古典、复古、端庄的感觉。

（4）假发辫：整体造型、基座、垂发、盘髻、小装饰，给人可爱、复古、民族风情的感觉。

（5）假刘海：修饰额部的长短，使用时可采用不同的角度和倾斜面，非常适作于额头有缺点的人。

（6）大波浪状假发：适合晚礼造型，给人浪漫、随意的感觉。

（7）整顶假发：适合发量较少的人或在表演时快速变换。

假发的种类多种多样，除了几种常见的假发以外，每年都会有很多新款假发产生，如菠萝头、高头、刺猬头、假波浪、放射状假发、乱发、彩色假发等，合理使用假发会使造型变化更丰富和更富有现代感。

4.3.4　使用假发造型时的注意事项

（1）根据风格定位选择假发。

（2）真假衔接自然，若出现衔接不当时，可使用头饰弥补。

（3）整体造型讲究圆润饱满、协调，外轮廓干净、整齐。

（4）注意不同假发的效果，在表现特殊效果时，假发会起到点睛的作用。

（5）若想刻意表现假发效果，要突出假发独到之处，不要与真发的关系太模糊。

（6）在需要快速变化发型时，使用假发是比较方便的。

知识点 5　吹发造型

5.1　吹风的手法

5.1.1　翻拉

翻拉主要用于长发发根取发或增加发根的支撑力。

5.1.2　挑拉

挑拉主要用于将头发拉直或吹理曲线效果。

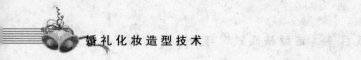

5.1.3 外拉翻

外拉翻用于发尾，主要吹理发尾外翘效果或刘海。

5.1.4 内拉翻

内拉翻主要用于吹理内扣效果。

5.1.5 翻

翻用于短发发根取发和提升发根角度。

5.1.6 转

转用于发尾或短发的发杆，使头发产生自然弯曲的效果。

5.1.7 推

推用于调整流向，改变发根方向。

5.1.8 压

压用于控制发根的高低或发根定位。

5.1.9 卷

卷用于缔造卷曲的波浪纹理。

5.2 吹风的应用

无论吹理什么发型，首先必须了解发型的纹理与流向，按照长度采用不同的吹理技巧，才能使发型具备圆润、饱满、蓬松、自然的效果。

5.2.1 吹理的方式

吹风机与梳子保持 90°，梳子与流向保持 90°，吹风方向与流向一致。

5.2.2 吹理的角度

长发采用满口送风的技巧；短发或接近发根的部位采用半口送风的技巧。

5.2.3 发型的轮廓控制

下区位自然服顺；中区位自然蓬松；上区位圆润饱满。

5.2.4　左右手的配合

吹理时，左右手都能灵活使用吹风机与梳子；吹风机应快速在头发上来回移动，不能停留在一个部位，每次的移动最好都吹在自己拿梳子的手上，这样可以感应吹风机的热度，以便随时调整角度，避免烫伤顾客。

5.2.5　吹理的顺序

吹理的顺序为：从后到前，从下向上。

5.3　吹风的技巧和操作程序

梳理操作是在吹风机配合下进行的，如何掌握吹风机的温度、角度、距离、时间，都有一定技巧性，主要有以下几点技巧。

5.3.1　吹风的技巧

（1）吹风口不能对着头皮吹：小吹风配合梳子梳理动作，风口与头发要保持一定距离，与头皮保持一定角度，使热风全部吹在头发上，配合梳子技巧，使头发成型。

（2）正确掌握送风时间：小吹风送风的时间要掌握，要根据发质、发丝卷曲形状而决定，时间要恰到好处，过多使头发僵硬失去自然状态，过少发丝不能成型和持久。

（3）使用定型剂时吹风方法要改变：使用定型剂后，头发容易成型，吹风时间可以缩短。

5.3.2　梳理的操作程序和方法

（1）适当吹干头发：梳理一般在洗发后进行，在小吹风配合下，用梳子将头发梳通梳顺，同时也适当吹干头发。

（2）涂抹定型剂：目前常用的定型剂是泡沫定型剂（又称摩丝）。将定型剂泡沫挤在手心中，双手将泡沫擦匀，均匀地擦在头发上，使头发将头发产生滋润感并具有一定的黏性，便于吹梳成型。但定型剂不宜用量过多，否则会使头发僵硬。

（3）分头路：头中一般有中分和边分之分，边分又有左分、右分和一九、二八、三七、四六分等几种方法，主要是根据发式要求而定。挑头路时要平直并露出肤色，长短适宜。分头路一般分在发涡一边为好。

（4）吹梳头路：头路分好后，用梳子压住大边头发，以吹风的热力使之侧向一边，头路比较明显。然后梳子将头路边缘头发拎起，在吹风配合下，将这部分头发发根站立、发干卷曲。

（5）吹梳小边：从鬓角开始将小边头发向后梳，略带斜形向下吹梳，吹风随着梳子移动而送风，依次吹梳到后头部。

（6）吹梳两边后部轮廓线：梳子在吹风配合下，自两侧斜形向后吹梳，使后枕部发式轮廓线处头发平服。

（7）吹梳大边：自头路侧将头发分批拎起吹梳，用热风使发根站立、发干弯曲。吹梳时要掌

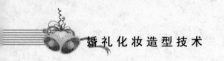
握梳子的角度，以达到顶部发式轮廓形状的要求。

（8）吹梳周围轮廓：主要吹梳鬓发和中部轮廓处头发，使其平服圆润。

（9）检查修整：经过以上动作程序，发型已完成。发丝清晰、轮廓饱满、符合发式要求，不够完善之处可略作梳理。有时发丝比较松散，也可适当喷些定型喷发胶定型。

吹风机除了要与梳子密切配合外，运用也有一定的技巧，若操作不当，会影响吹风质量。表 9-1 所示是吹风机吹发的技巧。

表 9-1　吹风机吹发技巧

项　　目	角　　度	距　　离	时　　间
要　　点	正确掌握吹风机的送风角度	风口与头皮之间保持适当的距离	正确控制吹风加热时间
操作方法	送风口与头发是45°，使大部分热风都吹在头发上，两侧鬓角需要服帖时，风口与头皮的角度可小于45°或与拉起的头发平行	一般间隔3～4厘米，如风口与头皮距离拉近，热量就会过于集中，即使角度掌握正确，头皮也难以忍受，还有可能把头发吹得变形从而留下压痕	吹风时间和送风距离一样，加热时间过长，易把头发吹干，甚至使头发有静电；加热时间过短又不能达到预期的效果。吹风时间没有统一的标准，应根据发质及发型的要求和效果来选择。但在任何情况下，都不能把吹风方向固定，要不断移动。吹风口除了随梳子移动外，还要不停地左右摆动，在一般情况下，每吹一个地方，吹风机需要摆动4～5次，才能达到良好的效果

5.4　梳刷与吹风机的配合方法

梳理操作是在轧剪、洗发后进行的，是男子发型的最后一道工序。梳理操作一般是使用梳子在小吹风配合下进行的，又称吹风梳理。通过吹风梳理，使洗发后潮湿的头发干燥并按发式要求成型，保持发式长久。梳理是梳理技术和造型艺术相结合的技艺，有较强的技术性，发式能否成型，能否符合发型设计要求、能否持久，都取决于梳理工序。某些长发型、超长发型，需要使用刷子代替梳子进行操作。使用各种定型剂，使吹风时间减少，这也是梳理的新发展。

男子发型梳理操作的方法比较简单，也是用小吹风配合梳子（或刷子）进行的，一手拿小吹风，一手拿梳子，用小吹风的热风配合梳子各种动作，使头发按发式要求造型和成型。

梳子在小吹风配合下进行梳理造型。梳理动作中梳子常用的基本方法有压、别、挑、拉、推等多种。

5.4.1　压

压是用梳子或用手掌压住头发，配合电吹风使头发平服的基本方法。梳子插入头发后以梳背压住头发，小吹风对着压住的头发来回移动地吹，用电吹风的热力和梳子的压力，使这部分头发平服，一般用于头路两旁和发式轮廓边缘处。用手掌（或包住毛巾）压住头发发梢处然后适当离开发梢，小吹风对着手掌与头发的空间，将 2/3 的热风分吹在手掌上，立即将手掌上的热气压向头发，压时手掌略带弧形，使压平服的发梢略带弧形。一般用于修饰轮廓部位头发，使轮廓饱满圆润。

5.4.2　别

别是用梳子别住头发，使头发微弯的基本梳理方法。操作时将梳子斜插入头发内，梳齿向下带住头发旋转，使发干微弯发梢向内，吹风对着梳子别住的头发来回移动吹风，使梳子别住的头发呈弯曲形。主要用于吹梳头路旁小边、顶部轮廓及边缘处。

5.4.3　挑

挑是用梳子挑起头发，使发根站立，发干弯曲的基本梳理方法。操作时将梳子斜插入头发，自下而上将头发挑起，梳子作 90°旋转带住头发，使头发发根站立，发干弯曲，在小吹风的热力下，使头发形成具有弹性的半圆形状。主要用于头部大边和顶部头发，使之具有丰满圆润感。

5.4.4　拉

拉又称拖，是用梳子带住头发移动，使头发平服的基本梳理方法。操作时梳子梳起头发自上而下，处前向后拉梳，小吹风随着梳子移动地送风，使梳住的头发平服。一般用于正中近轮廓线处头发。

5.4.5　推

推是用梳子推梳住头发，使其隆起的基本梳理方法。操作时梳子从前向后插入头发，略向后梳，然后将梳子作 180°翻转，用梳背压住头发，梳齿仍带住头发，将这股头发向前推，使头发隆起，小吹风对着隆起的头发送风，使其固定。一般用于梳理波浪。

以上几种基本方法，是在吹风配合下进行的，要根据发式需要灵活运用，压与别适用头路两侧及后部轮廓,挑拉推多用于头顶部。

知识点 6　婚礼新人的造型设计

6.1　新娘的造型设计

每个新娘都有属于自己的独特气质，善于发现个性中的特质和魅力，并对新娘的造型有一个初步设定，这是新娘扮靓非常重要的必修课。

6.1.1　新娘的性格类型

一般来说，要根据新娘的性格类型对新娘进行造型设计。

1. 乖巧文静型

乖巧文静的新娘比较内向，言语不多且语调柔和，举手投足之间都有一种温婉浪漫的气质。对于这一类型的新娘，妆容也以浪漫的粉色系来烘托气质，粉红、粉蓝、粉绿等淡彩轻轻涂抹一层即可。

2. 活泼时尚型

活泼又时尚的新娘一出场就要有艳惊四座的效果，浑身上下都充满了朝气和时代气息，其爽朗的笑容能感染每个人。对于这一类型性格的新娘，其妆容色彩也要明快大胆，造型上讲究时下流行的动感和自然风格，红唇、浅紫色晕染都是最时尚的尝试。

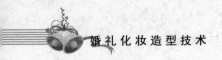

3. 古典优雅型

古典型的新娘，眉眼间蕴含着古典气息，举止大方得体，优雅从容，谈笑时顾盼生姿。对于这一类型性格的新娘，其妆容要求和谐沉稳，色调是要接近肤色的棕色系，不宜太张扬，在眼线、唇线等勾勒要突出古典气质。

6.1.2　新娘的脸型分类及造型设计

鹅蛋脸柔美，圆脸可爱，方脸有型，每种脸型都有自己的特点。怎样发挥造型的优势扬长避短，使新娘变成俏佳人，就必须根据脸型进行造型设计。

1. 圆脸新娘

妆容：画眉时，眉峰要带出弧形，眉尾则略高于眉头，可以减少圆圆的感觉；唇部则加宽嘴角，让唇形看起来狭长。

发型：将所有头发向上盘起，使发型清爽干净。因为与其披散头发来掩饰脸型，不如增加头发的高度来拉长脸型，而且减少了散发的累赘，会感觉脸型比实际的小一点。

服装：应该挑选 V 字领的婚纱和礼服，这是圆脸变尖脸的法宝。而穿圆领礼服时，领口要大于脸盘，也会显得脸小。

2. 菱形脸新娘

妆容：菱形脸要注意眉毛的颜色不要太重，眉峰不要高，眉尾也不要太长，否则会让额头显得不够饱满。下唇的颜色要比上唇深，显得比上唇饱满，唇形平缓。

发型：利用刘海遮住额头，两鬓要蓬松，以增加额头的宽度，使脸型变成倒三角形。

服装：当脸型变成倒三角形，礼服和婚纱的选择就没什么限制了。

3. 长脸新娘

妆容：眉峰不能画太高，顺着自然弧度即可，平缓拉长一点即可。唇型要力求丰满，这样脸型会显得较为圆润。

发型：在脸部两侧做发型，以增加脸的宽度，修整过长的脸型，同时要留刘海，刘海可以在很大程度上将脸型变短。

服装：选礼服和婚纱时，要注意尽量选船形领、方领或一字领等，这样可以把脸型横向拉伸，达到一定的平衡。

4. 方脸新娘

妆容：眉型要有圆润的弧度，眉尾向发鬓稍稍拉长，以缓和下颌线条。双唇则用唇笔描边，但不要超出唇线，以免让下颌角看起来更广。

发型：长卷发披在肩头及额角，用柔软卷曲的弧线修饰脸型。

服装：要掩饰过于宽大的腮部，最好选择装饰较多的领口，用蕾丝花边调整脸部硬朗的线条，或用 U 字型领口来缓和脸型。

6.1.3　新娘头发造型欣赏

每个女生都幻想着自己的婚礼能够是全世界独一无二的，那么新娘的发型就更要与众不同，发型对于每一个新娘来说都是尤为重要的。一生一次的婚礼是新娘新郎们特别重视的，漂亮的新娘发型更是婚礼中让人难忘的闪光点，因此，新娘头发造型显得格外重要。

新娘头发造型的美丽不仅仅表现在时尚发型的外观上，更凸显于从中流露出来的气质，美丽也许会随着岁月消磨，但气质只会在时间中沉淀变得更加有韵味。

1.　新娘头发造型之一

新娘发型一般都是比较注意编发的，因为特色的编发会自然显露出新娘别样的浪漫美丽。图 9-20 所示的这款韩式发型传承了韩式扎发的复杂与精致，从发型图片可以看出它编发的发式精致复杂，头饰也是选用了小巧的花束，体现了新娘的典雅、含蓄和优美。

2.　新娘头发造型之二

图 9-21 所示为两款韩式盘发技巧的新娘发型。图 9-21（a）所示的长直发所打造出来的侧编发盘发很精致，一丝不苟的盘发显现出新娘对婚姻的慎重珍爱态度。图 9-21（b）所示的新娘发型就是另一种风格，从侧面就不难看出这款女人发型在编发上是下足了功夫，复杂的编发透露出新娘内心唯美浪漫的一面。

（a）　　　　　　　　　　　　（b）

　　图 9-20　韩式新娘发型　　　　　　图 9-21　韩式新娘发型

3.　新娘头发造型之三

如图 9-22 所示，这款新娘发型是选用了一个简单发型，但是，中长发没有经过丝毫刻意的修饰，仅仅简单地绑成一个马尾，有着一股天然去雕饰的清丽自然的美态，再加之短头巾与珍珠项链的锦上添花，是最自信的简约大方的新娘发型。

4.　新娘头发造型之四

图 9-23 所示的这款头巾式头纱造型很有非主流发型的味道。优雅的中分映衬完美的颈部曲线，搭配蕾丝勾边的长头纱，独特又大胆。这款韩式中分的长发发型很适合高贵典雅的气质型新娘。

　　图 9-22　简约新娘发型　　　　　　图 9-23　韩式新娘发型

5. 新娘头发造型之五

图 9-24 所示的这款新娘盘发选用的是古典的皇冠派。皇冠被尊为高贵的象征，很多人都期望自己是传说中的公主，这类新娘也是充满浪漫的梦幻型的性格。简单盘发加古典皇冠，打造出了绝对的经典时尚新娘。

6. 新娘头发造型之六

图 9-25 所示的新娘选用的也是盘发发型，所有的头发全部都盘到脑后，整洁的发髻没有一丝一毫拖沓感，很适合娴熟精致的新娘，再加上白色碎花细金属丝小发带，更显高雅大方。

图 9-24 经典新娘发型

图 9-25 精致盘发新娘发型

7. 新娘头发造型之七

短发发型不容易打造新娘妩媚动人的一面，不容易变换发型，不容易采用扎头发的技巧，也不容易找到合适的发饰。故对于短发新娘就不要那些所谓的修饰，以接近自然为基础，本着整齐、清爽为原则。

8. 新娘头发造型之八

图 9-26 所示的这款日式发型的新娘采用侧扎发，俏丽又活泼，头上一朵硕大的花饰，显出俏皮甜美的感觉。

9. 新娘头发造型九

图 9-27 所示的这款长卷发新娘发型充满了浪漫情怀。中分整齐的长卷发搭配侧面的纯洁花朵，依桥站立，翘首仰望天空，似乎在想象着自己将要举行的一生难忘的婚礼，举手投足间尽是女人味。

图 9-26 日式新娘发型

图 9-27 长卷发新娘发型

6.2　新郎的造型设计

在婚礼中，新郎也是婚礼的主角，所以新郎出场前也应请婚礼化妆师打理一番，除了干净整洁外，最好也化点淡妆。现在的婚礼过程都有摄像师全程拍摄，如果不化妆，新郎的脸色可能会显得比较苍白，这样留下的婚礼录像显然不会让人十分满意。婚礼是新人一生中最重要的时刻之一，所以要力求完美。然而要想拍出完美的婚礼画面，新郎的造型的选择也非常关键。

6.2.1　新郎的婚礼六件套

男士礼服的配件繁多，如礼服、鞋子、领带等，所以在租赁或购买前都要清楚了解，依照自己的需要及费用合理程度来选择。新郎的穿着，应注意配合新娘，假如新娘穿白色或米色的礼服时，新郎可穿白色、黑色或深蓝色的西装，搭配黑色漆皮亮面的皮鞋。如果要表现更豪华正式，可穿礼服佩戴领带、领花，如此则翩翩风采，表露无遗。

1. 西服

新郎西服的颜色最基本选择是黑色、深色、白色。选择西装时谨记：三扣西服必系上两道扣子，两扣西服只系上边一道扣子。三扣西服是保持着高中时代瘦长身形的男士之所爱，两扣西服最大众化。双排扣西服可与圆角翻领或尖角翻领相配。单扣休闲西服适于体形偏胖的人。DB 尖领双排扣西服是最正式的结婚礼服。如果身形矮小或偏胖，一定要选择单扣西服。

2. 衬衫

白衬衫是必不可少的，有些新娘会选择全白的婚纱，这时新郎会麻烦一些，但还是应该备上件白衬衫，无论选哪种西装，白衬衫绝对是真正的礼服衬衫。衬衫口袋应该有织纹，还应该有挺括的立领。

3. 领带

花纹花色可以鲜亮一点，给新郎多增添一些喜庆的气氛。深色西服配深色领带，浅色西服宜配浅色领带，领带颜色同西服颜色相近，也可略深于西服。但是，红色和紫红色(带花纹或素色的)通用性大，可配许多种颜色的西服。还可以戴黑色领带，新郎一定要在婚礼之日提前戴好，因为婚礼当天肯定会忙得团团转。特别时尚的男士会戴上硬硬的彩色蝴蝶结领结，保险起见，若不会搭配彩色蝴蝶结领结就不要搭配了。

4. 马夹或宽腰带

马夹或宽腰带这两样的取舍全依新郎个人风格而定，如果新郎不属于时尚先锋人士，就用最通常的颜色：黑色。谨记：马夹、宽腰带一定要遮住吊裤带。

5. 衬衫纽扣和袖扣

衬衫纽扣和袖扣简单即好，金质或银质最能体现品位，会使人显得从容优雅。

6. 鞋

鞋是最马虎不得的行头，一双好的鞋子会令新郎信心百倍。最好能自己买一双式样简单的黑色舌面牛皮鞋，擦得锃亮。选用不当的鞋子会让新郎的整体形象大打折扣。

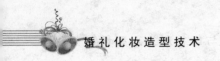

6.2.2 新郎发型设计适宜的脸型

根据新郎的脸型、体态营造适宜的发型，扬长补短，让新郎更加潇洒英俊。

要做个帅气的新郎，必须有一款适合自己的发型。婚礼这天是一个男人建立自己家庭的开始，塑造一个从"头"开始的形象十分重要。而婚礼当天的发型，应当视自己的脸型而定。

新郎发型造型最基本的原则就是要发型干净，别太花哨。对于脸型长瘦的新郎来说，发型别做得太高，否则会显得脸部更加瘦削，应该将头发做得蓬松点，这样使得脸看起来饱满。注意不要遮挡面部太多，否则会有颓废感。对于偏圆形脸的新郎来说，发型适合往高点做，使发根部稍稍挺立，这样能够很好地突出脸部的轮廓。

1. 椭圆形脸型

相对其他脸型，椭圆形脸是最为完美理想的脸型，整体线条清晰柔和。这种脸型可以根据自己的喜好选择多种发型。这样的脸型适合时尚寸头，能够凸显男性的阳刚之美，且易于打理。

2. 长方形脸型

长方形脸型轮廓分明、线条硬朗，看上去理性自重，但容易给人老气的印象。这样的脸型适合随意的乱发造型。发缕稍长但层次分明，既有男人豪放、狂野的味道，又可体现温文含蓄的一面。

3. 菱形脸型

菱形脸整体尖锐狭长，上半部约为正三角形，下半部约为倒三角形，上额下颌均窄小。这种脸型显得机灵能干，但也容易给人造成过于精明的感觉。而新式波浪卷则能让人显得桀骜不驯，有阳刚之美。

4. 梨形脸型

梨形脸型整体宽大，线条不规则，下颌骨尤其突出。梨形脸对发型的选择面较窄，经过改良的传统男式短发是理想的搭配。这款发型两侧和后脑部头发短，前额至头顶的发缕削剪成约 5～8 厘米长的尖齿状，看上去既精神又平和朴素。

6.2.3 几种时尚的新郎发型

婚礼方方面面都在注意新娘的梦幻情怀和美好期望，殊不知新郎心中也有梦。新郎也想打造一个明星式的发型，或是阳刚式的发型。下面介绍几种时尚的新郎发型。

1. 花样美男日韩范儿发型一

该发型以厚重多层次为主，造型产品的使用变化多端。喜爱日系发型的新娘，可以为"准老公"设计一款适合的花样美男发型，如图 9-28 所示。

在头顶的部分有纹理的处理，让头发看起来更加蓬松，令人印象深刻，耳目一新。短且具有层次感、高耸式的效果，但是在头顶的部分需要做处理。

2. 花样美男日韩范儿发型二

该发型通过烫大卷制造了浪漫的弯曲质感，整款发型需要偏向一边，也就是说，要在一边的地方打造出来这种效果，向一侧旋转，这样头顶的部分才会有层次以及花色的效果。微微的弯曲，还有半干的质感，给人一种清新的邻家男孩的感觉，配合各种小碎花的衬衫或者 T 恤，便能轻轻松松地创造一个花样美男新郎。

中等长度，通过部分打薄实现层次感，通过烫大卷制造这种浪漫的弯曲质感，洗发后，使用润泽质感发蜡在吹干头发后轻轻抓出层次和随意的效果。切忌使用定型后过硬的发泥，破坏自然飘逸的层次感，如图9-29所示。

图9-28　花样美男日韩范儿发型一

图9-29　花样美男日韩范儿发型二

3. 花样美男日韩范儿发型三

这款发型比较乖巧，在整体上看起来比较规矩，没有太大的发型上面的问题，但是在整体上面的改造时会让人觉得染色会有负担，但是这款发型染色会让头发看起来更有层次，在打造发型的时候一定要多用发型产品来进行层次的分清，这样才能够让头发看起来更具有层次。

侧面需要有较长的鬓角的留发，这样才能够让整体的发型有更好的连贯性，而且整体上这款发型的鬓角能够让发型更加整体，也能够修饰脸型，如图9-30所示。

4. 简约阳刚欧美范儿发型一

欧美发型多强调简单随性，随性之中不失阳刚。为了衬托新娘的柔美，新郎剪出酷酷的造型很是搭调。

图9-30　花样美男日韩范儿发型三

这款发型适合方形脸的新郎，后背的头发走向往后，在婚礼中不失正式感和复古情调。需要质地温和的膏状护发品，细软的发质少量涂抹即可。

头发看似随意，但是要注意头型的比例，上高旁边低可以有效修饰新郎脑袋的形状，前端较长的头发梳到脑后也会在头骨位置创建新层次。

5. 简约阳刚欧美范儿发型二

凛冽的发型，透出爽朗和阳刚。修剪过程中最重要的是两侧和中间的头发比例，中间部分头发过少，会无法营造立体感。

这个发型适合各种脸型，而且两侧头发的长度恰好和脸颊一条线，同时具有明显的瘦脸效果，配合美丽新娘更得当，如图9-31所示。

6. 简约阳刚欧美范儿发型三

花轮头变形版，两侧、后边极短，两侧有明显断层，后面不用太明显。前额刘海不过目，头顶厚重感。修剪定型之后不用过多造型品，用保湿喷雾喷湿调整整体走向发型即可，如图9-32所示。

图 9-31　简约阳刚欧美范儿发型二

图 9-32　简约阳刚欧美范儿发型三

【导入阅读】

新郎造型应当注意的事项

　　结婚日前两天应该去剪发，如果要烫发的话，7~10 天前便要去烫，以免烫发药水的味道及烫发痕留在发上。

　　新郎不妨买一些梳在发上有染发效果的染发剂，能增添不少时代感，最好婚前一星期先自己动手试试效果，或在理发店找人代劳。

　　有头皮屑的新郎可要注意，婚前 3 个月便应开始护理，可买一些去头屑的洗发水使用，洗发时要用温水，按摩时要用手指肚，绝不能用力乱抓，洗干净后，用毛巾把头发擦干，如需要吹风机吹干，一定要保持距离头部 15 厘米用温和的风吹。

　　另外可以每隔三天洗完发后，运用芳香精油按摩头皮（用手指肚轻轻按），也有减少头屑的效果。佛手柑、茶树、杜松、天竺葵、迷迭香等精油，都有减少头屑的效果。

　　干性及敏感的皮肤可用"鳄梨油"，油性皮肤可用"霍霍芭油"，敏感的皮肤可用"甜杏仁油"，一般皮肤可用"玫瑰籽油"。

（资料来源：作者根据相关资料整理）

【教学项目】

任务1　盘发实训

　　根据人们活动的场合、环境的氛围分，盘发大致可分为：婚礼盘发、晚装盘发和休闲盘发三大类。婚礼盘发和晚装盘发是礼节性发型，休闲盘发是生活发型。当然，还有一些艺术型盘发。

活动1　讲解实训要求

1. 教师讲解实训课教学内容、教学目的

（1）实训课程主要由学生两人一组按照盘发的表现手法，根据发型造型对象设计盘发并完成实操。

（2）盘发实操用时 2 个课时。

（3）通过实操使学生掌握盘发的基本特点、造型手法和注意事项。

2．盘发的基本要求

（1）通过利用盘、包、拧、扭、打结做卷、编织等技法，将头发巧妙地结合起来，组成不同款式的发型。

（2）最大限度地体现女性的美丽、高贵、典雅的特点。

3．盘发实训的基本操作练习

（1）打毛练习。

（2）卷筒练习。

（3）编发练习。

（4）包发练习。

（5）吹发练习。

（6）男士发型造型练习。

（7）造型改变练习。

活动 2　教师示范

（1）教师模拟造型师，演示几种盘发手法。

（2）抽选一名学生做模特，配合老师进行盘发手法演示。

活动 3　学生训练、教师巡查

（1）学生按照两人一组，分为造型师和模特，练习几种盘发手法，然后互换，并相互点评。

（2）教师随时巡查、指导学生。

活动 4　实训检测评估

教师通过实训检测评估表评估学生的实训练习的成果，具体表格内容如表 9-2 所示。

表 9-2　盘发实训检测表

课　程	婚礼化妆与造型设计	班　级	级婚庆　班		
实操项目	盘发	姓　名			
考评教师		实操时间	年　月　日		
考核项目	考核内容	分　值	自评分（20%）	互评分（30%）	教师评分（50%）	实得分
打毛练习	打毛并能使毛发直立	10				
卷筒练习	做卷筒并作出造型	10				
编发练习	编出两种以上的发辫	20				
包发练习	做包发并作出造型	20				
吹发练习	用吹风机吹出造型	10				
男士发型造型	作出一款男士造型	10				
发型改变	先作出一款发型然后进行改变，作出第二款造型	20				
总　分						

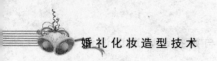

任务2 假发的使用实训

假发可以弥补发量的不足，使用方便，是富于变化的造型方法。

活动1 讲解实训要求

1. 教师讲解实训课教学内容、教学目的

（1）实训课程主要由学生两人一组按照假发的表现手法，根据发型造型对象设计假发，运用并完成实操。

（2）假发运用实操用时2个课时。

（3）通过实操使学生掌握假发的基本特点、造型手法和注意事项。

2. 假发的基本要求

（1）通过利用假发与真发的结合等，将头发巧妙地结合起来，组成不同款式的发型。

（2）最大限度地体现女性的美丽、高贵、典雅的特点。

3. 假发实训的基本操作过程

（1）假发与真发盘发练习。

（2）假发与真发编发造型练习。

（3）假发与真发包发练习。

（4）假发创意造型练习。

活动2 教师示范

（1）教师模拟造型师，演示几种假发运用手法。

（2）抽选一名学生做模特，配合老师进行假发运用手法演示。

活动3 学生训练、教师巡查

（1）学生按照两人一组，分为造型师和模特，练习几种假发运用手法，然后互换，并相互点评。

（2）教师随时巡查、指导学生。

活动4 实训检测评估

教师通过实训检测评估表评估学生的实训练习的成果，具体表格内容如表9-3所示。

表9-3 假发运用实训检测表

课　　程	婚礼化妆与造型设计	班　　级	级婚庆　班		
实操项目	假发运用	姓　　名			
考评教师		实操时间	年　月　日		
考核项目	考核内容	分　　值	自评分（20%）	互评分（30%）	教师评分（50%）	实得分
假发与真发盘发练习	运用假发与真发结合进行盘发造型	20			

续表

考核项目	考核内容	分　值	自评分（20%）	互评分（30%）	教师评分（50%）	实得分
假发与真发编发造型练习	运用假发与真发结合进行编发造型	30				
假发与真发包发造型练习	运用假发与真发结合进行包发造型	20				
假发创意造型练习	运用假发作出创意造型	30				
总　　分						

任务3　婚礼新人造型实训

婚礼新人造型实训就是针对新娘和新郎造型进行专项实训。

活动 1　讲解实训要求

1. 教师讲解实训课教学内容、教学目的

（1）实训课程主要由学生四人一组按照婚礼新人造型的表现手法，根据发型对象设计新娘和新郎的造型并完成实操。

（2）婚礼新人造型设计实操用时 2 个课时。

（3）通过实操使学生掌握婚礼新人造型的基本特点、造型手法和注意事项。

2. 婚礼新人造型的基本要求

（1）根据新娘的面部、身材、服装设计相应的婚礼妆。

（2）根据新郎的面部、身材、服装设计相应的婚礼妆。

3. 假发实训的基本操作过程

（1）新娘妆造型设计与实施。

（2）新郎妆造型设计与实施。

活动 2　教师示范

（1）教师模拟造型师，演示婚礼新人的造型设计及运用手法。

（2）抽选两名学生做模特，配合老师进行婚礼新人造型设计演示。

活动 3　学生训练、教师巡查

（1）学生按照四人一组，分为造型师和助理造型师和模特（新娘、新郎），练习婚礼新人的造型设计手法及实施。

（2）教师随时巡查、指导学生。

活动 4　实训检测评估

教师通过实训检测评估表评估学生的实训练习的成果，具体表格内容如表 9-4 所示。

表 9-4　婚礼新人造型设计实训检测表

课　程	婚礼化妆与造型设计	班　级	级婚庆　班		
实操项目	婚礼新人造型设计实训	姓　名			
考评教师		实操时间	年　月　日		
考核项目	考核内容	分　值	自评分 （20%）	互评分 （30%）	教师评分 （50%）	实得分
新娘造型设计与实施	运用造型设计理论设计出适合新娘气质和服装的造型	60				
新郎造型设计与实施	运用造型设计理论设计出适合新郎气质和服装的造型	40				
总　分						

项 目 小 结

1. 头发的作用主要有以下几个方面：

（1）美容作用。

（2）保护作用。

（3）感觉作用。

（4）调节作用。

2. 头发的发质分为：

（1）中性发质。

（2）油性发质。

（3）干性发质。

（4）受伤发质。

（5）稀软发质。

（6）粗硬发质。

（7）直而黑发质。

（8）柔软发质。

（9）自然卷发质。

3. 女士发型的基本分类：

（1）直发类发型。

（2）卷发类发型。

（3）束发类发型。

男士发型的基本类型：

（1）短发类发型。

（2）中长发、长发类发型。

4. 做发型的常用手法有：

（1）倒梳。

（2）编发。

（3）扭发。

（4）扎发。

（5）盘发。

（6）卷发。

5. 盘发主要有以下几种类型：

（1）日常生活盘发。

（2）晚宴盘发。

（3）新娘盘发。

（4）表演盘发。

6. 常用的假发种类有：

（1）发棒。

（2）发排。

（3）大小假发卷。

（4）假发辫。

（5）假刘海。

（6）大波浪状假发。

（7）整顶假发。

核 心 概 念

发型　造型　盘发　发髻　发辫

能 力 检 测

1. 头发的基本分类是什么？造型时有哪些造型工具和产品？

2. 造型与发型有什么区别？发型如何分类？

3. 头型、脸型、五官、体形对发型有哪些影响？

4. 盘发与束发有哪些基本要求和技巧？

项目 ⑩ 婚礼化妆与服装、配饰搭配

【学习目标】

通过本项目的学习，应能够：
1. 掌握服饰搭配的技巧；
2. 掌握服饰与妆容搭配的方法；
3. 掌握婚礼服装、服饰与妆容的搭配技巧。

【项目概览】

妆容与服装有着密不可分的关系，服装配饰的选择和搭配是婚礼化妆师必须了解和掌握的内容，核心目标是掌握服装与服饰配件的基础知识，掌握服装与化妆的搭配方法，掌握新娘服装、配饰与化妆造型的搭配，掌握新郎服装选择的方法与配饰搭配的技巧。为了实现本目标，需要完成四项任务。第一，服装配饰搭配基础；第二，服饰色彩搭配；第三，新娘服饰搭配；第四，新郎服饰搭配。

【核心技能】

- 服饰搭配的技巧；
- 服饰与妆容搭配的方法；
- 婚礼服装、服饰与妆容的搭配技巧。

【理论知识】

知识点 1　服饰配件基础知识

提起服装时，人们眼前浮现出的总会是自己心仪的服装、商场卖的时装或 T 型台上模特穿着表演的服装；或者自己穿什么服装最漂亮夺目，别人穿什么服装最合适，这些是对服装的感性认识。而作为专业婚礼化妆师，知道这些是远远不够的。首先，应该知道服装是一个对物质形态的泛指，是一个着装的整体概念，而这个概念里还包含着丰富的内容。

1.1　服装的基础知识

服装是人们为了生存而创造的物质条件之一，又是人类在社会生存活动中所依赖的一种重要的精神表现要素。服装是人们生活中不可缺少的物质基础的一种状态，在提供基本身体保护的前提下，服装还兼具美观的作用。得体的衣着装扮能够给人留下良好的印象，现代心理学家甚至可以根据一个人的衣着细节判断出其性格特征。服饰是人类外在的表达，服饰搭配也是人们最常见的生活现象，每个人对当天所要穿着的服饰进行组合时，就是完成了一次潜移默化的服饰搭配过程。

1.1.1　服装的基础概念

1. 服装的概念

服装是衣服鞋帽的总称。从视觉艺术来看，服装是物质材料与人结合的视觉艺术再造的艺术形象，是由穿着者、服装饰品及着装方式三个基本因素构成。作为婚礼化妆师就应该运用这些变化，去进行服饰形象思考，即同样的服装穿在不同人身上会产生什么效果；同一个人穿上不同的服装会产生不同视觉上的变化。

2. 时装的概念

时装，即时兴、时髦具有鲜明时代特征的服装。它具有流行性和时尚性的特点。包括展示性时装、高级时装和普通型时装。

展示性时装是用于引领和开创服装新的流行趋势。如时装发布会、服装设计大师作品展示。

高级时装也称为定制时装，是由专业的服装设计师为特殊群体中的个别人，例如歌星、影星、皇室、贵族单独设计制作的服装。

普通型时装是指普及状态下由流行的款式、色彩、风格、装饰及穿着方式等构成的服装。

3. 礼服的概念

礼服是指参加招待会、节日庆典、颁奖晚会、结婚典礼、酒会、晚宴以及舞会等穿着服装的总称，婚礼庆典中就要求新人及重要嘉宾着礼服出席。它包括有日礼服、晚礼服、酒会服、宴会服、婚礼服和新潮礼服等。

礼服可以是特殊类型的服装，也可以具有时装的意义。它以经典的、独特的方式体现美的形象，体现出穿着者的价值，个性各异、质地豪华、工艺精湛、气质浪漫而高雅。它体现了设计师创造的智慧和对这类形象独特的理解，是人与艺术的结晶和艺术对人的极度升华。从这个意义出发，值得婚礼化妆师思考的是，如何根据其分类设计出更为丰富而多姿多彩的形象；如何把握其造型特征和审美特征，给予形象更丰富的意蕴和更显露的风采。

4. 成衣的概念

成衣是指按规格标准，批量流水线生产和商店经销的服装。成衣的特点是品质品牌化、规格标准化、制作机械流水化、生产批量全面质量管理化、款式大众化、流行时装化。另外，成衣可以分为梭织和针织两种类型；也可以分为女装类、男装类、童装类，西装类、休闲装类、职业装类、时装类，大衣、风衣、夹克、连衣裙、半截裙、裤类等基本类型以及日常成衣类和高级成衣类型。

1.1.2　服装的分类

婚礼化妆师应该知道服装的分类及其特征，这样既可以扩展对服装认识的视野，同时也会形成开阔的服装款式思维空间。

服装可以按不同的方式进行分类，并包含着各自服饰形象的使用特征。

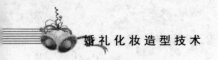

1. 按款式进行分类

按款式进行分类即按形态进行分类，可分为上装、裤装、裙装、外套、内衣和套装，如表 10-1 所示。

表 10-1　服装按款式的分类

分　类	基本款式形态	使用特征
上　装	夹克衫、卡曲衫、牛仔装、西装、对襟装、背心（马甲）	上装在服饰形象设计使用时，除了具有款式各异的特征外，按穿法和长度的特征，使用时还具有开口的变化、外形的变化、领形变化、袖的变化、衣摆的变化、分割的变化以及装饰的变化等
裤　装	直筒裤、喇叭裤、灯笼裤、马裤、七分裤、裙裤、背带裤、西装裤、休闲裤	裤装是中性类的服装款式。它具有较强的形象包容性，并易于与上装组合搭配，对整体形象能产生一定的支配作用
裙　装	半截裙类：直裙、窄裙、喇叭裙、灯笼裙、鱼尾裙、荷叶裙、旗袍裙 连衣裙：直身式连衣裙、断腰式连衣裙、衬衣式连衣裙、礼服式连衣裙	裙装是典型的女性服装。它具有浓郁的女人味和由不同款式、色彩、面料所构成的裙的语言。它具有连衣裙的独立表达和半截裙的组合表达两种表现特征
外　套	大衣、风衣、披风、斗篷、防寒服、罩衫、睡衣	外套是一种配套的服装。除了其功能特征外，在形象设计中，设计师运用其宽大的外形和特定的审美特征与内装相映成辉，共同塑造形象
内　衣	衬衫、胸衣、背心、连裤袜、三角裤、平角裤、束腰、内长衬裙、内短衬裙	内衣外穿是其所具有的时尚特征，在人们对内衣设计中，演绎出了许多内衣外穿的服饰形象和时尚风情
套　装	两件套、三件套、四件套、上下套、内外套、长配短、短配长、裤套装、裙套装、西服套装、中式套装	套装在服饰形象设计中除了有状态的组合外，还具有色彩搭配、款式组合和外形变化等使用上的特征和造型的意义

2. 按季节进行分类

按季节差可以分为春季服装、夏季服装、秋季服装和冬季服装；或分为春夏季服装、盛夏服装和秋冬季服装。

3. 按用途分类

按用途可分为礼服、休闲服、职业服、居家服、特殊功用服等。

4. 根据目的进行的分类

按目的分包括比赛服、表演服、展示发布服等。

1.2 服饰配饰的基础知识

随着生活观念的转变和中西文化的融合，人们的着装更讲究服装与服饰的整体配套美感。因此在服装搭配过程中除了对服装本身的型、色彩、面料三大要素进行创意之外，还要兼顾服饰品的搭配组合问题。

1.2.1 服装配饰的概念及作用

1. 服装配饰的起源

服饰配饰的起源是以装饰为目的的，但是可以通过一定的发展转化为实用性装饰品，它与宗教、文化、艺术、音乐等学科密不可分。

2. 服饰配饰的概念

服饰配饰即除服装(上装、下装、裙装)以外的所有附加在人体上的装饰品和装饰。

服饰配件的种类包括首饰、领饰、包袋、帽子、腰饰、臂饰、鞋袜、手套、伞扇、眼镜、立体花和肤体装饰等。现代着装中,也将打火机、手表等随身使用的物品作为服饰配件。

3. 服饰配件的作用

一是通过选择合适的配件强化服装风格,加深服装给人的印象。二是美化、完善服装,可通过饰品来加以纠正和完善服装造型或色彩的视觉效果。总而言之,服装与配饰是缺一不可的。

1.2.2　服饰配件的分类

1. 按装饰部位分

按装饰部位分为发饰、面饰、颈饰、耳饰、腰饰、腕饰、腿饰、足饰、帽饰、衣饰等。

2. 按工艺方法分

按工艺方法分为缝制型、编结型、模压型、锻造型、雕刻型、镶嵌型等。

3. 按材料分

按材料分为纺织品类、绳线纤维类、毛皮类、竹木类、贝壳类、珍珠宝石类、自然花草类、塑料类等。

4. 按装饰功能与效果分

按装饰功能与效果分为首饰品、编结品、包袋饰品、花饰品、帽类、腰带、鞋袜、手套、伞扇、领带、手帕饰品等。

(1)首饰品用于头、颈、胸、手等部位的饰品称首饰品,具有审美、使用、保值以及其他目的。首饰包括耳环、项链、面饰、鼻饰、腕饰、手饰等。

(2)编结饰品:由各种绳线编结、盘制的饰品,如盘花、盘扣、流苏、装饰挂件等,主要用于服装和人体的装饰。

(3)包袋饰品:以实用为基础,又带装饰性的挎在肩上或拎在手上的盛物物品。

(4)帽饰品:戴在头上用于遮阳、保暖、挡风或有象征意义的物品就称为帽饰品。

(5)腰饰品:用于腰间的各种装饰。

(6)鞋、袜、手套饰品:以实用为基础,用于脚、手部位的物品,有防护、保暖作用。

(7)领饰品:用于领口和紧挨领口部位的装饰物。

(8)其他饰品:包括眼镜、扇子、伞、钢笔、打火机等。

服饰配饰除了它们本身具备的重要功能以外还应与服装风格相协调,饰物在配套中起到了烘托、陪衬、画龙点睛等作用。有时服饰品的搭配还成为主要的对象,使平淡无奇的服装顿生光彩。

知识点 2　服饰搭配艺术

服饰搭配艺术是关于服饰形象的整体设计、协调、配套的艺术,需要充分考虑服装与配件、

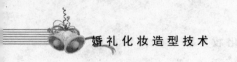

首饰、发型、化妆等元素的组合，并与服饰的穿着者、周围环境等因素密不可分。

2.1 服饰搭配艺术

服饰搭配不仅仅是对个人服饰形象的塑造，还涉及设计、营销、展示等多个领域，在诸多的婚庆服务项目中，都离不开服饰搭配艺术，作为婚礼化妆师，理应了解和掌握服饰搭配的相关因素。

2.1.1 服饰搭配的含义

1. 服饰搭配艺术

所谓服饰搭配艺术含有搭配、调配之意，是指服饰形象的整体设计、协调和配套。服饰搭配艺术既与服饰本身有关，又与服饰的穿着者、周围环境等因素密不可分。总体而言，服饰搭配艺术包含了服装款式要素、服饰配件要素、个人条件要素、环境要素、时间要素等，这些要素相互交错，影响着整体的着装面貌。

服饰搭配艺术包括了衣服、配饰、首饰、发型、化妆等因素在内的组合关系，而且这其中涉及造型、色彩、质地肌理、纹饰、气味等诸多因素。

2. 服饰搭配艺术的原则

（1）服饰搭配中的"洁净美"。"洁净美"从字面上理解是指服装的干净、整洁，是服饰搭配中最容易实现的搭配美感，也是服装搭配的最基本要求。

（2）搭配中的"朴素美"。"朴素"一词乍看与婚礼服饰搭配的要求不一致，但在物质丰裕的现代社会，朴素是一种更为珍贵的良好美德，理应在婚礼服装搭配中强调。

（3）搭配中的"自然美"。"自然美"是不做作的、简单的、大方的、身形合一的、不拘束的、不呆板的、浑然一体的。婚礼化妆师在实际操作中一定要牢记服饰是外在的，人是内在的，服饰为了衬托和表达内在而存在。

（4）搭配中的"协调美"。"协调美"是指着装得当、合时宜、合乎环境，是服装搭配的几个重要原则之一，是一个寓意深刻、含义非常丰富的词汇。

（5）搭配中的"奢华美"。"奢华美"并不是指服饰品牌、配饰材质等物质的奢华，而是指人的品味、气质、学识和内外兼修，是一种不容易达到也很难把握的一种美。需要婚礼化妆师先提高自己的品味、学识、气质和眼界。

2.1.2 服饰搭配中美学法则的应用

服饰搭配艺术是以美为前提的，没有相当的审美修养就没有服饰搭配艺术。

1. 服饰搭配基本的审美修养

服装作为一门生活艺术具有明显的美学特征，但是把握这个问题却并非易事。人们从各个方面各个角度及各个层次和深度上，探寻着美的无穷无尽的魅力。美感作为一种特殊的认识和把握世界的方式，和其他认识方式一样，也是以感性认识为基础的。

在审美时，人们必须首先以形象的直接方式去感知对象。即美感是以形象的直接性方式来进行的。这是因为，审美对象都有一定的感知形象及外部特征，人们只有通过这些外部特征才能体验美的形象。服饰艺术中，服装的款式、色彩、质感、肌理、线条、构成关系等直接的感知或表象以生动具体的形象表达着服装的美感。

2. 服饰中蕴涵着形式的美感

服饰美首先表现为形式上的美感。美的事物大都具有美感的个别形象。形象犹如美的载体，离开了形象，美也就无从寄托。服饰美的形象离不开色彩、线条、形体等感性形式，只有通过和谐的感性形式组合并作用于人的器官才能够给人以美的感受。

形式美是指客观事物外观形式的美，是指自然生活与艺术中各种形式要素按照美的规律组合而成所具有的美。在美学上有人把形式美分为外形式和内形式。服装的形式美与其他艺术设计中的形式美有许多共同之处，都存在对称、均衡、节奏、韵律等美的规则，但又有一定的特殊性，即不论是服装上线条的分割，还是服装廓型的选择，或是色彩的布局，都要符合服装的特性。形式美法则体现在服装的造型、色彩、肌理以及纹饰等多个方面，并且通过具体的细节（如点、线、面）、结构、款型等表现出来。

2.2　服饰搭配艺术中的色彩

服装的三要素是色彩、面料和款式造型，三者缺一不可，且相互作用。同时，服装搭配是一种视觉艺术，色彩则是视觉的首要要素，因此学习掌握服装色彩的美学构成原理才能实现服装的美学功能。

2.2.1　服装色彩搭配的原则

1. 调和原则（色相统调、色彩搭配的关联）

所谓调和，是指在整体上讲服饰为一个主色调，无论是色相变化、明度变化，还是纯度变化，都是万变不离其宗的。

在具体搭配时，要力求色彩少而不乱，丰富但有层次。色彩比例应有主次之分，即注重各种色彩的大小比例关系。

2. 对比原则

简单来说，色彩对比就是色彩的差异，这种色彩效果在视觉上容易形成明快、醒目之感，但如果色彩配比不当，也易造成视觉的疲劳。

可通过调配色彩的面积、改变色彩的明度或纯度、打碎色彩面积等多种方式进行调节，加入黑、白等无彩色以及金银色进行搭配，起到减弱色彩视觉冲突的作用。

2.2.2　服饰搭配艺术的色彩搭配原则

从衣着的款式、色彩的选择、饰品、配件的运用等，处处都能流露出搭配者的穿着素养。

1. 季节性的配色原则

春夏秋冬的季节变化，使气温有寒、暖、冷、热的差别，服饰的色彩应合乎季节变化。

春季的服装色彩多为浅淡的、高明度的色彩，如粉红、粉绿、粉蓝、浅黄、浅黄绿、浅紫等，给人万物复苏、阳光明媚的感觉。

夏季的服装色彩多为清凉感的、冷色调的色彩，如白色、湖蓝色、浅绿色、蓝紫色，给人明

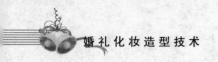

朗、活泼的感觉。

秋季的服装色彩多为高明度的、高纯度的色彩，如土黄、灰绿、褐色、深紫等，给人温暖、富足的感觉。

冬季的服饰色彩可以选择低明度的、暗色调的色彩，可以将鲜艳的红、橙、黄与厚重的黑、深灰等无彩色搭配。

2. 性别差异的配色原则

在色彩的选择、喜好与使用上，有男女的区别。女性的服饰色彩一般多用暖色系的红、橙、黄、紫红等活泼、柔和的色彩；男性的服饰色彩多为蓝、蓝紫、蓝绿等偏向冷色调、灰色调、褐色调的色彩。

在男女服饰色彩的搭配与使用上，并没有刻板界线，只要实际运用的方法得当，同样可以营造个性、创新的服饰风格。

3. 年龄层的配色原则

婴儿的配色一般以柔和的、浅淡的色彩为主，如粉红、浅蓝、淡黄等，给人柔软、温馨之感。

儿童的配色一般以鲜艳的纯色调、活泼色调为主，如蓝色、绿色、红色、黄色等，可以起到增加想象力与创造力的启发效果。

青少年的配色一般用明亮的、热情的色彩，如红、蓝、白等，给人无拘束、奔放、青春的气息。

成年人的配色需要考虑身份、职业、场合等因素，但整体上讲应得体、自然，且适度降低明度、纯度，不过于眩目华丽，给人高尚、大气之感。

中老年人的配色要注重整体的色调与感觉，选用稍浅的、灰色调的色彩为佳，来表现中年人特有稳重、高贵的气质与风采。

4. 身材的配色原则

较高瘦的人一般可选用暖色系、鲜艳的色彩，借用暖色的膨胀、前进的感觉来修饰过瘦的身材，并适度配合横条纹、格纹等图案或花色。

较矮胖的人一般可选用冷色系、深色的色彩，借用冷色的收缩、后退的感觉来修饰其肥胖之感，可以适度配合直条纹及素色的服装色彩来调节较丰满的身材。

5. 肤色的配色原则

服装与肤色的搭配同样是重点。一般皮肤白皙的人穿任何色调都比较适合、协调，较浅的、较柔的颜色更好。但黑黝肤色的女性也不用暗自生悲，可以通过较高明度的亮色或高彩度的色彩展现自然的健美感。

6. 身份、职务与场合的配色原则

一般上班服、休闲服、礼服应根据不同场合选择并考虑合适色彩。

若要进行购物、访友、约会等活动时，配色可以轻快、明朗。在商务、上班等场合，选用咖啡色、深灰色、深蓝色等可以使人更具专业性、有品味。在正式的社交或庆典仪式场合，为了要表现庄重、豪华、高贵之感，保守的色彩选择是深色、黑色，艳丽的色彩选择如粉红、暗红、金、银等色。

2.2.3 服装搭配的色彩技巧

1. 深色型人

（1）固有色特征。头发、眼睛、皮肤的颜色都很深重，经常所说的"黑美人"大多都属于深色型。

头发：乌黑浓密。

眼睛：深棕褐至黑色，很多深型人眼白部分略带青蓝色。

肤色：中等至深色，多为深象牙色、带青底调的黄褐色、带橄榄色调的棕黄色，肤质偏厚重。面部整体特征：深重、强烈。

（2）适合服装色彩。正色，强烈的颜色，例如正红、正蓝，颜色要很正，不能是说不清道不明的颜色或者看上去淡淡的像被水稀释过的颜色。那些看上去跟自己的皮肤很接近的颜色，像小麦色、可可色等，反倒把自己的肤色衬得越发黯淡、憔悴。

2.　浅色型人

（1）固有色特征。发色、肤色、眼睛的颜色三者总体来说是轻浅的、缺乏对比、不分明的。

头发：不会特别乌黑，基本上是从黄褐色至深棕色的发色。

眼睛：黄褐色至棕黑色，眼白有略呈淡淡的湖蓝色的，也有一般常见的柔白色。

肤色：从很白的肤色至中等深浅的肤色都有，但肤质都偏薄，不会太厚重。

面容整体特征：发色、肤色、眼睛的颜色三者总体来说是轻浅的、缺乏对比、不分明的。头发眼睛和皮肤之间没有颜色上的强对比和大反差。黄头发，榛色眼，色彩发浅的人，面部色彩模糊不清。

（2）适合服装色彩。如同加水稀释过的颜色，清浅色（不要浑浊）如：浅蓝、浅绿、浅粉、浅水蓝、浅黄等等。不要选择黑色。

3.　冷色型人

（1）固有色特征。整个头面部笼罩在一种青色的底调中。

头发：从灰棕褐色至黑色都有。

眼睛：褐色至黑色。

肤色：青白色、白里透玫瑰粉、青黄色、青褐色、蜡黄色。

整体特征：青冷底调、明净。

（2）适合服装色彩。适合穿蓝色调的蓝绿色的衣服。

冷色型人只有在穿对冷色调的颜色时，整个人才会显得干净清透，如果错穿了暖调的颜色，皮肤会显得特别厚腻，人也显得土气。

4.　暖色型人

（1）固有色特征。整个头面部笼罩在温暖的橘黄底调中。

头发：通常都会泛黄，所以有浅褐色、棕黄色、棕黑色。

眼睛：很多暖型人眼白部分都是黄白色的，当然这种淡黄色是健康的。

肤色：暖型人最大的特征就体现在脸色有一种温暖的橘色的底调，从黄白至象牙色至深黄色都有。

面部整体特征：温暖、橙底调。

（2）适合服装色彩。适合黄底调或红底调，如橘色、黄色。一切黄色系都适合此类人。

阳光般绚丽的暖色调符合暖色型人的用色特点。橙色、黄色、金色这些温暖而火热的颜色正是暖色型人所需要的。

5.　净色型人

（1）固有色特征。在整个头面部，眼睛的光彩会令人印象深刻，头发和眼睛的黑亮与浅白的脸色形成强烈的反差。

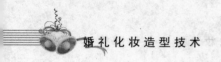

发色：黑棕色至乌黑发亮的头发。

眼睛：黑白分明，一般说来白眼球部分会略呈淡蓝色，眼睛很有神采。

肤色：象牙白、青白、最常见的浅色皮肤。

整体面容：明净、清澈、对比分明。

（2）适合服装色彩。适合穿干净的颜色，例如亮蓝、明黄、艳红，可以使皮肤看起来透明。

把最绚丽明艳的颜色穿在身上，反而让人耳目一新。净色型人往往会给人一种穿什么都好看的感觉，但是，灰调子的颜色会让净色型人失去原有的光彩。

6. 柔色型人

（1）固有色特征。整体面容有一层灰雾的感觉，色彩不分明，色感不强烈。

头发：一般不会特别乌黑发亮，带有棕黄或灰黄的色调。

眼睛：眼睛一般是黄褐色的。

肤色：象牙色等中等深浅的肤色，最重要的是肤质不会晶莹剔透，像磨砂玻璃。

整体面容：瑰丽、柔和。容易脸红，脸不透亮，有雀斑，有色素沉淀。

（2）适合服装色彩。适合柔和的颜色，即混色。如灰紫色、灰绿、灰红等，就像说不清道不明的颜色，反而适合柔色型人。

知识点 3　婚礼服饰搭配

结婚是女人一生中最美丽最开心的时刻，想成为完美的新娘，除了新娘妆的靓丽外，配饰的精致、头纱的飘逸、婚纱的华美也有着不可轻视的作用。婚礼化妆师在打造完美的妆容时，应注重其与服饰的搭配与设计。

3.1　新娘服装配饰的搭配

在整个婚礼过程中，新娘至少要换 2～3 套婚纱礼服，经典的婚纱使新娘成为闪亮焦点，修身得体的礼服可以为婚礼锦上添花。在选择婚纱礼服时，要分析新娘的脸型、身材、气质等自身条件，还要考量婚纱礼服的色泽、材质、价格等因素。

3.1.1　新娘气质风格的界定

每个新娘子都有其独特的魅力，或是古典的，或是现代的，或是时尚的，或是传统的，选择的婚纱也需要适合自己的气质。

1. 古典气质新娘

这类新娘拥有符合传统审美标准中最典型的瓜子脸，秉性温和、婉约，时时散发着恬静的气质，适合设计独特、随性的婚纱，以体现独有的优雅、娴静之感。简洁明快的设计、传统的搭配和飘然的装饰，可以带来更丰富的视觉享受。

2. 现代气质新娘

这类新娘眼光独到，做事干练、雷厉风行，且独立性强，适合线条流畅、简单、具有设计感的婚纱礼服。用料要高档，配饰不要过多，但要画龙点睛，剪裁利落，且有独具创意，以展现别样风采。

3. 时尚气质新娘

这类新娘崇尚时尚，紧随流行趋势，喜爱当下最潮流的款式与配饰。尤其是顶级的布料、精致的手工和奢华的珠宝，更能俘获时尚新娘的心，但是不易过于奢华，服装配饰的搭配关系主次得当、大方，就可以让新娘成为婚礼中最耀眼的焦点。

4. 传统气质新娘

这类新娘往往选择的是传统的结婚仪式，服饰多为喜庆的暖色，配上精致的刺绣，会是一道靓丽、独特的风景，纯正的传统婚礼氛围更让人回味。

为不同气质的新娘化妆和挑选婚纱时要注意选择烘托其自身的气质。独特风采在于对人物条件的良好掌握，要挑出最能表现婚纱的本身特质，往往不是在于婚纱的款式是否潮流，或者是婚纱设计的花样新不新颖。

3.1.2　新娘体型分析

作为婚礼化妆师、造型师要面对的新娘的形态各异，既有丰满圆润的新娘，又有娇小可爱的新娘，因此，在为新娘进行婚纱搭配时，应先正确地分析体型。

1. 丰满圆润的新娘

此类新娘身材较丰满，往往面带福相，可以尽量选 V 领、低腰、线条简洁的婚纱，增加领口的装饰，以将别人的目光吸引到颈项以上，更显富贵、大气。头纱宜以简单为佳，长度可以及腰部，可以更好地增加此类新娘的女性魅力。

2. 娇小可爱的新娘

此类新娘身材娇小、甜美可爱，但在婚礼这种庄重的场合，应该通过婚纱与配饰，增加新娘的女性魅力，不应显得过于小巧、幼稚。因此，可以选择呈 V 字型微低的低腰设计，以增加修长感；但裙摆不适合过于蓬松或过长，否则将会造成头轻脚重的感觉，将暴露身材短小的缺点；头纱的长度应与新娘身高成比例，可以稍短一些，否则会给人沉重的感觉。

3.1.3　婚纱领型的分析

当新娘在万众瞩目下出场，带着对美好生活的向往走向幸福的舞台时，我们往往把目光停留在新娘的面部，因此，除了妆容以外，婚纱礼服的衣领设计尤为重要，因为它与身材、妆容的吻合是至关重要。

1. 卡肩式婚纱

此类领型卡在双肩下方，露出女性迷人的锁骨和肩头，袖子遮住部分上臂。多数新娘都适合此款婚纱，尤其是胸部丰满、较圆润的女性穿起来会格外漂亮，但肩膀过宽或上臂粗的女性应慎选，否则更放大了身材的缺点。

2. 包肩式婚纱

此类领型与卡肩式相似，但领口线条呈圆形，可以更好地美化锁骨；肩部的袖口长度略长，因此可以遮挡上臂的赘肉。

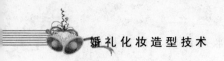

3. 心形领婚纱

此类领型是经典婚纱的领型，形状好似鸡心的上半部，可以通过圆润的流线型刻画出丰满的胸部线条，并拉长颈部比例，因此胸部丰满的新娘可以大胆选择此类婚纱，但消瘦的新娘还是尽量避免此类领型的婚纱为佳。

4. 一字领婚纱

此类婚纱领型与心形领婚纱正好相反，领口较高，柔和地随着锁骨的弧线延展至肩头附近，剪裁直上直下，对胸部线条的强调较少，因此适合胸部较小的新娘。

5. 绕颈式婚纱

此类婚纱的领部是由两条绑带由颈后绕过而成，环绕的线条可以修饰女性肩头圆润光洁之感，适合宽肩新娘，尤其是身材较高的新娘穿起来更显精致、细腻。

6. 大圆领式婚纱

此类领型的婚纱最为普及，也几乎适合所有身材的新娘，为了突出设计感与个性，可以将领口剪裁的更低些，或者将后背也设计成圆弧形，又或者增加颈部配饰，可以丰富造型感。

7. 小圆领式婚纱

此类领型的领口较小，沿脖颈的剪裁能丰满胸型，因此不适合胸部太大的新娘，选择与搭配方式可以参考一字领的婚纱。

8. 大 V 字领式婚纱

此类领型的领口很低，可以很好地展现女性胸部的魅力，当然在表现性感的同时，应减少配饰与领口装饰，以提升优雅、大气之感。

9. 抹胸式婚纱

此类领型又是一款经典但传统的婚纱领型，对胸部丰满的新娘而言，抹胸式是极佳的款式，可以展现出肩膀与锁骨的线条，但应注重颈部配饰的搭配，否则会显得上半身空荡荡的。

3.1.4 婚纱形制的分析

恰当的领型设计可以修饰面容，但合身的裙尾形制可以让新娘身材更完美，更可以使新娘步步生花、摇曳生姿。

1. 婚纱礼服的外形轮廓类型

（1）伞式裙。此类形制是最传统的，特点是上身的剪裁贴身，腰部纤细，腰部以下的裙子蓬松、丰盈，如撑开的伞，又如盛开的花。

（2）高腰裙。此类形制的裙子从胸部以下就开始做收腰设计，以此可以拉长下身比例，会显得新娘身材苗条。

（3）公主裙。此类形制的裙子腰部设计也比较高，从胸部以下向外展开，但剪裁垂直，不会像伞式裙那样蓬松，倒像字母"A"的形状。

（4）鱼尾裙。此类形制的裙子整体都非常贴身，对新娘的身材要求比较高，此类款式的亮点是在紧贴身体轮廓下端，是像鱼尾一样散开的裙尾，裙子的整体设计有松有紧，更为丰富。

2. 婚纱礼服的长度类型

婚纱礼服的长度是必须根据新娘的身材来选择的，裙子的长度不仅影响着穿着的舒适度，更可以营造不同视觉效果。

（1）迷你式。迷你式的婚纱礼服的裙长在膝盖之上，可以是超短窄身裙也可以是可爱的蓬裙，适合腿部比例纤长、腿型较直的新娘，也是时尚新娘的个性首选。

（2）及膝式。及膝式婚纱礼服的裙长膝部上下，虽没有迷你式婚纱礼服时尚有活力，但行动轻便、端庄，适合轻松浪漫的婚礼主题。

（3）茶会式。茶会式婚纱礼服裙长至小腿中部，虽相比前面两款比较保守，但娇小可爱的新娘穿着此款礼服会显得活泼、青春。

（4）及踝式。及踝长度的婚纱礼服裙尾恰好到脚踝处，裙摆不着地，若是窄直的贴身或小裙摆的设计，需要认真选配婚鞋，以提升服装的华丽感。

（5）芭蕾式。芭蕾式婚纱礼服的长度也正好到脚踝，裙摆同样不着地，但裙摆是大蓬裙，材质以缎面或纱质为佳。此类婚纱礼服不仅可以展现新娘可爱优雅的一面，更可以行走轻盈，是举行户外婚礼的最佳选择。

（6）及地式。及地式婚纱礼服的裙边刚好碰到地上，很适合正式、典雅的婚礼。

（7）拖尾式。此类婚纱礼服可以配不同大小的拖尾，中拖尾和大拖尾是教堂婚礼的首选，华丽又庄重，但行走不方便，往往有花童随新娘身后抬裙尾。

（8）前短后长式。此类婚纱礼服的裙摆前高后低，前片可至膝上，露出足部，身后的拖尾可以根据长拖尾的，适合半正式或者更加随意的婚礼。

3.1.5　新娘婚纱礼服色彩的选择

1. 红色系

红色系列礼服是婚礼上出现频率最高的，但是中国新娘都乐于穿着红色旗袍而非西式礼服。红色在中国传统中体现了最热情、最真挚的一面，穿红色系列礼服的新娘，不仅仅映红自己娇羞的面庞，也会温暖宾客的内心。

2. 蓝绿色系

蓝绿系列的礼服没有很大的肤色限制，所以受到不少人的偏爱。着蓝绿色系礼服的新娘宛如一弯平静的湖水，给人安静祥和的感觉；着宝石蓝礼服的新娘在朦胧的灯光下优雅、动人。

3. 白色系

也有不少新娘钟情于白色系的礼服，如白色、银色，但选择白色系礼服的新娘一定要白皙、红润，否则将会显得皮肤暗沉，没有新娘光彩夺目的美感了。

4. 黑色系

黑色系礼服庄重、肃穆、冷艳，是礼服中很经典的颜色，尤其是不会挑肤色，白皙的穿黑色系礼服更加靓丽，偏黑或者偏黄的穿着黑色系礼服也会有神秘的韵味。但是在婚礼这个甜蜜、幸福的场合中，黑色系的礼服给人局促不安的或过于个性的感觉，略显不适合。

5. 黄色系

黄色金色系给人一种华贵的感觉，对于一些皮肤偏白的新人，建议选择这种大地色系的礼服，不然会因为黄色的反面引导使人看上去没有精神。着独特设计感的黄色金色礼服会给人时尚俏皮的美感，会比较有亲和力。

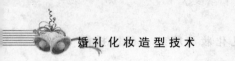

3.1.6 新娘服饰搭配的技巧

1. 戒指

戒指是首饰中品种最多、最常用的饰品。新娘佩戴戒指时，无论何种材质，一定要戴在左手无名指上。如果左手无名指佩戴结婚戒，右手无名指再佩戴一枚与婚纱上或其他部位首饰相统一的珠宝戒指，将产生整体的美感，更添光彩。

另外，佩戴的原则要与手型相和谐。又细又长的手指戴什么都好看，尤其是较大的钻石或者其他珠宝戒指会把手指衬托得更加秀美，戒指环应选宽边的；短而扁平的手指所戴戒指上的宝石要选择纵向长于横向，例如蛋形的戒指面，这样会增强手指的细长感；戒指的环圈要选窄边的。

2. 耳饰和项链

（1）依据发型选择。掩耳式发型适合佩戴荡环。可选择只露出一边耳垂，佩戴大而短的荡环，刚好与另一边乌发对称。新娘也可选择短而细的项链，与浓发就互相反衬。

露耳式发型适合插环和荡环。大颗粒耳插较适合下半部脸较丰满的新娘；厚发的新娘还是选择荡环较好，头发薄的应选择小而轻盈的耳饰。

短发型适合选择略长而粗的项链。薄发新娘宜戴镶钻项链。厚发新娘可戴稍粗的宝石花式链。

长发型适合细而短的项链，例如二锉链、方丝链、S链、双套链、宝石花式链等。

（2）依据脸型选择。鹅蛋脸型适合戴红宝石荡环和稍细的粗套链或子母链，给人一种文静丰富、成熟柔和的感觉。短发者宜选择耳钉和马鞭链、二锉链和方丝链等。

长方脸型可选戴面积大而夺目的镶宝耳饰，这样可以增加脸部的宽度，不要选择荡环。最好佩戴短链或项圈；也可以佩戴下垂弧大一些的项链，可以达到修饰脸型的效果。

圆脸型适合细长的 V 型项链、小而亮的单粒钻石耳饰就是为圆脸新娘量身定造的，它们可使新娘的脸型修长一点。另外也可佩戴下坠式耳环，既修饰脸型，又显活泼明朗。

瓜子脸型新娘基本适合各种各样的配饰，大朵状耳饰、简单的荡环、细而短的项链等的佩戴效果最好。

3. 手镯

手腕较粗的新娘适合佩戴宽而且松的手镯或者是手链，如果戴又细又紧的，紧紧地箍在手腕上，反而凸现出手腕很粗。

手腕纤细的新娘戴什么都比较漂亮，不过如果手腕过于细的话，要选择比较窄的手镯，避免使手臂看起来过于瘦弱。

4. 婚鞋

选择配件的重点，除了造型漂亮外，还要考虑到舒适度，鞋跟不要太高，也不要选择拖鞋的款式。

鞋子的高度至关重要，选择搭配婚纱的鞋子时候，一定要记得当初测量尺寸时所穿鞋子的高度，以防穿婚纱时出现尺寸差异。购买好以后，最好在家里先穿着走走，试一下是否有不合脚之处。

5. 香水

中国女性用香水较清淡，新娘尤其要避免使用味道浓烈的香水。西方女性用香水较浓烈，这是基于东西方女性的体味浓淡而定的。

因香水随着服装颜色的深浅和化妆的深浅而定浓淡。化妆和服装的颜色浓，香水可选择浓一些，化妆和服装的颜色浅，香水可选择淡一些。

油性皮肤会使香味加强，因此与干性皮肤比起来，香水要用得少一些。人的体温各有不同，体温高会使香水散发得快，因此，体温高的人应使用浓度较高的香水。

3.1.7　新娘的主要配饰

新娘服装的变化可谓千姿百态，与婚纱礼服相搭配的配件同样也是一支庞大的队伍。其分类繁多、使用广泛，为婚礼服饰的装饰起到了非常重要的作用。

新娘的配饰主要有戒指、头饰、耳饰、项链、婚鞋和捧花。

1. 戒指

戒指是婚礼上的闪光点，戴在无名指上，代表新人心心相印，心灵相通。在戒指的选择上，首先要保证戒指佩戴舒适；其次不要选择太幼稚的款式或易过时的款式，应该选择简洁高贵的款式；第三要能反映出两个人的个性。结婚戒指上可以刻上新人表达情感的爱语以及名字的缩写。新人甚至可以自己亲手制作，更有纪念意义。

2. 头饰

新娘的头饰中最重要的是头纱，头纱一般有长、中、短、单层、多层等类型，头纱的选择需要与脸型、身材、婚纱配合，也可和鲜花、钻石头饰、珍珠头饰一起来装饰发型。

3. 耳饰

耳饰多为金属、宝石制，包括耳坠、耳环、耳钉三种。耳环和耳坠是最能体现女性美的重要女性饰物之一。新娘可以通过耳环的款式、长度和形状的正确运用，来调节人们的视觉，达到美化形象的目的。在耳饰佩戴原则是大脸戴大耳饰、小脸戴小耳饰；耳饰的颜色需与衣服相配合。

4. 项链

项链是新娘最重要的装饰品之一。脖子细长的新娘适合佩戴细链或装饰少的项链，更显玲珑、娇美；粗链或装饰烦琐的项链适合脖颈粗实、成熟的新娘。项链的佩戴也应和婚纱礼服相呼应。例如：身着柔软、飘逸的丝绸礼服时，宜佩戴精致、细巧的项链，显得妩媚动人；穿单色或素色的婚纱时，宜佩戴色泽鲜明的项链。这样，在首饰的点缀下，服装色彩可显得丰富、活跃。

5. 婚鞋

许多新娘认为婚鞋会被藏在长长的婚纱礼服裙摆中，不太关注它的搭配作用，甚至一些新娘穿着黑色的皮鞋或凉鞋，破坏了新娘的整体形象。穿婚纱的新娘应当以阳光圣洁的形象示人，白色的鞋配白色的婚纱是最常见，也是最经典的搭配。

6. 捧花

手捧花是西式婚礼中的传统配饰。手捧花的造型非常丰富，有瀑布形、球形、半球形、三角形、半月形、象鼻形等，可以根据婚纱的造型选择。手捧花的花材一般用玫瑰、百合等，辅材则可选用情人草、满天星、勿忘我等，颜色应以粉、白、香槟色为主。选配手捧花的关键是色彩、花型、花语与婚礼的主题相对应。

3.2　新郎服装配饰的搭配

以往新郎的着装搭配比较注重对色彩、款式、面料的考虑，对配饰的选择和搭配没有特别重

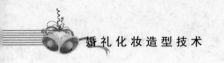

视。但随着婚庆文化的发展，在新郎自我形象的提升过程中，服饰配件越来越受到关注。因此，新郎的造型在婚礼化妆与服饰搭配中的地位逐步提升。

3.2.1　新郎服饰搭配的方法

新郎礼服其实一点都不比新娘的婚纱礼服简单，无论是衣料的选择还是细节的搭配，都需要相当讲究。

1. 新郎肤色的分析

（1）面色黑红的新郎。此类新郎不宜穿浅冷色调，因为浅冷色调容易与脸色形成强烈反差，反而衬得脸色更黑；也应避免深咖啡色服装，因为深咖啡色与肤色接近，会使新郎面部五官模糊。黑红面色的新郎应选用中灰色调的服装，配干净的白衬衣，加上砖红色、黑黄色领带，会显得雅致而不失风采。同样，暗蓝色西服，配白色衬衫或浅蓝色衬衫，系深玫瑰色、褐色、橙黄色领带，也比较适合黑红脸色的新郎。

（2）肤色适中或偏白的新郎。肤色适中或偏白的新郎可根据自己的特点，同时兼顾新娘的服饰，决定服装的深浅。若选一套深色的礼服，配白衬衣或其他淡色衫衣，加蓝色、银灰色或黑红两色对比的领带，会显得高雅、洒脱；而浅色的西服，配以灰色、咖啡色、红白两色领带，会显得典雅华贵，别具风采。

2. 新郎身材的分析

（1）身材高大的新郎。身材过高的新郎不宜穿亮度大的衣服，否则会显得刚毅有余而精致不足，适于穿偏暗的灰色、咖啡色、蓝色的衣服。

（2）身材矮小的新郎。身材偏矮的新郎适于饱和度高的色彩，配以精细的条纹或暗格更好，如浅灰色暗条纹西服，米色、灰咖啡色细道条纹西服，这种花色的西服可以使身材矮的新郎显得高而挺拔。

3. 与新娘的搭配

在选择新郎服装时，除了考虑自身特点，更应考虑与新娘婚纱礼服的搭配相协调。如新娘穿一套纯白色的婚纱，新郎可以配以驼色、浅咖啡色的礼服，显得协调、淡雅；若新娘的礼服是亮丽的红色，新郎就可以穿黑色或银灰色礼服，配红色的领带，如此新人给人的感觉便是凝重、高雅。总之，在服装造型中，新娘服装应展示出夺目、大方、秀美的女性魅力，新郎则要突出刚毅、稳重的壮美。

4. 婚礼风格的分析

（1）酒店婚礼。目前我国婚礼绝大多数在酒店举行，往往是隆重、典雅的，因此新郎的服装需要与酒店宴会厅的大气和华丽相得益彰。在挑选礼服时，应尽量考虑酒店固有的装饰（如地毯、壁纸、吊灯）风格，因为这些部分不宜改动，服装在色彩上不要与之差异太大，避免不协调。

（2）教堂婚礼。教堂婚礼的魅力在于神圣，因此庄重的燕尾服很适合这样的婚礼仪式，但与一般的西方套装不同，燕尾服高贵滑爽而又柔和的面料和那合体庄重的造型相辅相成，创造出礼服独有的优雅氛围。

（3）户外婚礼。无论是沙滩婚礼、花园婚礼、游艇婚礼，甚至是热气球婚礼，个性户外婚礼正深得新人青睐。因此在这种宽敞、轻松的婚礼环境中，新郎的服装可以选择休闲、舒适的西装，减少配饰，回归天性，让亲朋更亲近的同时，更彰显新人的个人魅力。

3.2.2　新郎的主要配饰

在婚礼这种庄重的正式场合，新郎需要着礼服配领结或领花，但是我国婚礼大部分都在酒店宴会厅举行，新郎着西装较多，因此多佩戴领带，但无论是领结还是领带，都对新郎的整体造型起到画龙点睛的重要作用。

1. 领带

为了和隆重、神圣的婚礼氛围吻合，新郎一般选择黑、蓝、灰、白色的服装，所以领带可以选择纯度较高的颜色，如红色、绿色、蓝色等，领带的颜色不仅取决于服装的整体造型，也可以照应婚礼的主色调。在图案的选择上，条纹、素色、几何图案比较能透露出婚礼的高雅、稳重之感。

2. 领结

新郎若着礼服，就必须围上腰封、打领结才得体。其中蝴蝶结式的小领结一向深受人的青睐，但要注意领结的大小、颜色与材质。

3. 袖扣

袖扣起源于 14～17 世纪的古希腊，是哥德文艺复兴时期欧洲广为流行的男士配饰。袖扣不仅可以提升新郎的品位、彰显身份，在一些欧美国家，更是新娘赠予新郎的定情信物。

婚礼中新郎的袖扣可以选择贵重金属材质，甚至可以镶嵌钻石、宝石等。在颜色上可以根据衬衫和礼服的颜色搭配，也可以与皮带扣、领带夹搭配。

4. 口袋巾

如果礼服的胸前有口袋，新郎一定要用口袋巾，口袋巾的颜色应与礼服、领结相配。但目前新郎的口袋巾几乎都被胸花所代替。

5. 胸花

新郎胸花的选择一般与新娘手捧花、新郎的礼服做搭配。作为一个装饰品，胸花多以简单、体小为原则，起到画龙点睛的作用即可。

3.2.3　新郎服装配饰的选择

1. 手绢

男士普通手绢以棉质或亚麻质为主。非正式类西装在胸兜内不宜放手绢，正式场式场合的礼仪类西服则可以放颜色和质地考究的手绢。

2. 袜子

男士不宜选尼龙袜，适宜选择优质纯棉或者羊毛的袜子，颜色选择深咖啡、深蓝色为佳，可以搭配各种服装。在正式场合，要注意穿着与长裤同质、同色系的袜子。

3. 领带

领带是男士最出彩、最张扬又最适宜的服饰品。

（1）领带的材料及图案的选择。领带是用 45° 正斜丝裁剪的，这样可避免系扎时出现难看的绺或褶。因此，检验领带的优劣，首先是看系扎时是否易起绺；其次，看裁剪是不是正斜丝，衬里是否服帖。

领带的图案大致有条纹、单色、几何抽象图案、动植物图案以及新近出现的卡通图案。

（2）领带的搭配。领带的长度应根据自己的身高和体型选择适合的尺寸，常规的标准是系完

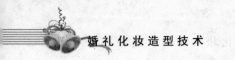

领带后，领带的底端正好在腰上。

在体型方面：瘦高体型者适宜用粗细疏密适中的图案。中等体型者可选斜纹、几何形状或几何小花卉图案，给人以稳重、平衡、高雅之感。

在脸型方面：脸宽的人不宜佩戴细长的领带，而脸长的人不宜选择宽阔的领带。

在服装方面：外衣的 V 字领区窄小的，宜配简单花色且鲜明的领带；外衣领处露出空格较大的或者敞开衣襟，领带花形可复杂些，以显示出整幅图案的效果。

（3）领带的系法。领带一般有三种系法：即小结、中结和大结。

春夏季宜佩戴丝和绸等材质轻软型领带，领带结要打得较小，颜色以冷色调为主，暖色调为辅，给人以清爽感。

秋冬季宜佩戴提花厚质地真丝或纯毛质地挺括型领带，颜色以暖色为主。

系领带时，切记领带结不直，系得过紧或过松，打完结后一定要向上拉紧，领带结微微翘起。

4. 胸花

婚礼的胸花不仅起到装饰作用，佩带起来也十分考究。胸花应该佩带在西装外套的左领，考究的西装在那个位置有个扣眼，就是放胸花的设计。如果没有现成扣眼可放，将胸花置于西装领上，花梗垂直向下，对准鞋子的位置别好即可。

现在年轻的新人追求时尚，为了与婚礼主题搭配可以将新郎胸花创新使用。不一定是传统的鲜花材质，丝带、彩绳等特殊材质制作而成的造型胸花，给婚礼带来了与众不同的感觉。

在选择胸花的材质和色彩时，新郎也要把领带的色彩考虑进去，选择领带上的某种色彩作为胸花的主色调，就会比较和谐。如果是花色较杂的领带，胸花可以简单一点，哪怕只有一朵花也会很出色。一朵花再加上一些搭配的满天星类的小花就够了，千万不要让胸花变成一束花，胸花的花梗也不可太长。

另外，在流行式婚礼中，新郎的胸花通常要对照新娘捧花中的主花。而新娘手捧花又要与婚纱搭配，所以，对于新郎来说，不但要考虑胸花与自己的西服颜色和款式相协调，还要考虑新娘着装。

3.3 服饰搭配艺术中形式美的表现

3.3.1 对称与均衡

在视觉艺术中，两边的视觉趣味中心均衡，分量相当称为对称；在非对称的状态中基本稳定又灵活多变的形式叫做均衡，也称平衡。平衡常表现在服装的色彩、廓型、部位细节处理上。

平衡表现为对称式的平衡和非对称性平衡两种形式。对称式平衡关系应用于服装搭配中可表现出一种严谨、端庄、安定的风格，不对称的平衡打破了对称式平衡的呆板与严肃，营造出活泼、动态、生动的着装情趣，追求静中有动，以获得不同凡响的艺术效果。

3.3.2 对比与调和

对比是两个要素放在一起，相异突出，相同较少，便成为对比；对比反之，相同突出，相异较少，便为调和。常见表现在服装上线的曲直、点的大小、色彩的冷暖色调以及服装的比例与尺度等方面。

变化与统一是构成服装形式美诸多法则中最基本、也是最重要的一条法则。在服装搭配中多元素的组合既要追求款式、色彩的变化多端，又要防止各因素杂乱堆积缺乏统一性。在变化中求统一，并保持变化与统一的适度，才能使服装搭配更加完美。

3.3.3　比例

对于服装来讲比例也就是服装各部分长短、数量、大小之间的对比关系。例如各层裙片长度、裙长与整体服装长度的关系；裙子的面积大小与整件服装大小的对比关系。外套与内衣大小比例关系。当服装的数值关系达到了美的统一和协调，即称为比例美。

3.3.4　节奏与韵律

节奏与韵律是指点、线、面的规则和不规则的疏密、聚散、反复的综合运用。节奏、韵律本是音乐的术语，指音乐中音的连续，音与音之间的音调高低，以及间隔长短在连续奏鸣下反映出的感受。

节奏与韵律的表现形式多样，如面料色彩的冷暖交替节奏、花纹图案的重复出现形成的反复节奏等。在设计过程中要结合服装风格，巧妙应用以取得独特的韵律美感。通过裙子中不同层次及黑白及彩色的渐变效果，创造出有韵律感的节奏。

3.3.5　夸张

服装须有强调才能生动而引人注目。强调的效果是可以转移人的注意力，把最美的效果首先展示给人们，强调和夸张的法则在特殊体型着装中的运用，可以很有效地掩盖人体的缺点，发扬人体的优点。在服装搭配中可加以强调的因素很多，主要有造型上的强调，色彩的强调，材质机理的强调，量感的强调等，通过强调能使服装更具魅力。

【教学项目】

任务1　服饰搭配艺术基础实训

服饰搭配艺术是一门综合性的艺术，其不仅仅是服装与饰品的组合表现，更重要的是，服饰搭配美具有一定的相对性，脱离了一定的环境、时间的背景，脱离了着装的主体，就无所谓服饰搭配美了。

活动 I　讲解实训要求

1. 教师讲解实训课教学内容、教学目的
（1）理解款式、配件对服饰搭配艺术的影响。
（2）理解搭配对象对服饰搭配艺术的影响。
（3）理解时间和环境要素对服饰搭配艺术的影响。
（4）掌握服饰搭配艺术形式美的方法。
2. 影响服饰搭配的因素分析
表 10-2 所示为影响服饰搭配的因素。

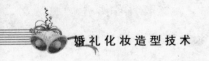

表 10-2　影响服饰搭配的因素

影响因素	包含内容	在服饰搭配中的作用
款式要素	色彩、材质、款式	色彩能够给人先声夺人的第一印象；材质即服装的面料，即使是同样的款式，选择不同的面料，会形成不同的风格效果；款式包括服装的造型、造型的比例以及细节设计等因素，服装的色彩与面料最终都要通过这个形式表现出来
配件要素	包括鞋、帽、伞、首饰等一系列与服装相关的因素	在服装组合搭配时对服装主体起着烘托作用，服装与服饰配件之间的关系是相互依存而发展的，不可避免地要受到社会环境、时尚、风格、审美等诸多因素的影响。服饰配件在服饰中起到了重要的装饰作用，它使服装的外观视觉形象更为完整，通过配件的造型、色彩、装饰等弥补了服装某些方面的不足
个人条件	个人的形体、肤色等相关生理特征	个人是服饰的载体，只有服饰适合于人体时，才能够真正体现和发挥本身的美，同时也美化与衬托了穿着者
环境要素和时间要素	即着装的地点、时间的范围限制	环境要素与时间要素紧密相关，时间和地点是人体着装的大背景，不同的时间、不同的地点，对着装的要求不同

活动2　教师示范

（1）教师模拟婚礼化妆师，通过影响服饰搭配的因素分析为模特进行服饰搭配，并演示服饰搭配艺术中形式美的表现方法。

（2）一男一女两名学生为模特，教师根据学生模特的特点进行服饰搭配。

活动3　学生训练、教师巡查

（1）学生按照两人一组，分为婚礼化妆师和模特，通过影响服饰搭配的因素分析和形式美的表现方法进行服饰搭配，然后互换角色，相互点评。

（2）教师随时巡查、指导学生。

活动4　实训检测评估

教师通过实训检测评估表评估学生的实训练习的成果，具体表格内容如表 10-3 所示。

表 10-3　服饰搭配艺术的基础练习

课　程	婚礼化妆与造型设计	班　级	级婚庆 班		
实操项目		姓　名			
考评教师	服饰搭配艺术的基础练习	实操时间	年　月　日		
考核项目	考核内容	分　值	自评分（20%）	小组评分（30%）	教师评分（50%）	实得分
款式要素分析	色彩、材质、款式分析正确	30			
配件要素分析	配饰与服装搭配得当	30			
个人条件分析	个人的形体、肤色等相关生理特征分析全面	20			
环境要素和时间要素分析	符合着装的地点、时间规范	10			
形式美的表现	张弛有度、舒适得体、风格显著	10			
总　　分					

服饰搭配作为艺术设计的一种，是以追求发挥服装的最佳组合来烘托人体美为其目的。形式

美法则对于服饰搭配具有重要作用，服饰搭配既要遵循形式美法则的规定，又要考虑不同人的感觉。只有运用形式美法则并且不断创新求变才能为人类设计出更多更美的服饰。

任务 2　服饰色彩搭配实训

每个人适合的穿衣颜色由一个人天生的肤色、发色和瞳孔颜色这三者之间共同作用的关系来决定，这其中存在着一套科学严谨的色彩应用规律。

活动 1　讲解实训要求

教师讲解实训课教学内容、教学目的：
（1）理解和掌握不同肤色的特点。
（2）理解和掌握不同肤色所适合的服装色彩。

活动 2　教师示范

（1）教师模拟婚礼化妆师，根据肤色分析方法在全班中找出六种典型的肤色代表，并分别进行服装色彩搭配的演示。
（2）六名学生为模特，教师根据学生模特的肤色特点进行服饰搭配。

活动 3　学生训练、教师巡查

（1）学生按照两人一组，分为婚礼化妆师和模特，通过肤色分析方法判断肤质类型并进行服饰色彩搭配，然后互换角色，相互点评。
（2）教师随时巡查、指导学生。

活动 4　实训检测评估

教师通过实训检测评估表评估学生的实训练习的成果，具体表格内容如表 10-4 所示。

表 10-4　服饰色彩搭配实训

课　　程	婚礼化妆与造型设计		班　级	级婚庆 班			
实操项目	服饰色彩搭配实训		姓　名				
考评教师			实操时间	年　月　日			
考核项目	考核内容		分　值	自评分（20%）	小组评分（30%）	教师评分（50%）	实得分
气质界定	气质风格界定准确		10				
体型分析	体型分析准确		10				
领型选择	领型选择修身适当		20				
裙型选择	裙型选择修身适当		20				
色彩搭配	色彩搭配适当		20				
配饰选择	配饰搭配整体、和谐		20				
总　　分							

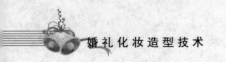
服装的搭配过程中，色彩的和谐是其整体效果体现的重要因素。适当的色彩效果不仅会改变原有的色彩特征及服装性格，还会体现出人物的精神风貌，甚至时代特色，产生超出服装的全新的视觉生理与心理效果。

任务3　新娘服饰搭配实训

作为婚礼化妆师除了打造精致的妆容以外，还需参考新娘的婚纱礼服样式与色彩，正确的分析可以帮助婚礼化妆师更好地修饰新娘的面容与身形，彰显优点，而错误的搭配也会使人的缺点暴露无遗。

活动1　讲解实训要求

教师讲解实训课教学内容、教学目的：

（1）理解和掌握不同气质、体型的新娘所适合的婚纱礼服款式。

（2）理解和掌握不同新娘与婚纱礼服搭配配饰的方法。

活动2　教师示范

（1）教师模拟婚礼化妆师，根据模特的肤色、体型等特征选择适合的婚纱礼服，并搭配配饰。

（2）一名学生为模特，教师根据学生模特的肤色、体型等特征进行服饰搭配。

活动3　学生训练、教师巡查

（1）学生按照两人一组，分为婚礼化妆师和模特，通过肤色、体型等特征的判断进行服饰搭配，然后互换角色，相互点评。

（2）教师随时巡查、指导学生。

活动4　实训检测评估

教师通过实训检测评估表评估学生的实训练习的成果，具体表格内容如表10-5所示。

表10-5　新娘服饰搭配实训

课　程	婚礼化妆与造型设计		班　级	级婚庆班			
实操项目	新娘服饰搭配实训		姓　名				
考评教师			实操时间	年　月　日			
考核项目	考核内容		分　值	自评分（20%）	小组评分（30%）	教师评分（50%）	实得分
戒　指	正确、与服装搭配和谐		10				
耳　饰	正确、与服装搭配和谐		20				
项　链	正确、与服装搭配和谐		20				
手　镯	正确、与服装搭配和谐		20				
婚　鞋	正确、与服装搭配和谐		20				
香　水	清淡、与妆型搭配和谐		10				
总　分							

不论采用什么样的婚礼样式，婚礼的服饰都应当庄重典雅，新娘的手套、头纱等饰物也都应与婚纱、与婚礼的氛围相符。婚礼上的新娘应当是完美的、阳光的、圣洁的，着装的要求就是要塑造出这样的形象。

任务 4　新郎服饰搭配实训

唯美浪漫的婚礼现场，新娘的婚纱总会抢占风头，然而，也不能忽视了新郎服饰搭配。

活动 l　讲解实训要求

教师讲解实训课教学内容、教学目的：
（1）理解和掌握不同气质、体型的新郎所适合的婚纱礼服款式
（2）理解和掌握不同新郎与礼服搭配配饰的方法

活动 2　教师示范

（1）教师模拟婚礼化妆师，根据模特的肤色、体型等特征选择适合的礼服，并搭配配饰。
（2）一名学生为模特，教师根据学生模特的肤色、体型等特征进行服饰搭配。

活动 3　学生训练、教师巡查

（1）学生按照两人一组，分为婚礼化妆师和模特，通过肤色、体型等特征的判断进行服饰搭配，然后互换角色，相互点评。
（2）教师随时巡查、指导学生。

活动 4　实训检测评估

教师通过实训检测评估表评估学生的实训练习的成果，具体表格内容如表 10-6 所示。

表 10-6　新郎服饰搭配实训

课　程	婚礼化妆与造型设计	班　级		级婚庆　班		
实操项目	新郎服饰搭配实训	姓　名				
考评教师		实操时间		年　月　日		
考核项目	考核内容	分　值	自评分（20%）	小组评分（30%）	教师评分（50%）	实得分
礼　服	合体修身，色彩适当	20				
领带领结	款式色彩适当，打法合适整洁	30				
鞋　袜	符合礼服款式色彩	10				
衬衣腰带	符合礼服款式色彩	20				
胸　花	符合婚礼风格，扣别位置正确	20				
总　分						

选择一些好的新郎时尚配饰能让新郎在婚礼上散发出迷人的光彩，不仅仅是作为新娘的"绿

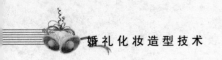

叶",也能在衬托新娘的同时将男士魅力完美的展现出来,这样才能完全体现出个人魅力。

项 目 小 结

1. 服装是衣服鞋帽的总称,这是一种传统的认识,而从视觉艺术形象设计的观点认知来看,服装是人着装后所形成的一种状态。它包含着静态和动态的表现特征。时装即时兴、时髦具有鲜明时代特征的服装。礼服是对参加招待会、节日庆典、颁奖晚会、结婚典礼、酒会、晚宴,以及舞会等穿着服装的总称。成衣它是指按规格标准,批量流水线生产和商店经销的服装。

2. 服装按形态进行分类,可分为上装、裤装、裙装、外套、内衣和套装。按季节差可以分为春季服装、夏季服装、秋季服装和冬季服装。按用途可分为:礼服、休闲服、职业服、居家服、特殊功用服等。根据目的进行的分类包括比赛服、表演服、展示发布服等。

3. 服饰配件即除服装(上装、下装、裙装)以外的所有附加在人体上的装饰品和装饰。服饰配件的种类包括首饰、领饰、包袋、帽子、腰饰、臂饰、鞋袜、手套、伞扇、眼镜、立体花和肤体装饰等。现代着装中,也将打火机、手表等随身使用的物品作为服饰配件。

4. 服饰配件的分类:按装饰部位分为发饰、面饰、颈饰、耳饰、腰饰、腕饰、腿饰、足饰、帽饰、衣饰等。按工艺方法分为缝制型、编结型、模压型、锻造型、雕刻型、镶嵌型等。按材料分为纺织品类、绳线纤维类、毛皮类、竹木类、贝壳类、珍珠宝石类、自然花草类、塑料类等。按装饰功能与效果分为首饰品、编结品、包袋饰品、花饰品、帽类、腰带、鞋袜、手套、伞扇、领带、手帕饰品等。

5. 所谓服饰搭配艺术,即"fashion Coordination",含有搭配、调配之意,是指服饰形象的整体设计、协调和配套。服饰搭配艺术包括了衣服、配饰、首饰、发型、化妆等因素在内的组合关系,而且这其中涉及造型、色彩、质地肌理、纹饰、气味等诸多因素。

核 心 概 念

服装 时装 礼服 成衣 服装配饰 服饰搭配艺术

能 力 检 测

1. 简述服装的定义及分类。
2. 简述服饰配件的定义及分类。
3. 简述服饰搭配艺术的含义。
4. 简述服饰搭配艺术中色彩的重要性。
5. 简述新娘服装选择与服饰搭配的方法与原则。
6. 简述新郎服装选择与服饰搭配的方法与原则。

项目  婚礼化妆师的跟妆与补妆

【学习目标】

通过本项目的学习，应能够：
1. 掌握婚礼跟妆师的职业素质要求；
2. 掌握婚礼跟妆师的试妆要点；
3. 掌握婚礼跟妆师的服务流程。

【项目概览】

婚礼化妆师的跟妆与补妆是婚礼化妆师的主要工作，核心目标是了解婚礼跟妆师的职业素质要求、试妆要点和婚礼跟妆要求。为了实现本目标，需要完成两项任务。第一，进行婚礼跟妆师的试妆实训；第二，婚礼仪式的跟妆实训。

【核心技能】

- 婚礼化妆师的试妆的方式和技巧；
- 婚礼化妆师的跟妆方式和技巧。

【理论知识】

知识点 1　婚礼跟妆师与职业素质

随着现在市场经济的发展，人民的消费水平及精神文化也开始逐渐提高，从最初的结婚不化妆到自己随便上点口红再到影楼去排队化妆演变到现在请专业人员上门服务化妆。在结婚当日，这是一个质的飞跃。

1.1　婚礼跟妆师的含义

婚礼跟妆师又称新娘跟妆师，这个称呼是随着婚庆行业的日渐专业化才开始有的一个名称，特指在婚礼当日为新人提供跟随服务的婚礼化妆师。

婚礼跟妆师是从美容婚礼化妆师衍生而来的，但又与美容婚礼化妆师有很大区别，集美容师、婚礼化妆师、造型师为一体。从新娘的发型、服装、饰物到妆容，都是由婚礼跟妆师一一把握，从而全方位打磨出一个最靓丽的新娘。新娘跟妆已经越来越流行，提供新娘跟妆服务的大多是具有多年化妆经验的婚礼化妆师。

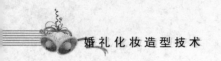

新娘跟妆一般分为全程跟妆以及半程跟妆。

1.1.1　全程跟妆

全程跟妆即婚礼化妆师早上上门为新娘化妆做造型，接至新郎家补妆，然后至饭店补妆，典礼完变换造型至结束。

1.1.2　半程跟妆

半程跟妆又分为早妆和酒店改妆。

（1）早妆：早上婚礼化妆师上门为新娘化妆和做造型结束。

（2）酒店改妆：从新娘到酒店开始，然后至典礼完毕变换造型到宴席结束。

新娘跟妆，源自我国台湾地区婚纱公司彩妆造型师的个体化服务升级，早期结婚，新娘跟妆大部分情况下新娘必须到婚纱公司或美容院接受化妆造型。但是由于我国社会传统上要择吉日、吉时，新娘子须配合时辰一大早或凌晨就必须赶着去化妆做造型。一个妆发要应付结婚观礼、迎娶、宴客等婚礼全天的活动，新娘的造型以及装扮，到了下午往往会走样。有鉴于此，结婚新人对婚礼的精致化与个人化的强烈需求之下，在 2000 年左右开始有了"一日新秘"或"半日新秘"专属新娘化妆发艺造型的新娘秘书服务出现。一开始整个市场新娘秘书的从业人数不到百人，而到目前为止据估计约近万人。结婚新人对婚礼化妆师跟妆也从百分之一的接受度到目前百分之九十的接受度，此类风气也开始传到我国香港、上海地区以及马来西亚、新加坡等地的华人。

现在结婚的人越来越多，新娘跟妆的婚礼化妆师也越来越多。现在随着人们的生活条件变好，对于各方面的要求都是比较高的，当然也包括新娘跟妆。

1.2　婚礼跟妆师职业素质

婚礼跟妆师主要负责新娘结婚当日为新娘做造型并全程陪伴，保证时刻保持新娘的最佳仪表状态。

打造一场完美的婚礼，婚礼跟妆师所起的作用非同一般。婚礼跟妆师是从美容婚礼化妆师衍生而来的，但又与美容婚礼化妆师有很大区别，是集美容师、婚礼化妆师、造型师为一体的专业人员。

婚礼跟妆师在婚礼当天一般必须一整天都要跟随新娘为新娘服务。早晨根据新娘的气质做一个清新通透自然的妆面，晚上则依据礼服的颜色、样式而变换造型，使新娘更显典雅端庄。无论是在拍外景还是婚礼晚宴期间，婚礼跟妆师都必须携带一只皮箱，陪伴在新娘左右，时不时地拿出粉扑、唇彩为新娘补妆。

婚宴是婚礼的重头戏，新娘在这期间一般要换三套礼服，相应的婚礼跟妆师也要为新娘做三次化妆造型。要在十几分钟内改变新娘的妆容和配饰，这对婚礼跟妆师的熟练度和技巧性都提出很高的要求，只有完全掌握跟妆技能，才能在如此短的时间里塑造出新娘不同的面貌和风采。

婚礼跟妆师应具备以下综合素质：

1.2.1　过硬的技术

新娘跟妆师要熟练运用面部化妆、发型设计、整体造型、跟妆技巧等专业技能。

1.2.2　良好的体力

婚礼跟妆师的工作时间一般从早上九点一直到晚上九、十点钟，一整天都要带着整套化妆用品、美发用品、饰品等跟随新娘左右，无疑需要良好的体力作后盾。

1.2.3　耐心的服务，提供试妆

优秀的婚礼跟妆师在婚礼前会为新娘进行试妆，在试妆的过程中了解新娘的时尚品位和风格类型，从而做出最适合新娘个人特色的造型。

1.2.4　双向沟通

优秀的婚礼跟妆师要擅长交流沟通，揣摩新娘的心理。因为她与新娘将相伴一天，需要随时了解新娘的需要并应付各种突发情况。

1.2.5　提供衍生服务

婚礼跟妆师在为新娘服务同时也要顾及新娘母亲及伴娘的需要，为她们提供造型服务，为新娘的婚礼增添亮色，打造整体和谐的效果。

婚礼跟妆师是一个灵活度很高的职业，通过系统的学习之后掌握了彩妆技能及色彩搭配等综合能力，就业方向很广泛，既可就职于影楼、婚庆公司、彩妆造型机构，也可以利用周末、公休、节假日时兼职做新娘跟妆。

专业婚礼跟妆师和传统的彩妆造型是完全不同的专业门类。专业婚礼跟妆师学习更有针对性，不但要学习化妆、造型基础知识，还要学习色彩搭配、服饰搭配等专业技能。

近年来，婚庆市场越来越红火，婚礼跟妆师也逐渐成为众多都市女性选择职业的新宠。打造一场完美的婚礼，婚礼跟妆师所起的作用非同一般。婚礼跟妆的价格，每个城市都有不同，大体上从几百元到上千元一场不等。跟妆的价格与婚礼化妆师的档位、资历、技术、名气及所选用的化妆品、饰品都有直接的关系。

知识点 2　婚礼跟妆师的试妆

新娘在选择到跟妆的时候，一般都会有一个试妆的过程。这个过程主要是为了让新娘决定是否选择某一个婚礼化妆师。但有很多新娘子或是由于时间的问题，或是嫌麻烦就省掉了这一过程。不过都说："女人是一天的公主，十个月的皇后，一辈子的操劳。"所以，千万不要为了一时的轻松让自己的公主日留下遗憾。

试妆服务，是指在确定签约跟妆师前可以事先与婚礼化妆师沟通并尝试婚礼造型，切身感受婚礼化妆师的技术能力，设计的妆面及发型是否合适喜欢，提供的专业意见是否有帮助。试妆后满意可订单，不满意可以支付相应的试妆费用。

试妆分免费和有偿，所以试妆前婚礼化妆师一定要与新人详细沟通。有偿根据所试的婚礼化

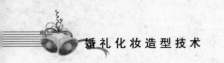

妆师的价格为标准。无偿是指如果确定订单就不收取试妆费用了。

2.1　婚礼跟妆师的试妆

试妆就是新人确定选择在婚礼当天请婚礼化妆师提供跟妆服务，而提前预约婚礼跟妆师进行试妆。通过试妆来判断跟妆师的技术，同时，也能让婚礼跟妆师提前了解新人的状况，设计适合新人的妆型。从新娘角度来看，通过试妆可以知道婚礼化妆师适不适合自己，是否能做出自己想要的感觉。

2.2　婚礼跟妆师试妆的主要工作内容

2.2.1　观察新娘

通过与新娘聊天，观察新娘的脸型、身材、气质，并了解新娘的职业，通过观察，确定新娘的化妆造型。

2.2.2　提出造型建议

这时最主要的是自信，婚礼化妆师是专业权威的，不能随着新娘自己的要求确定妆型。新娘的建议或要求如果不适合她，婚礼化妆师要用专业语言说服她，能够按照自己的设计造型与新娘沟通，然后再试妆。

2.2.3　确定化妆费用

婚礼化妆师最好事先讲好化妆费用。如果婚礼化妆师特备的首饰、美甲、彩绘、安平等费用是另加的，也要事先与新娘沟通好。

2.2.4　确定婚礼当天的跟妆时间

必须确定时间上门化妆的具体时间，一定要留出接亲时间。

2.3　婚礼化妆师在为新人试妆时，需要注意的问题

2.3.1　注意婚礼化妆师的自身形象

第一印象是无法改变弥补的。婚礼化妆师不一定都是美女，但一定要阳光、时尚、有气质、有品味，就算是美女也要化一点淡妆，这样的话，一是给自己做广告，二是对他人的尊重。同时，婚礼化妆师在穿着也要大方得体，这样才能赢得新人的信任。

2.3.2　更广的知识面

作为婚礼化妆师平常多看化妆杂志，要熟知名牌化妆品的优点、效果，要知道最新的流行时尚。

2.3.3　遵守行规

如果在婚庆公司见面，婚礼化妆师说话要得体、有分寸。

婚礼化妆师在征得新娘同意的条件下，在试装后可以拍照，并保留好自己的作品图片。但是，必须注意，从道德角度来讲，不要将新娘妆前妆后图片进行对比，防止引来官司。放对比图片可以是试妆和婚礼当天的作品。

2.3.4　使用专业的工具和产品

对于职业的婚礼化妆师来说，专业的、高品质的工具和彩妆品是必备的，是婚礼化妆师的身份象征。劣质的彩妆品不仅会影响新娘的妆面效果，还会对新娘的肌肤有很大的伤害。所以在沟通时，婚礼化妆师一定要给她当面展示一下你的工具和产品。

2.3.5　通过沟通了解客户的想法

优秀的婚礼化妆师要懂得如何和客户沟通，了解客户的想法，了解新娘是否使用化妆品过敏、喜欢用什么样的化妆品等。了解新娘心中最完美感觉的妆型。这样才能进行最贴心的化妆设计，

2.3.6　遵守职业道德

顾客永远是上帝，不管是多有名气的婚礼化妆师，都要耐心、细心的服务宗旨。根据顾客的实际情况提供贴心，专业的意见和建议。

知识点 3　婚礼跟妆师的跟妆服务

3.1　婚礼化妆师的跟妆服务内容

3.1.1　预约试妆

如果试妆满意，新人要交定金，一般在新婚当天化妆造型后，付余款。

3.1.2　早妆

早妆是新娘结婚当天早上第一个妆面和发型，一般鲜花、饰品新人自备。一般化妆品由婚礼化妆师提供，完成新娘婚纱造型。

3.1.3　半天跟妆

半天跟妆是新娘结婚当天根据新人服装进行改妆和发型造型，一般当天要换两套服装，要根据两套衣服对应两个发型，直至典礼结束。一般还赠送新郎妆、伴娘妆或妈妈妆，任选其一。

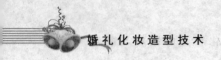

3.1.4　全天跟妆

全程跟妆师婚礼当天全程跟妆,不定时为新娘补妆。同时，一般当天要换三套服装，要根据三套服装进行妆面和发型，直至婚礼结束。一般还会赠送伴娘妆和新郎妆或妈妈妆。

3.2　婚礼化妆师具体的跟妆服务流程

3.2.1　第一次沟通

让新人对服务内容及婚礼化妆师有个基础的了解。

3.2.2　试妆

通常是免费或者收取少量的费用，但订单后将折扣在订单金额中。通过试妆让新人对婚礼化妆师的综合技术水平有个了解，注意试妆的妆型并非为婚礼当日最后造型。

3.2.3　签订跟妆服务合同

新人确认清楚婚礼化妆师所服务的内容及所涉及的各项费用并签订跟妆服务合同。

3.2.4　第二次沟通

此次沟通需要新娘带上所有的服装给婚礼化妆师过目，以便婚礼化妆师为新娘量身定制最适合的造型风格。

3.2.5　第三次沟通

婚礼前两日婚礼化妆师与新娘再次沟通以最后确定造型及婚礼当日的到达时间。

3.2.6　婚礼造型与跟妆

从第一次造型完整结束后，跟妆师需绝对随身跟随新人为新人补妆直至更换造型，尽量让新人在每个时刻都是美丽的。

3.2.7　婚礼结束

跟妆师与新人确定婚礼结束后，结账离开。

3.3　婚礼化妆师在跟妆时要注意的问题

3.3.1　试妆环节

婚礼化妆师要提前一周与新娘沟通好，了解新娘对期待造型的想法，了解新娘礼服款式以及颜色，如果有条件，可以要求新娘提供婚纱礼服的照片，婚礼化妆师可以根据新娘的情况准备相应饰品。

3.3.2　结婚当天跟妆环节

（1）婚礼化妆师要在结婚前 3 小时到新娘家，如果有特殊情况，婚礼化妆师要更提前一些，俗话说得好"赶早不赶晚"，结婚这种关乎人生的大事一定要提前准备。

（2）告知新娘早上起来刷完牙，等待婚礼化妆师来以后再洗脸。

（3）告知新娘，结婚当天很忙碌，新娘可能因为出汗影响妆面效果，为了新娘的美丽妆容，一般不重新化妆，而是做精美补妆，仍然可以让新娘焕然一新。

（4）告知新娘如果喜欢鲜花造型的，要提前预订好鲜花，鲜花要在婚礼化妆师来之前准备好。花的品种选择，前一两天新娘一定要和婚礼化妆师沟通。

（5）告知新娘晚宴最后一个造型后，要付清余款，婚礼化妆师不参加闹洞房。

（6）婚礼化妆师跟妆造型一般是三个妆面：第一个妆面是在结婚当天的一早，6：30 左右，婚礼化妆师上门化妆；第一个妆面到酒店后，主要是简单补个妆，衣服和造型都不用换，就可以开始婚礼仪式；第二个妆面是在上半场仪式结束，开始婚宴的时候换妆，衣服和造型都要换，妆面主要是补妆，一般敬酒的时候会换一套礼服；第三个妆面是在送客之前换的，一般也是一套礼服，一个造型。最后是出外景，如果额外有衣服也要换服装。

3.3.3　跟妆师的化妆要点

由于婚礼前烦琐的准备工作令新人休息不佳，一般来说皮肤会变得粗糙无比，眼袋变大，黑眼圈明显。跟妆师在化妆时，眼袋的修饰成为妆容的重点。使用眼部遮瑕膏时，切勿涂抹厚厚的遮瑕膏来遮挡眼袋，因为这样只会让眼袋显的更加明显。正确的方法是：将遮瑕膏从内眼角开始往外眼角涂抹，遮挡眼袋和黑眼圈，注意颜色要逐渐减淡，而不要因为眼袋变大和眼圈颜色变黑而抹的更重，另外遮瑕膏不要抹除瞳孔正下方的位置。

面疱也是新娘的较常见的问题，化妆时候要遮挡住面疱。可选择浅于肤色一级的遮瑕粉，用手指或化妆棉沾少量涂在面疱处。然后再选择与肤色接近的黄色的蜜粉来遮掩因面疱而带来的小红斑，注意粉色调的蜜粉会让小红斑变得更明显。

【导入阅读】

紧 急 补 妆

婚礼上，新娘总会遇到各种各样的状况，例如粉底花了、假睫毛脱落等。作为当天的主角，聪明的新娘绝不会关键时刻"掉链子"，紧急补妆行动起来。

1. 幸福的泪水，使粉底花了

婚礼上新娘幸福的泪水，会因为新娘妆比较厚的原因，不可避免的留下两道泪痕，脸上出现白白的粉底印。

急救武器：一瓶喷雾、一盒两用粉饼。

急救方法：先距离脸部 10 厘米喷上喷雾，用手轻拍脸颊让粉底溶化均匀，再局部以按压的方

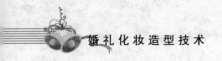

式补上粉。

2. 时间太久，假睫毛脱落

一早就化好了妆，可熬不过中午，假睫毛因为具有一定的重量就开始松脱了。既不能拿掉假睫毛，已经开始部分脱落的假睫毛又显得非常怪异，情况顿时很尴尬。

急救武器：一支浓密型或卷翘型睫毛膏。

急救方法：浓密型的睫毛膏刷头大，膏体也比较黏稠，正好代替睫毛胶水的作用，卷翘型睫毛膏最贴合睫毛弧度。先沿着睫毛根部刷一次，让真假睫毛更黏合，再用手指按压假睫毛脱落的地方。

3. 折腾一天，油光满面

婚礼往往是从早闹到晚，也会有一定时间待在室外。对于皮肤易出油的新娘而言，时间一长就会变得油光满面。

急救武器：吸油蜜粉、化妆刷。

急救方法：用化妆刷蘸少量蜜粉在出油处刷匀，千万不要选择带珠光色泽的蜜粉。

4. 甜蜜之吻，唇蜜花了

婚礼还有个重头戏，就是新郎新娘的甜蜜之吻，如果遇到宾客热情，这样的戏码还得上演好几次。到头来你会发现，新娘的唇蜜完全花掉了。

急救武器：持久型唇蜜、遮瑕笔。

急救方法：先用遮瑕笔将嘴唇周围花掉的部分遮盖掉，再补涂上唇蜜。

（资料来源：作者根据相关资料整理）

知识点4　婚礼化妆师与客户的沟通技巧

婚礼化妆师掌握正确的沟通技巧，可以与顾客建立良好的和谐关系，为顾客提供高品质的服务。好的人际沟通能够使人感到愉快、亲切、随和，缓解和释放压力；好的沟通可以更多的了解彼此、增加信任、即使失误也有回旋余地；好的沟通可以让新娘说出自己想要的妆面，共同探讨达成一致，更好的定位最适合顾客的妆面造型。

4.1　婚礼化妆师与客户沟通的原则

在婚礼化妆服务工作中与客户的沟通是为了更好地开展化妆服务，进而促进销售，达到与客户签约的目的。因此与客户的沟通过程中要坚持五个原则，即：平等、互惠、信用、相容、发展。只有平等地建立良好的人际关系，遵循互惠互利的商业道德原则，实事求是、讲究信用，设身处地为客户着想，理解客户、包容客户，不要把眼光局限于每一次交易、每一位客户的身上，遵循发展原则，才能协调与客户的关系，树立企业和个人的形象。

沟通的要点就是先交友，后做生意。业务服务关系说穿了就是人际关系，所以，如何与客户做朋友很重要。提倡熟悉客户、研究客户，在研究客户的基础上进行沟通，让客户感觉你是内行，对市场和服务很了解很熟练，从而乐意交友，并听从劝告。

4.2　婚礼化妆师与客户沟通的技巧

婚礼化妆师在与新人沟通过程中，要注意采用以下方式进行沟通：

（1）发自内心的微笑：微笑是融合剂，是世界通用的体态语，是人际关系中最有吸引力，最有价值的面部表情，它可以超越各种民族和文化的界限。婚礼化妆师的微笑是开启顾客心门的钥匙。

（2）专注聆听：注意力集中，重点记录，从谈话中了解顾客的意见与需求。必要时复述顾客的要求。

（3）实际关心：关心客人的皮肤，关心顾客的化妆方向。

（4）取得信赖。

（5）解决异议。

（6）不抱怨：因为婚礼化妆师行业要求，工作时间长，起早，熬夜是常事，所以不可以抱怨，不推卸责任，换位思考。达成一致处理好解决问题的方法。

婚礼化妆师在与新人沟通过程中的沟通技巧如下：

（1）婚礼化妆师要掌握沟通的基本语言能力。语言不仅仅传达信息，语言也承载着一个人的阅历和修养。从沟通的语言角度来看，婚礼化妆师在沟通中要思维逻辑清晰、语言组织有条理。发音清晰、甜美、温柔、连续、饱满。保持使用标准的普通话，语言幽默、轻松、诙谐、语速快慢适宜、用词准确。

（2）婚礼化妆师与顾客沟通中需要对顾客心理进行观察和分析，正确的心理分析可以帮助婚礼化妆师决定采用哪种风格；正确的心理分析可以使婚礼化妆师判断出顾客对妆面的浓烈程度及色彩偏向；正确的心理分析可以帮助婚礼化妆师在最短时间内完成化妆工作；正确的心理分析还可以减少婚礼化妆师的失单率。

（3）婚礼化妆师在与客户沟通过程中要会运用坚持与妥协。一是婚礼化妆师的坚持。很多客户不太懂化妆，经常在化妆过程中给婚礼化妆师提出过分的要求，在这种情况下有些婚礼化妆师就会附和客户的要求，往往导致到结婚现场和拍出的照片效果不理想，最终双方都不满意。遇到这种情况，婚礼化妆师一定要用自己专业能力和知识尽可能的说服客户，讲明利弊，其实，顾客要的是最终结果好看。二是婚礼化妆师的妥协。婚礼化妆师的妥协有两种情况：一种情况，并不是婚礼化妆师永远都是对的，由于一部分婚礼化妆师水平有限或者顾客本身就是审美大师，对化妆和色彩非常有研究，在这种情况婚礼化妆师就要妥协。另外一种情况就是顾客很固执，即使90%的人都认为不好，但是她还是坚持自己的观点，这种情况婚礼化妆师在讲清利弊以后也要妥协。

【导入阅读】

婚礼化妆师沟通失败的几个案例

案例 A：婚礼化妆师给新娘戴了一个非常庞大的水晶蝴蝶结，新娘不喜欢，要求撤掉。婚礼化妆师说："你这个发型就是配这个蝴蝶结好看。"新娘回答："但是我不喜欢这个蝴蝶结啊，好雷人啊，帮我换个吧！"婚礼化妆师不悦："我没其他合适的发饰了，我可以帮你去掉，但是你的头上就光秃秃一片了，到时候效果不好你别怪我，因为是你要求的。"结果，新娘勉为其难采用了婚礼化妆师的建议用了这个大蝴蝶结，导致整场婚礼新娘都毫无自信，脸上暗淡无光。失败原因：婚礼化妆师的审美素质不够，同时没有学会妥协。新娘没有拒绝自己不喜欢东西，导致失去自信。

案例 B：新娘给了婚礼化妆师看了好多发型图片，要求婚礼化妆师按照其中的某一款发型去做某件衣服的造型。婚礼化妆师回复："你能不能不要框死某个发型啊？我最怕这种拿图片叫我做

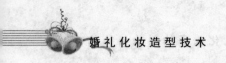

的了，让我一点发挥的空间都没有了。"结果，新娘接受了婚礼化妆师要求的自我发挥，导致做出来的发型非常奇怪，新娘非常不乐意。失败原因：婚礼化妆师的功底不到家，没有与新娘充分沟通。新娘过度盲从婚礼化妆师，让其自由发挥，导致造型失败。

案例 C：新娘要求婚礼化妆师给自己化烟熏妆，因为自己眼睛小。婚礼化妆师回答："烟熏妆不适合做新娘的眼妆，而且你的眼睛这样画会显得很凶的。"新娘坚持，婚礼化妆师也很坚持，两人僵持不下。结果：婚礼化妆师还是按照新娘要求画了烟熏妆，可是不知道是婚礼化妆师不擅长画烟熏妆，还是新娘不适合烟熏妆，总之妆面感觉非常不好、脏脏的。失败原因：婚礼化妆师由于真的不擅长烟熏妆，又不将实情告诉新娘，但是又没有学会坚持。新娘如果硬是要婚礼化妆师去做她不擅长的发型或者妆面，即使很适合自己，那也可能效果不好。

（资料来源：作者根据相关资料来源整理）

4.3 婚礼化妆师对新人的提醒服务

婚礼化妆师在做新人跟妆师时，应提前告知新娘以下注意事项：.

（1）婚纱修改后请一定要试穿。

（2）有时间可提前到美容院做皮肤护理。

（3）跟妆当天早晨做一张面膜，并用洗面奶洗净。

（4）在婚礼化妆师的指导下涂抹化妆品，切忌使用含油的护肤品。

（5）易出油缺水掉妆的皮肤、请使用安瓶。

（6）选择光线均匀的地方化妆，在有大镜子、电源的地方做头发。

（7）给婚礼化妆师提供安静的工作环境，以便提高效率。

（8）化妆期间，可安排摄影师录制家人、朋友祝福视频。

（9）化妆结束后要收拾房间，让镜头里的感觉更好。

（10）交代亲戚朋友不要堵门太久，也不要太为难新郎。

（11）新郎进门后，可安排大家合影留念。

（12）进酒店后，不可随意走动，新郎新娘应随时在一起。

（13）迎客时，要热情有礼，伴娘在旁随时待命。

（14）上仪式台时，走路要慢，眼睛温柔地专注着新郎。

（15）太激动时，请拥抱把你感动的人，预感流泪环节请准备好餐纸。

（16）换妆时，时间控制在 10 分钟左右，伴娘随同帮忙。

（17）敬酒时，优雅大方，过长的停留，过快的走过都不可取；有领导、长辈在场可在敬酒完后再次去敬酒。

（18）敬酒后，如有换衣送客环节，须马上行动，如时间允许，食用少许中餐，准备送客。

（19）送客时，言谢祝福，热情有礼。

（20）送客后，归还婚礼化妆师的饰品，结算费用，若继续使用，请提前沟通好。

知识点 5　签订新娘跟妆合同

为保障婚礼跟妆服务的落实，将服务项目、服务要求、时间、内容、价格等与新人进行明确约定，以便约束双方，避免以后有争议。婚礼化妆师有必要与新人签订新娘跟妆合同。

【导入阅读】

新娘跟妆合同

甲方：×××

乙方：（婚庆彩妆造型单位或个人）

根据《中华人民共和国合同法》《中华人民共和国消费者权益保护法》，为明确双方权利义务关系，经双方协商一致，在自愿、平等的基础上达成以下协议，共同遵守。

一、委托情况

甲方为＿＿＿＿于＿＿＿＿年＿＿＿＿月＿＿＿＿日在＿＿＿＿酒店＿＿＿＿厅（地址＿＿＿＿市＿＿＿＿区＿＿＿＿路＿＿＿＿号）举行婚礼，特委托乙方提供化妆服务，指定＿＿＿＿为婚礼化妆师提供服务。

婚礼化妆师联系方式：＿＿＿＿＿＿＿＿＿＿

化妆服务内容总价为人民币＿＿＿＿元整（大写）＿＿＿＿（小写）

甲方签订合同时需付订金＿＿＿＿元整。余款＿＿＿＿元整，于婚礼结束后支付给

□彩妆工作室 或 □婚礼化妆师本人。

甲方付齐订金后，乙方需出具相关收据。

乙方在收取全额费用后应开具统一发票交于甲方。

服务备注：

服务内容：□半程化妆 □半程跟妆 □全程跟妆 □其他

免费提供项目：□假睫毛 □发饰 □配饰 □伴娘妆

　　　　　　　□妈妈妆 □婆婆妆 □水晶甲 □其他

服务时间：婚礼化妆师必须于婚礼当天上午＿＿＿＿点到达＿＿＿＿＿＿＿＿（地址），□至完成最后一个妆面 □至喜宴结束 □＿＿＿＿AM-＿＿＿＿PM（超时收费金额＿＿＿＿元/半小时）

远郊及外省交通及食宿另需费用：＿＿＿＿＿＿＿＿＿＿。

新娘档案：＿＿＿＿＿＿＿＿＿＿＿＿＿＿＿＿＿＿＿＿＿＿＿。

彩妆、发型要求＿＿＿＿＿＿＿＿＿＿＿＿＿＿＿＿＿＿＿＿。

如当天由于生病等不可抗原因该婚礼化妆师不能履约，由该彩妆工作室提供同等以上价位的婚礼化妆师供甲方选择。

二、合同不可抗力

在合同有效期内，任何一方对于因不可抗力事件所直接造成的延误或不能履行合同义务不需承担责任（但必须出示有效证明），延误方必须采取必要的补救措施以减少造成的损失。

三、违约责任

如因婚礼化妆师服务质量发生争议，双方同意交由＿＿＿＿＿＿＿行业协会评估中心鉴定评估。如评估后确有责任，由乙方按婚庆行业协会《婚庆礼仪投诉处理暂行办法》的规定，赔偿甲方的损失；否则，由甲方自行承担责任。如因单方面无故退单发生纠纷，双方同意按照《婚庆礼仪投诉处理暂行办法》进行处理。

四、未尽事宜与附加条款

（一）本合同未尽事宜由甲乙双方协商确定，并形成书面协议作为本合同附件执行。

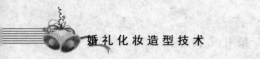

（二）本合同附加条款如下：

1.

2.

3.

4.

5.

本正本一式两份，具有相同的法律效力。

本合同经双方签字、盖章后立即生效。

甲方：	乙方：
地址：	地址：
电话：	电话：
签字：	盖章（签字）：
日期：	日期：

【教学项目】

任务　婚礼跟妆实训

　　根据人们活动的场合、环境的氛围分，盘发大致可分为：婚礼盘发、晚装盘发和休闲盘发三大类。婚礼盘发和晚装盘发是礼节性发型，休闲盘发是生活发型。当然，还有一些艺术型盘发。

活动Ⅰ　讲解实训要求

　　1. 教师讲解实训课教学内容、教学目的

　　实训课程主要由学生三人一组按照婚礼化妆师的跟妆程序，根据婚礼跟妆的流程（第一次沟通→试妆→签订新娘跟妆合同→第二次沟通→第三次沟通→婚礼造型与跟妆→婚礼结束）模拟与新人的沟通和跟妆实训。

　　2. 跟妆的基本要求

　　（1）过硬的技术。

　　（2）良好的体力。

　　（3）耐心的服务，提供试妆。

　　（4）双向沟通。

　　（5）提供衍生服务。

　　3. 盘发实训的基本操作练习

　　（1）试妆实训（为新人提出化妆和造型建议）。

　　（2）签订跟妆服务合同实训（探讨合同内容）。

　　（3）第二次沟通实训（根据新娘和新郎提供的服装为他们设计造型）。

　　（4）第三次沟通实训（确定婚礼当天的到达时间和地点）。

　　（5）婚礼造型与跟妆实训（修妆与补妆）。

　　（6）婚礼结束（结账、与新人告别）。

活动 2 学生训练、教师巡查

（1）学生按照四人一组，分为造型师、助理造型师和二位新人，模拟跟妆流程，然后互换，并相互点评。

（2）教师随时巡查、指导学生。

活动 3 实训检测评估

教师通过实训检测评估表评估学生的实训练习的成果，具体表格内容如表 11-1 所示。

表 11-1 婚礼跟妆实训检测表

课　程	婚礼化妆与造型设计	班　级	级婚庆　班			
实操项目	婚礼跟妆实训	姓　名				
考评教师		实操时间	年　月　日			
考核项目	考核内容	分　值	自评分（20%）	互评分（30%）	教师评分（50%）	实得分
试妆实训	为新人提出化妆和造型建议	20				
签订跟妆服务合同实训	探讨合同内容	20				
第二次沟通实训	根据新娘和新郎提供的服装为他们设计造型	10				
第三次沟通实训	确定婚礼当天的到达时间和地点	10				
婚礼造型与跟妆实训	练习修妆与补妆	30				
婚礼结束	结账、与新人告别	10				
总　　分						

项 目 小 结

1. 婚礼跟妆师又称为新娘跟妆师，这个称呼是随着婚庆行业的日渐专业化才开始有的一个名称，特指在婚礼当日为新人提供跟随服务的婚礼化妆师。

2. 新娘跟妆一般分为全程跟妆以及半程跟妆。全程跟妆是婚礼化妆师早上上门为新娘化妆做造型，接至新郎家补妆，然后至饭店补妆，典礼完变换造型至结束。

半程跟妆，又分为早妆和酒店改妆。

早妆：早上婚礼化妆师上门为新娘化妆和做造型结束。

酒店改妆：从新娘到酒店开始，然后典礼完毕变换造型到宴席结束。

3. 婚礼跟妆师应具备以下综合素质：

（1）过硬的技术。

（2）良好的体力。

（3）耐心的服务，提供试妆。

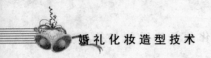

（4）双向沟通。

（5）衍生服务。

4. 试妆服务，是指在确定签约跟妆师前，可以事先与婚礼化妆师沟通并尝试婚礼造型，切身感受婚礼化妆师的技术能力，以及设计的妆面及发型是否合适、喜欢，提供的专业意见是否有帮助。试妆后满意可签订单，不满意可以支付相应的试妆费用。

5. 婚礼化妆师具体的跟妆服务流程：

（1）第一次沟通。

（2）试妆。

（3）签订新娘跟妆合同。

（4）第二次沟通。

（5）第三次沟通。

（6）婚礼造型与跟妆。

（7）婚礼结束。

核 心 概 念

婚礼跟妆师　试妆　跟妆服务

能 力 检 测

1. 什么是婚礼跟妆师？对婚礼跟化妆师有哪些素质要求？

2. 婚礼跟妆流程包括哪几项？

3. 三人一组模拟婚礼跟妆程序。

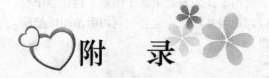

附　录

附录 A　化妆十忌

女人爱美天经地义，天天利用化妆把自己打扮的美美的也是无可厚非的，下面列举一般女生最常犯下的十大禁忌，可以要牢记，切记不可不防。

化妆禁忌一：粉底太白

尽管一白遮三丑，不过，脸部与脖子两层明显的色差，往往还是露了底，这可是彩妆师的大忌，还有发际与嘴角处的底妆要涂抹均匀，不然就会给人厚粉的印象。

测试粉底要在手肘内侧，有人说要涂抹在脖子与脸颊交接处，其实，最不出错的方式，是直接把粉底涂抹在脸部与脖子交界处，拿着镜子在自然光下照一下镜子，如果颜色融入肌肤中即可，千万不要选一个与肌肤色差太多的粉底。

化妆禁忌二：睫毛膏不仔细卸

睫毛膏卸不干净发生在不少女生身上，久而久之，睫毛变得容易断裂、不健康，要格外小心才行。

单纯拿起洁颜油卸睫毛膏是可以的，不过，最好将洁颜油或是睫毛卸妆液先倒在化妆棉上后，把睫毛当成夹心饼干般，待洁颜油溶解了睫毛膏后，就能顺利卸除睫毛膏。睫毛膏通常是刷在眼睛睁开的扇形面上，所以，可以顺着扇形处，上睫毛由内往外、由下往上，较为稀疏的下睫毛，也不妨用棉花棒沾取卸妆液沿着有涂刷睫毛膏的面清除干净。

化妆禁忌三：眉毛只画一条线

走在闹区里，还是有不少女孩把眉毛用眉笔画成两条线，建议别再这么做了，因为眉毛不会"天生"只有两条眉笔画过的痕迹的。

如果眉毛真的很稀疏，还是应该一根一根地画，并且将眉笔呈 45°角，以晕染的方式画。折中的方式是除了利用眉笔画出眉型外，最好利用最近流行的眉粉稍微晕染一下，才能营造出毛发般的自然效果。

化妆禁忌四：补妆前未先吸油

燥热天气，很多人觉得满脸油光，理所当然地拿起粉饼往脸上猛扑，却忽略了脸上分泌的油

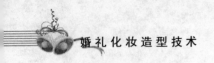

脂，会让粉妆结块。

一天下来，这些结块的粉妆，就会卡在眼角皱纹、嘴角，让人看起来老了十岁，也让整个妆花了、脏了，原因就出在多数人爱补妆却不吸油。所以，记得补妆前一定要先利用吸油面纸把脸部多余油脂吸附干净，再执行补妆，才能有较好的效果。

化妆禁忌五：补妆未从 T 字区开始

相较于全脸角质厚度与出油量，两颊都不应该是下手的第一考量。不过，无论是补妆的时候，还是去角质的时候，很多人都会直接从两颊开始，从今天开始，改掉这个坏习惯吧！

补妆应该从 T 字区与额头先开始，因为这些地方容易出油，两颊只要补上极少量、甚至不用补也可以；去角质道理也是相同，培养手势应该从 T 字再到脸的周围，最后才是两颊。

化妆禁忌六：忘记清洗刷具

化妆的同时，有时会发现，以前涂两下腮红就红了，为什么今天用相同的刷子黏附相同的腮红，却得不到与以往相同的红晕，这时候，就应该检讨一下刷子是不是太脏了。

刷子的清洗非常重要，刷子不仅容易藏污纳垢，刷在脸部的同时，也会吸附到脸上油脂，久而久之，沾粉能力也会跟着降低。所以，养成定期清洁刷具的好习惯，对脸部及彩妆品都有好处。

化妆禁忌七：遮瑕膏使用不当

脸上长了痘子、黑斑、黑眼圈，恨不得去之为快。的确，在精致底妆风潮的影响下，要遮住脸上瑕疵，遮瑕膏也成为女孩化妆台上的必备品，色彩选择要小心。

如果瑕疵不太明显，遮痘的遮瑕膏颜色就不要太深，自然就好。同时，不能单搽在痘痘上，周围也得上一点遮瑕才会自然。遮黑眼圈颜色要比肌肤色彩稍微深一点才遮得住。若是整片的大块颧骨斑，最好使用粉底液调和遮瑕膏，这样才会比较自然，也不会产生色差。液状比膏状或是粉状遮瑕品容易推匀。如果是新手上路，最好选择容易推匀的质地。

化妆禁忌八：粉底液＋粉饼妆太厚

上底妆最失败的例子，就像是戴了面具一般，完全看不出原来的肤质状态，很多人会遵照传统上妆方式，先上粉底液之后，直接扑粉饼，近几年来裸妆风当道，这种画法已经落伍。

粉底液与粉饼绝对是要分开来使用的底妆产品，如果上了粉底液，再上蜜粉即可。粉饼就放在包包里，等到脱妆时补妆用。

化妆禁忌九：脸上色彩取多个焦点

迫不及待尝试各种色彩在脸上，结果把自己脸蛋画得像圣诞树一样，其实是失败的妆型。就像穿衣服的道理一样，在眼睛、双颊与唇彩三个当中只选一个作为焦点就可以了。千万别贪心，什么都想往脸上揽，当眼妆色彩很重的时候，腮红与唇彩最好淡一点。相对地，如果没有太多时间画眼妆，那么，明显的唇色可以让你看来更有精神。

化妆禁忌十：唇线、眼线不自然

女人化妆时脸上有两条线不能乱画，一是眼线，二是唇线。

最新流行眼线的画法，不是沿着睫毛根部画，而是更进一步，画在睫毛交界处，越贴近眼睛越好、越自然。还有，最好不要再描绘出小一号的唇型了，这样也是看起来老气的做法，不妨利用唇线笔打底，再涂抹唇蜜，如此一来，显色度够，又不会让双唇有沾满猪油般的油腻感。

附录 B 新娘婚礼发型要避免七种常见错误

结婚可是人生大事，在这个隆重的场合，在这个重要的日子里，新娘发型和搭配错误有以下几点。

错误一：没有考虑到面纱或头饰

面纱和头饰可是婚纱的常见搭配，而它们通常会贯穿整个婚礼仪式，所以很重要。在设计新娘整体头发造型时，一定要考虑到佩戴面纱或者头饰的存在，考虑到面纱的风格、样式、长度以及款式等因素，找到最适合新娘的发型。

错误二：随意改变头发颜色

很多准新娘为了给自己打造一场完美的婚礼，想找到一款最适合自己的发型。为此，常常抱着试验的态度改变头发的颜色，这是错误的。如果想在婚礼上展示更漂亮的自己，而不是一个完全不像自己的人，那就千万不要随意改变发色。因为频繁的改变发色不仅容易让发质受损变差，变得毫无光泽，而且选择的颜色未必就适合自己。准新娘们可以选择在婚礼前的几个月咨询自己的婚礼化妆师，找到适合自己的颜色，让自己成为婚礼当场最耀眼的风景线。

错误三：婚礼前改变发型

准新娘为了打造完美的自己，也可能心血来潮在婚礼前几天剪掉头发，换成自己喜欢的风格，却没有考虑到改变的发型是否适合自己。这不仅造成了一个不适合自己的风险，而且令新娘的婚礼化妆师很为难。因为婚礼化妆师要重新设计造型，在这么仓促的时间内可能就达不到完美的要求了。

错误四：选错了婚礼化妆师

婚礼是件大事，要想做一个完美的新娘发型，挑选婚礼化妆师就不能大意。要挑选自己最信任、最能表现自己要的造型风格的人做自己的婚礼化妆造型师，为自己设计发型。若碰巧婚礼化妆师没有婚礼经验，那就一定要在婚礼的前一段时间，让婚礼化妆师为自己多设计几次造型。

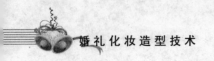

错误五：没有考虑礼服款式

想要打造一场完美的婚礼，新娘的发型和新娘的礼服的完美搭配是少不了的。因此，在设计新娘婚礼发型时，一定要抓住新人的婚礼主题和新娘礼服的风格来设计发型，千万不能忽略。

错误六：不重视保养发质

好的造型，还要好的发质才更能展现新娘的风采，因此，一定要在婚礼前的几个月，定期为自己的头发做营养和护理，不要让分叉或者头屑毁了自己的婚礼。

错误七：忽略了新郎的造型

忽略了新郎也是造型常犯的错误。准备婚礼时，可别只光顾着打扮新娘，不要忽略新郎。要确保新郎的发型也很精致，只有这样两个人在造型上统一了，看上去才会协调美满。

附录 C　完美新娘打造婚礼发型需要知道的六大误区

快要迎来梦寐以求的婚礼了，新娘需要注意自己的美丽形象，除了选对婚纱，新娘发型也是十分重要的，下面是关于婚礼上新娘发型误区。

误区一：过长的假发片

如果新娘实际的头发其实只有 bob 头的长度，但是却披着一头到屁股的柔顺直发，这很容易让人发现头发做了手脚。与其用假发片来增加长度，还不如用它们来增加厚度，或者顶多用在发尾来增加 3～5 厘米的长度。让发型师把真发和假发混合好放在头发下层，这样看上去才会更加自然。

误区二：混乱的卷发

混乱的卷发这个问题很好预防，需要一个吹风机和大号的卷发棒。先在头发上用一些防静电喷雾，用吹风机吹干，然后把头发绕在卷发棒上卷出喜欢的发卷。这样做可以让卷发更加光滑，效果也更加动人。

误区三：太高的蓬蓬头

除非是参加搞怪的化妆舞会，否则任何让新娘的头发增加 5 厘米甚至更高的方法都不要尝试，那看起来会非常滑稽。如果想要奢华的感觉，就把头发倒梳蓬松后，用猪鬃宽板发梳从前额处往后梳，用手掌轻轻抚平。如果只把额头处弄蓬松，会让新娘看起来像疯子。

误区四：过多的发饰

一个发饰已经足够有节日气氛了，可千万不要把新娘打扮成圣诞树。发饰一定要简单一些，

一个发夹、一个花朵造型的发箍就足够了。

误区五：使用过多的造型产品

造型产品太多会给头发造成负担，省略掉定型膏、喷雾、发蜡其实很容易，需要掌握不让头发造型过度又能成功的把它们整合起来的诀窍。专家的秘密武器就是：用干洗喷雾喷到梳子上，然后用它来梳理头发吸收油脂；接着用吹风机吹发根，热风会吹干多余的洗发喷雾；最后把头发梳成光滑的发髻，高一点就像芭蕾舞者，低一点则更成熟。

误区六：太过蓬松

公主头应该把从眉毛高度的头发向后梳，而不是自耳朵高度。这样可以露出脸庞而且让剩下的头发披在肩膀，把发尾烫卷更适合晚宴的氛围。如果头发太蓬松，加之梳向后面的头发太多，一半头发盘在后面一半头发垂下来的造型会很失败。

参 考 文 献

[1] 王玮. 婚礼化妆师的综合修养[J]. 戏剧之家（上半月），2012(4)：60-61.

[2] 庄剑鹏. 舞台技师的综合修养[J]. 戏剧之家（上半月）. 2011(6)：45.

[3] 贾玉霞. 试析中职美容专业学生的能力培养方法[J]. 南方论刊. 2011(11)：88.

[4] 刘音. 谈婚礼化妆师如何塑造人物形象[J]. 戏剧之家（上半月）. 2011(2)：25.

[5] 范丛博. 婚礼化妆师[M]. 北京：中国劳动社会保障出版社，2009.

[6] 吉米. 吉米独家造型秘籍[M]. 北京：中国轻工业出版社，2008.

[7] 王蕾. 化妆品的保存之道[J]. 英语沙龙（时尚版），2010(4)：32-34.

[8] 张东新. 专业化妆刷具选用必知[J]. 人像摄影，2007(12)：182-183.

[9] 张漫. 影楼专业定妆用品：安瓶的分析与选用[J]. 人像摄影，2007(2)：216-217.

[10] 张宝心. 专业数码化妆工具的选择与使用[J]. 人像摄影，2007(2)：108-109.

[11] 小雪. 化妆刷全攻略[J]. 流行色，2007(6)：20-21.

[12] 徐家华，张天一. 化妆基础[M]. 北京：中国纺织出版社，2009.

[13] 刘桂桂，付京. 影楼化妆造型宝典[M]. 2 版. 北京：人民邮电出版社，2011.